中國茶全書

贵州六盘水卷

六盘水市农业科学研究院　编

中国林业出版社

图书在版编目（CIP）数据

中国茶全书 . 贵州六盘水卷 / 六盘水市农业科学研究院编 .—— 北京 : 中国林
业出版社，2022.3

ISBN 978-7-5219-1302-6

Ⅰ . ①中… Ⅱ . ①六… Ⅲ . ①茶文化—六盘水 Ⅳ . ① TS971.21

中国版本图书馆 CIP 数据核字 (2021) 第 159791 号

出 版 人：刘东黎
策划编辑：段植林 李 顺
责任编辑：李 顺 薛瑞琦
出版咨询： （010）83143569

出版：中国林业出版社（100009 北京市西城区刘海胡同 7 号）
网 站：http://www.forestry.gov.cn/lycb.html
印 刷：北京博海升彩色印刷有限公司
发 行：中国林业出版社
版 次：2022 年 3 月第 1 版
印 次：2022 年 3 月第 1 次
开 本：787mm×1092mm 1/16
印 张：24
字 数：500 千字
定 价：268.00 元

《中国茶全书》
总编纂委员会

《中国茶全书·贵州六盘水卷》
编纂委员会

出版说明

2008年，《茶全书》构思于江西省萍乡市上栗县。

2009—2015年，本人对茶的有关著作，中央及地方对茶行业相关文件进行深入研究和学习。

2015年5月，项目在中国林业出版社正式立项，经过整3年时间，项目团队对全国18个产茶省的茶区调研和组织工作，得到了各地人民政府、农业农村局、供销社、茶产业办和茶行业协会的大力支持与肯定，并基本完成了《茶全书》的组织结构和框架设计。

2017年6月，在中国林业出版社领导的指导下，由王德安、段植林、李顺等商议，定名为《中国茶全书》。

2020年3月，《中国茶全书》获中宣部国家出版基金项目资助。

《中国茶全书》定位为大型公益性著作，各卷册内容由基层组织编写，相关资料都来源于地方多渠道的调研和组织。本套全书可以说是迄今为止最大型的茶类主题的集体著作。

《中国茶全书》体系设定为总卷、省卷、地市卷等系列，预计出版180卷左右，计划历时20年，在2030年前完成。

把茶文化、茶产业、茶科技统筹起来，将茶产业推动成为乡村振兴的支柱产业，我们将为之不懈努力。

王德安

2021年6月7日于长沙

前言

    以书籍具体有形的特性,将六盘水茶历史文化固化,既是首次大范围地对六盘水茶叶发展史、茶产业状况、地域性特色茶文化的一次全面梳理、展示和回顾、总结,更是对六盘水数千年茶文化的与时偕行和薪火相传。

    距今两千多年前的战国时期,汉使唐蒙就已在夜郎市场上发现了茶叶等商品;唐代,六盘水市境属罗甸国领地,中央王朝通过土官实行间接统治,客观上促进了外来茶文化在境内流行,茶叶种植在境内迅速发展起来;宋代,六盘水市境分属罗氏鬼国和罗甸国,市境实行"蛮夷官"土司制度,土司茶园开始盛行,从今六枝特区大用古茶树可窥豹一斑;元代,境内各少数民族政权请求"内附",接受中央王朝统治,形成羁縻与藩国(少数民族政权)并存的局面,少数民族各首领在自己的辖区以"平地出粮,坡上做茶""盐茶同等"视为生存之道,促进了茶产业发展和繁荣;明代,"以茶易马"政策的推行和"滇东茶马古道"的带动力推了市境茶发展,其时茶已经成为接待宾客的必需之物,如明代著名地理学家、旅行家和文学家徐霞客亲临丹霞山时得到了"护国寺"住持影修"饮以茶蔬"的热情款待,临行时影修还赠予徐霞客"茶酱";清代,市境多地开办马店、茶楼,茶文化持续繁荣;民国时期,开始出现以龙幼安为代表的茶科研雏形;中华人民共和国成立至今,六盘水茶产业发展大致经历了3个主要阶段:第一阶段是1949—1991年,这个时期内六盘水茶产业没有较大的起色和变化;第二阶段1991—2003年,从始建1000亩[①]杨梅茶场时起,六盘水茶产业发展开始走标准化和规模化道路;第三阶段2004年至今,是六盘水茶产业发展的"飞跃期",这期间,随着2014年六盘水市农业特色产业发展"3155工程"的实施,六盘水茶产业发展迎来了全新的春天。

    六盘水茶有"早春茶""高山茶""生态茶""有机茶""古树茶"的特点。"喝着喝着,春天就来了",喝凉都茶,不仅喝出了凉都生态的"春天",喝出了凉都致富的"春天",更喝出了凉都产业结构调整的"春天"。多家茶场生产的"欧标茶"卖出了黄金价。2019年凉都第一锅"早春茶"于1月13日出锅,比2018年提前一个月,生产干茶7斤[②],前3

[①] 1亩 =1/15hm²。

[②] 1斤 =0.5kg。

斤共拍出294888元的好价钱。六盘水茶不仅在国内热销，还远销欧美市场。

如今，凉都的高山云雾中，溢满茶香；一座座标准的茶叶加工厂，矗立在水电路讯齐备的茶山上；不论是在繁华街道还是景区景点，凉都茶肆茗坊林立密布，茶客络绎不绝，呈现出空前的繁荣景象。六盘水高山云雾出好茶，茶已成为"凉都三宝"（春茶、刺梨、猕猴桃）之一，六盘水茶产业成为"三变"改革产业和扶贫产业，茶产业走上了规模化、产业化、标准化、市场化、品牌化发展道路，既带富了凉都茶农，又让广大群众真正喝上"干净茶""放心茶""优质茶"。从上游的茶叶种植到中游的茶叶加工，再到下游的茶叶终端产品销售，六盘水成功打造出一条完整的茶产业链。

承前启后，继往开来。站在全新的历史起点上，六盘水以茶为主线，同步融入凉都"土司茶""三线茶器""茶马古道""羊场茶木叶""水城农民画·茶画""茶叶上的布依盘歌""夜郎古国茶事""凉都茶旅"等与茶相关的凉都特色文化，在茶路上再出发，"借书荐茶""推茶出山"，让炫目的"凉都"品牌不断散发出早春茶的芬芳。

编著者

2021年3月

凡 例

一、本书的上限为战国时期，下限为2020年5月。

二、关于区域的称谓，六盘水春秋时期，为牂牁国地；战国时期，为夜郎国地；秦统一中国后，属马郡汉阳县地；汉代，分属牂牁郡夜郎县、宛温县、平夷县、犍为郡汉阳县、鄨县；三国时，分属"南中"的牂牁郡平夷县、兴古郡宛温县，魏仍分属平夷县、宛温县；晋为平夷县、宛温县地；隋代为爨氏所有，未入唐代，隶汤望州、盘州；宋代，为罗殿国、罗氏鬼国、于矢部地；元代，分属普安路、普定路、八番顺元宣慰司；明代，分属普安府（州、卫）、西堡长官司、贵州（水西）宣慰司；清代，置水城厅、普安州（厅）、郎岱厅；民国时期，置水城县、盘县、郎岱县；中华人民共和国成立初期，建制未变。

1964年，根据中共中央工作会议精神，国家计委和煤炭工业部经过调查对比，决定在贵州西部煤藏丰富的六枝、盘县、水城3县境内建立煤炭基地，六盘水这个组合性的专名由此而得。接着六枝、盘县、水城3个矿区（后改特区）作为煤炭基地相继成立。

1966年，中央批准成立六盘水地区工业建设指挥部。

1967年10月，六盘水地区革命委员会筹备小组成立，六盘水开始成为一个行政区，下辖3个特区。

1970年12月，分隶安顺地区、兴义地区、毕节地区的郎岱县、盘县、水城县分别与六枝、盘县、水城3个特区合并，合并后仍称特区，隶属六盘水地区。

1978年12月，地区改为省辖市，市革命委员会驻水城特区。

1987年12月，根据国务院批复，水城特区撤销，分设水城县和钟山区，钟山区的建制正式形成。

1999年2月28日，盘县特区更名为盘县。

2015年6月4日，经贵州省人民政府同意，盘县对乡镇行政区划进行调整，新设置的竹海镇辖原老厂镇、珠东镇地域。

2017年6月23日，经国务院批准，同意撤销盘县，设立县级市，以原盘县的行政区域为盘州市的行政区域，盘州市正式成立。

三、关于"凉都"的称谓，六盘水因夏季气候凉爽舒适，平均气温仅19.7℃，2005年被中国气象学会授予"中国凉都"称号。

四、本书的资料来源，主要来源于：对知情人或当事人的现场访谈；六盘水市、毕节市、安顺市、黔西南州的部分志书和典籍；六盘水市各地各部门提供的资料和部分文史资料；《中国茶典》《中国茶道大全》《品茶大全》等茶专著；《六盘水彝族辞典》《六盘水民族风情》等民俗专著。

目 录

目
录

第一章 茶史概述

乌蒙磅礴，重峦叠嶂，连绵不绝；爽爽凉都，山奇水秀，物华风宝，历史悠久，底蕴深厚，具有源远流长的茶文化历史。

迄今有记载的六盘水茶历史最早可追溯到2000多年前的秦汉时期。汉武帝刘彻为改变南越失控局面，遣唐蒙通使南越，在南越品尝到美味的枸酱，经询问得知枸酱产于牂牁江（今六枝特区境内）沿岸，随之发现了夜郎（今六枝特区境内）这个地方。在得知夜郎在制服南越的计划中占据着重要战略位置时，经奏请汉武帝并征得同意后，唐蒙再度通使夜郎，并在夜郎市场上发现了茶叶等商品，这是史上有记载的市境内最早的茶叶初级市场。

唐代，朝廷在各少数民族地区设置一种以夷制夷，带有自治性质的地方行政机构，采用羁縻政策，客观上促进了不同民族间茶文化的交流，外来茶文化在市境内流行，在一定程度上促进了制茶工艺的提升和茶文化的发展。隋唐时期高雅奢华的茶文化和兴盛至极的团饼茶制作工艺，在一定历史时期内对民族民间制茶工艺的发展和传承带来了影响。与此同时，唐代驿馆的建设也在一定程度上助推了六盘水茶文化的繁荣和发展。

宋代，3个藩国受宋代宫廷茶饮文化奢靡之风的影响，继续发展深化本民族饮茶习俗，宫廷饮茶文化与少数民族茶文化融合，并形成了特有的茶饮文化品位和茶饮风格。茶饮文化促进了市境内茶的种植和发展。

元代，由土司掌控的"长官茶""马头茶"盛行，民族民间茶制作工艺不断得到丰富和提升，茶叶贸易市场活跃。

明代，茶不仅被提高到"官茶储边易马"的国家战略物资层面，土官大都经营管理着大量茶山，并依朝廷规定挑选上等好茶作为贡赋上交。市境茶肆兴起，制茶工艺愈加成熟。

清代，茶成为官方和民间的礼俗代表物，官方饮茶习俗的风行，民间迎送尊长的茶俗茶礼，带动了茶叶种植的发展。各地纷纷开设马店、茶楼，促进了茶叶消费市场的繁荣和茶叶贸易的发展。

民国时期，出现早期茶科研活动，为六盘水后期茶产业发展提供了经验支撑。

从新中国成立以来到现在，六盘水茶产业先后经历了短暂停滞期、奠基期、发展期、摇摆期、恢复期、转型期、调整期和黄金期8个主要发展阶段，当前，凉都茶实现了历史性、跨越式发展，六盘水市茶产业规模化、标准化、市场化、品牌化、产业化发展已初具雏形，迎来全新的"春天"（图1-1）。

图 1-1 凉都高山云雾产好茶

第一节　始于夜郎时期的古代茶事钩沉

一、秦汉时期

《史记·西南夷列传》载："南越（今广州番禺）王黄屋左纛（dào），地东西万余里，名为外臣，实一州主也。"为改变南越失控局面，制服南越，汉建元六年（公元前135年），唐蒙出使南越发现有夜郎这个地方，同时还了解到夜郎国是存在于中国西南地区拥有"精兵十万"的最大的一个少数民族方国。据《史记·西南夷列传》载："西南夷君长以什数，夜郎最大。"《史记》又载："夜郎者，临牂牁江（今六枝特区境内），江广百余步，足以行船。"因夜郎位于南越西北的牂牁江上游，沿水道可直通南越统治中心番禺，在地理位置上有着重要的战略优势。于是，唐蒙向汉武帝提出通使夜郎，伺机利用夜郎兵力，"浮船牂牁江"，出其不意，直取番禺的"制越"计划。

为达到从夜郎国出发、沿江而下攻击南越国的战略目的，汉元光五年（公元前130年），汉武帝刘彻遣唐蒙通使夜郎。唐蒙以郎中身份进入夜郎国，"将千人，食重万余人"（即随从者千人，运送粮食、辎重者达万余人），与夜郎国进行外交接触。夜郎王同意汉朝在夜郎国境内设置犍为县、南夷县、夜郎县等地方政权。随后，汉武帝开始清理西南的少数民族，灭南越、滇国后，接受夜郎国投降，在夜郎故地设置了牂牁郡，封夜郎国王为夜郎王。同时，数万汉朝士兵修筑了夜郎道，打破了夜郎与中原、华南隔绝的状态。

就在筑路通夷的途中，唐蒙多方面了解当地风物，并在夜郎市场上发现了茶、枸酱、僰僮、丹砂、雄黄、蜜等商品，市场相当繁荣。《贵州古代史》载："中郎将唐蒙通夷，发现夜郎市场上除了僰僮、筰马、髦牛之外，还有枸酱、茶、蜜、雄黄、丹砂等商品……"这段记载说明古夜郎国在当时甚至更早以前已经存在茶叶初级市场。唐蒙也成为有史料记载的首位发现中国西南地区存在茶叶交易活动的历史人物。

关于六盘水汉代茶事的历史记载，除了唐蒙通使夜郎时在今六枝特区境内发现茶叶交易活动以外，当时今六盘水市辖区还盛产茶、蜜。东晋常璩写的《华阳国志·南中志》记载："平夷县……出茶蜜。"后来，《大定府志》（大定即清雍正年间大定府，水城厅为大定府所辖。其时水城厅建在今六盘水市中心城区）中这样记述："《华阳国志》云：'平夷产茶蜜'。止大定土物之见于古籍者。外是，则载籍鲜及。"这就是说，平夷这地方"产茶、蜜"，仅见于《华阳国志》。六盘水市境汉代分属牂牁郡夜郎县、宛温县、平夷县和犍为郡汉阳县、鄨县，与黔中的"思、播、费、夷"诸州相比，更为偏僻，茶圣陆羽不仅没有实地考察过，当地人连送茶给他品尝的机会也没有，就因为如此，陆羽的《茶经》就没有把平夷（今六盘水）写进去，而比《茶经》早400多年的史籍《华阳国志》却进行了记录，这足以说明，汉代以后的六盘水不但已经出现茶，还出现了茶叶初级市场，茶事呈现出较为活跃的状态。

二、唐 代

唐代朝廷对西南少数民族采用羁縻政策，在少数民族地区设置一种以夷制夷、带有自治性质的地方行政机构。唐代今六盘水市境内南为盘州地、北为汤望州地。中央王朝为了通过土官实施对其地的间接统治，将二州合并为羁縻州，对市境少数民族依其特殊情况"因其俗以为治"，承认当地土著头目，封以王侯，纳入朝廷管理。原来的土著（少数民族）首领充任都督或刺史，子孙世袭，在本地方有自主权，登上册籍，西南民族地区被纳入封建国家领土版图进行管理，此举加强了民族地区与中央王朝的联系，客观上促进了不同民族间茶文化的交流，外来茶文化在市境内流行，在一定程度上促进了制茶工艺的提升和茶文化的发展。与此同时，陆羽著成《茶经》，阐述了茶学、茶艺、茶道思想。这一时期由于茶人辈出，使饮茶之道对水、茶、茶具、煎茶的追求达到一个极尽高雅、奢华的地步，对制茶工艺、茶和水的选择、烹煮方式以及饮茶环境越来越讲究。

隋唐时，茶叶多加工成饼茶。饮用时，加调味品烹煮汤饮。随着茶事的兴旺和贡茶的出现，加速了茶叶栽培和加工技术的发展，涌现出了许多名茶，品饮之法也有较大改进。为改善茶叶苦涩味，饮用时开始加入薄荷、盐、红枣调味。此外，开始使用专门的烹茶器具，饮茶的方式也发生了显著变化，由之前的粗放式转为细煎慢品式。隋唐时期高雅奢华的茶文化和兴盛至极的团饼茶制作工艺，在一定历史时期内对六盘水民族民间制茶工艺的发展和传承带来了一定程度的影响，今盘州市竹海镇彝族茶农仍沿用传承了千年的唐代团饼茶制作工艺，他们将茶炒揉后，捏成团饼状，用棕叶包裹挂于灶上炕干，叫"苦茶"。茶在彝文古书《祭龙纪》中为口语"纪堵"，与古代茶的读音"荼"相似。盘州市竹海镇彝族茶农则称茶为"爬拖"。

唐代团饼茶制作工艺在一定程度上推动了六盘水茶制作工艺的进步。与此同时，驿馆的建设也助推了六盘水茶文化的发展。

在古代，驿馆类似现在的招待所或宾馆，供传递公文以及往来官员下榻。唐代将驿（邮亭）改为驿馆。驿馆的高效运作，不仅能够确保信息及时准确地传达，还是战争胜利的重要保障。唐代驿馆系统非常发达，数量众多。由于驿道支线不断增加，朝廷对驿馆支出巨大，为保证政令畅通，预算经费由各当地土官土府支出，并任命土官为驿将或捉驿（"捉"即掌握、主持之意），负责对驿丁的管理、馆舍的修缮、接待和通信。而管理驿馆的土官们，利用驿馆与过往官员、来往客商社会交往之便从事茶贸交流活动。驿道成为本土通往外界进行盐茶交易的快速通道。当时驿馆既是朝廷各类信息传递和换马之处，也成了其他商品交流和茶叶贸易的"中转站"，相当于现在的物流中心、快递中心。

境内设置为"十里一塘，百里一站"，称之为塘兵驿站（驿馆）。在通往云南的主驿道上，市境内设有安乐塘、青菜塘、本城塘、半坡塘、毛口驿等，传递信息者及过往官员，可以在这里喝茶歇息，换马赶路。在今六枝特区郎岱镇、盘州市城关镇等地还保存留着"武官在此下马""文武官员到此卸马下轿"的碑坊（图1-2）。

图1-2 普安州文庙"文武官员到此卸马下轿"碑坊

唐代后期，中央王朝对土酋封以王号，借助土酋力量对抗南诏和大理国。今六盘水市境内作为缓冲地带，南为于矢部地（自杞国），东北为牂牁国（后称罗殿国），北为罗氏鬼国，这3个藩国均为少数民族政权。南宋时，产自大理的良马通过自杞、罗殿卖给南宋设在邕州（今广西南宁附近）的买马提举司，其主要是大理经自杞到广西横山寨的道路，乐民里（今盘州市境内）又是通到罗平再转向邕州的必经之路，有"中国通道蛮，必由邕州横山寨（今广西田阳）"之说。做良马生意的商人沿途将自杞、罗殿各少数民族自产自制的茶叶顺带卖出。乐民里古驿道在为茶马交易起到积极促进作用的同时，还助推了宫廷茶饮文化与少数民族茶饮文化的融合。通过在茶马古道上的互通和交流，3个藩国受宋朝宫廷茶饮文化奢靡之风的影响，继续发展深化本民族饮茶习俗，并形成了特有的茶饮文化品位和茶饮风格。

三、宋　代

与宋代六盘水境内各个藩国奢靡的茶文化特征相符，与史上茶饮活动最活跃的宋代茶文化特征相一致，古玩收藏鉴定专家何先生在六盘水发现的两套宋代茶具，制作工艺精湛，造型独特，成为宫廷饮茶文化与少数民族茶文化融合进程中的代表性茶器。

与此同时，在有着"贵州古茶树之乡"的六枝特区大用镇，现存一株树龄600~800年的栽培型单株丛生古茶树（图1-3），按栽培时间推测，可追溯到南宋嘉定十二年（1219年）。宋代六盘水市境内繁荣的茶文化与茶种植的兴盛，由此可窥豹一斑。

图1-3 安徽农业大学教授江昌俊（左二）考察大用古茶树时，估算这株古茶树树龄应该在600~800年左右

四、元　代

元代，由于执法权多掌握在土司手中，其时少数民族盛行的茶饮习俗和浓厚的茶饮氛围，促进了土司进一步扩展茶的种植面积，极大地提升了民族民间茶叶制作工艺，并形成了符合六盘水各地不同民族特征的茶饮风俗。市境内的古驿道为当时繁荣的"茶马互市"市场提供了交通保障，极大地提高了茶马贸易的效率，推动了茶叶市场贸易。

据《元史》记载，于矢部地（自杞国）被命为于矢万户，后改为普安路总府；罗殿国被命为普定万户，后改为普定府；罗氏鬼国被命为八番顺元宣慰司。二府一司任用"蛮夷官"，实行土司制度。土司在其领土上仍然"世有其土，世长其民"。各少数民族政权势力虽大，但中央王朝势力直达今境内及邻境后，其统治者仍献地纳土，请求"内附"，接受中央王朝的统治。境内形成羁縻与藩国（少数民族政权）并存的局面，执法权控制在少数民族首领之中。

中央王朝对仡佬族地区大都通过土司进行治理，有的地区还同时保留了仡佬族独有的社会政治制度——马头制。郎岱厅（今六枝特区）仡佬族称本族土官为马头，马头有马头田为俸禄，出巡时乘轿，有仪仗队吹长号在前开路，显示威风。马头的后裔在仡佬族内仍然享有较高的社会地位，至今在六枝地区有"马头仡佬"之称。六盘水境内世居仡佬族喜茶，尤其是马头，不仅喜欢喝茶，还让下人在各自辖区大量种茶。续修的《六枝特区志》记载道"仡佬族人家喜欢饮酒和喝茶。酒有烧酒（苞谷酒）、甜酒和黑酒。茶有罐罐茶和'大树茶'"。少数民族各首领在自己的辖区，以"平地出粮，坡上做茶""盐茶同等"视为生存之道，少数民族的茶饮习俗推动了当时茶种植规模不断扩大、茶饮氛围愈加深厚。

六盘水仡佬族人在带"那"的地方种茶（仡佬族带"那"的地方不出产或少出产粮食。是邑君居住的地方，多属山地），在带"嘎"的地方种粮（带"嘎"地方多为平地，主产粮食）。据20世纪六枝地名录考察，带"那"和带"嘎"的地名有近400个。

六枝特区大部分种茶的地方都与带"那"的地名有关，今六枝特区那玉，古代就种了很多茶叶。那摆（今六枝特区九龙社区茶山村下那摆组）后山，有个地名叫下云关（当地人叫下云屯），据传是元代地处茶叶种植范围内的茶叶加工地，叫下云关茶庄，遗址从山脚到山顶，规模庞大（图1-4）。

图1-4 今下云关发现的疑为元代茶叶加工遗址

仡佬族老人程继方（仡佬族宣慰、西堡长官司沙氏后裔），高姓老人和当地郭姓、李姓不同族别的高龄老人介绍说"夷蛮仡佬，开荒辟草，高山栽树种茶，平地种粮"，据祖辈相传，在元代，六枝特区境内有很多个山头均种植茶叶，采收茶叶的时候大都要走一个叫茶叶冲的地方（茶山村的一个组），坡上栽茶多的地方就叫茶山。今六枝特区茶山村下那摆组左侧有个地名叫那见，那见大坡下有个地名叫"九头山"。"九头山"没有9个山头，为什么叫九头山？是因为当时仡佬族首领沙慰宣经常召集周围的其他仡佬族头人一起喝茶"开茶话会"，商量族中大事，决定家族事情，相当于现在的议事机构和商业中心。当时茶叶的等级、纳粮贡赋等事项都要由他们来商定。参加"茶话会"的头人，总共有9支，所以这个地方就叫九头山（今六枝特区九头山文化公园）。尽管那时六盘水市境内茶叶种植面积很大，但人们并不知道朝廷有茶法和种茶的规定，只听本族长官的规定。日常生活中，人们直接以茶换盐，或卖茶换盐，境内土官茶种植规模不断扩大。

图1-5 今六枝特区九龙社区茶山村

距今六枝特区中心城区北面1km左右，有个马头寨遗址，遗址后不到1km处，是古代名茶"朵贝茶"的主产地，朵贝茶同茶山同属一个茶叶产区，在明代以前曾被作为贡品进贡朝廷。至于当时土司、马头家的茶山有多少个坡头，面积有多大，每年能产多少茶叶，现已无法考证，但这里的茶叶种植却传承了数百年。至今，在茶山村白岩脚周围的大山上，仍然保存有部分古茶树。茶山（今六枝特区九龙社区茶山村）这个地名一直沿用至今（图1-5）。

在六枝特区九龙社区茶山村一带，民间茶叶加工仍沿用古代茶叶制作工艺。在加工茶叶的时候，有的将茶叶先洗净后风干，蒸后再晒，如此反复几次。有的将茶叶直接蒸后再晒，反复蒸晒几次。晒茶工具是民间的竹制大簸箕，最大的直径有2m。一些民间茶叶加工传承人说，勤快的人家多蒸、多晒几次，懒的人家只晒一次。为了提味，喝前都要用土罐罐进行炒制。

古驿道、古驿站的繁荣和兴盛，也在一定程度上推进了当时茶文化的内外交融和发展（图1-6）。由于疆域辽阔，交通发展，元朝进一步强化了驿站制度，这也成为元朝巩固政权的重要手段。驿站当时称为"站赤"（实际"站赤"是蒙古语驿站的译音），故有史料载："元制站赤者，驿传

图1-6 "世界古银杏之乡"妥乐的古驿道

之译名也。盖以通达边情，布宣号令，古人所谓置邮而传命，未有重于此者焉。""古者置邮而传命，示速也。元制，设急递铺，以达四方文书之往来，其所系至重，其立法盖可考焉。"当时，在通往云南的驿道上，"每三十里立一寨，六十里置一驿。"每一寨一驿有盐茶通道相连，方便了茶叶交易，使茶叶种植进入历史上的一个活跃时期。六盘水至今仍保留有众多寨驿和驿站，如六枝特区境内的把士寨、马头寨、那玉寨、穿洞平寨，盘州市境内乐民千户所城内的塔刺密驿站等。

五、明 代

明初至弘治年间，茶分官茶、商茶，官茶储边易马，商茶专卖；茶民种茶交官，商人请引，凭引运销，严禁私茶贩卖。

《明史》记载，番人嗜乳酪，不得茶，则困以病。故唐、宋以来，行以茶易马法，用制羌、戎，而明制尤密。有官茶，有商茶，皆贮边易马。官茶间征课钞，商茶输课略如盐制。初，太祖令商人於产茶地买茶，纳钱请引。引茶百斤，输钱二百，不及引曰畸零，别置由帖给之。无由、引及茶引相离者，人得告捕。置茶局批验所，称较茶引不相当，即为私茶。凡犯私茶者，与私盐同罪。私茶出境，与关隘不讥者，并论死。后又定茶引一道，输钱千，照茶百斤；茶由一道，输钱六百，照茶六十斤。既，又令纳钞，每引由一道，纳钞一贯。

茶不仅被提高到"官茶储边易马"的国家战略物资层面，因"犯私茶"而引发官军与土司之间的战争时有发生。与此同时，经修复和扩建后的胜境关古驿道成为名噪一时的"滇东茶马古道"，普安卫城军屯"流官"沈勖笔下描写普安卫茶肆林立景象的诗作《春城翠柳》千古流芳，徐霞客到访丹霞山得到护国寺住持影修"饮以茶蔬"并赠予"茶酱"的热情款待……明代，茶被赋予了太多沉重的人文符号和深刻的历史内涵。

今六枝特区东南部及北部的部分地域，明初至清初曾属西堡长官司和西堡副长官司辖境。元宪宗七年（1257年），罗甸国之普里部归附元朝，以其地置普定土府，元大德七年（1303年）改普定为路。明洪武六年（1373年）复置普定府，明洪武十八年（1385年）罢普定军民府，析其地为三州六长官司。西堡长官司即为六长官司之一。西堡司设正副

长官，各有辖地。正长官沙氏系世居仡佬族，治所在今普定县沙家马场上官寨，辖地包括今六枝特区的龙场、岩脚、羊场、黑塘，直到与水城交界的两路口，主要民族为仡佬族。副长官温氏系汉族，治所在今六枝特区的落别（后迁至邻近的镇宁县官寨），辖地包括六枝、镇宁、关岭3县结合部"纵横四十里"的地方。

朱元璋在贵州全境推行"以夷治夷"的政策后，为了长期镇压"反叛"，官家在贵州沿交通要道设立军事屯堡。先后在贵州设屯堡30卫。在食不果腹的岁月里，当时主要依附土地为生的仡佬族同胞群起反抗，拒不执行"常纳贡赋"并触犯"私茶"法令，统治者将此作为公然挑衅行为，并派出军队进行镇压。因此，仡佬族人与官军在明洪武年间至明成化年间发生了4次大规模的战争。明天顺四年（1460年），西堡（即今安顺普定、六枝特区东部、东南部一带）仡佬族人复聚众攻焚屯堡。战争中，仡佬族人死2200余人，130余人被俘，700余名老幼被掠走，数千件兵器及牛羊遭抢夺，578座村庄遭烧毁。

据《明史》等相关史料载："洪武八年……时群蛮叛服不常，成连岁出兵，悉平之。""不供常赋""又犯私茶""洪武二十六年，普定西堡长官司阿德及诸寨长作乱，命贵州都指挥顾成讨平之。洪武二十八年，成讨平西堡土官阿傍。洪武三十一年，西堡沧浪寨长必莫者聚众乱，阿革傍等亦纠三千余人助恶。成皆击斩之，其地悉平。""天顺四年，西堡蛮贼聚众焚劫，镇守贵州内官郑忠、右副总兵李贵请调川云都司官兵二万，并贵州宣慰安陇富兵二万进剿。至阿果，擒贼首楚得隆等，斩首二百余级。余贼奔白石崖，复斩级七百余，焚其巢而还。""成化十四年，贵州总兵吴经奏，西堡狮子孔洞等苗作乱，先调云南军八千助防守。闻云南有警，乞改调沅州、清浪诸军应援。成化十五年，经奏已擒斩贼首阿屯、坚娄等，以捷闻。""西堡阿得、狮子孔阿江二种，皆革僚也。初据沧浪六寨，不供常赋。土官温恺惧罪自缢，其子廷玉请免赋，不允。往征，为其寨长乜吕等所杀。"仡佬族人经过大小多次战争，消耗了他们所有的"家底"，寻求自己的生存出路就成了无可选择的道路，有的"逃逸"他乡，有的成了朝廷的顺民。仡佬族所种"长官茶园""马头茶园"有的荒废、有的被其他族人所占。马头基本消亡，但马头寨、茶山等地名却保留了下来。今六枝特区大用镇泔港古茶区曾是西堡长官司沙长官的辖地，有幸得以保留下来，至今还保存有1000多株古茶树。

明永乐十三年（1415年），社会制度有了新的发展，普安路总府改为普安州设流官知州，普定府改为西堡长官司，八番顺元宣慰司改为贵州（水西）宣慰司。土司制度比元代有所发展。土司制度虽与羁縻州制度"以夷制夷""分而治之"的政策一脉相承，但发展程度更高。一方面，土司已完全纳入封建国家的职官系统，"额以赋役，听我驱调"，"袭替必奉朝命"，而为朝廷"奔走惟命"；另一方面，土司的官制更加严密而日益制度化，"以劳绩之多寡，分尊卑之等差"，实际上是由土官走向流官的过渡形式。这一时期，土官大都管理着大量茶山，并依朝廷规定挑选上等好茶作为贡赋上交。部分地区土官不仅要上交好茶，还要上贡好马。

在今六枝特区境内明代有很多马头寨（图1-7），披袍仡佬很喜欢马，也善于养马，风俗习惯也离不开马，祭地要杀白马，接亲要骑马，老人去世扎纸马、跳马舞。因此，马头与马是分不开的，用马、养马、爱马。披袍仡佬喂的马，头高腿长，膘满肉肥，跑起来追风曳电，胜过头等猎狗。水西安宣慰头马献给朝廷，朝廷在知

图1-7 今六枝特区落别乡马头村

悉披袍仡佬有好马后，便规定当地除挑选上等茶叶作为贡赋上缴外，还在有仡佬族的地方设站买马，规定数目、等级，要求按时按数同茶叶一起上缴。因此，老寨们就按地区推选出一个马头去和皇家官府接头办事，这个人就是马头，是仡佬族的最高土官。马头下设老寨，老寨又分主事老寨和点火老寨，老寨的同级还有慕魁。这些职务，除马头必须是披袍仡佬外，主事老寨也仍然是仡佬族。至于点火老寨的职责，只是为马头夜行点火照亮。仡佬族土官马头居住的寨子，故名马头寨。

马头，有马头田。每个马头享有俸禄20石（正常年景能打谷12000斤），收租7200斤。老寨，有老寨田。每个主事老寨享有俸禄10石，收租3600斤。点火老寨的俸禄田叫"火把田"，每个5石，可收租1800斤，但一般多是自己耕种，唯有慕魁无俸禄田。马头居住的区域，有各自管理经营的茶山，茶山的规模有多大，是根据马头所需制茶叶的数量而定，每年都生产数量、品质不同的成品茶叶。茶叶的等次，分早春茶、晚春茶，谷雨以后的茶叶叫粗茶，也有等次之分。但早春茶和晚春茶都不是上等茶叶，最好的上等茶叶是在开春后采摘的雾中茶叶，叶片比其他好茶叶片厚，叫"盦（音ān）茶"（盦：译音，意为产量低，品质高），是茶中精品，只供朝廷大官和本族头人享用。百姓招待客人，只能用粗茶。

明代不仅要求土官要依茶法向朝廷纳茶课，还实行"以茶易马法"。这一时期，境内茶叶种植规模不断扩大，本地民族茶文化与中源茶文化交流更加密切。但后期由于政治制度的变革，社会矛盾尖锐，因贩私茶、"不供常赋"，明代末年，土司与朝廷当权者之间的矛盾冲突不断、战事连连，导致茶园大片被毁，茶种植规模急剧减少。

位于云贵两省交界处的胜境关是由黔入滇的第一站，被誉为"入滇第一关"。胜境关古驿道是云贵交界处贡茶古道的"咽喉"，从云南南部经思茅、大理、楚雄到昆明、曲靖，经平彝（今富源）胜境关进入贵州，沿滇黔驿道、楚黔驿道后经湖南至京城（今

北京），此道因以运送贡茶而被人们称为"皇家贡道"，俗称通京大道、官道。同时，大量具有西南山地作战优势的"贵州马"通过此道输送到军营，因而素有"滇东茶马古道"之美誉（图1-8）。

图1-8 胜境关古驿道上的马蹄印泛出时代质感

历史上的仕宦商旅，由中原进入贵州或从贵州进入京都，这条路都是必经之路。明洪武年间"调北征南"时，付友德即率大军从此道经过进兵云南。"滇东茶马古道"上的胜境关不但承载着历史沿革的厚重文化、蕴藏着历代社会经济发展脉络，还成为"山界滇域、岭划黔疆、风雨判云贵"的聚焦点。在"滇南胜境坊"石牌坊中两根梁柱前后，各有一对神态逼真的石狮，分别向着云南、贵州两个方向。只见面向贵州省的一对石狮身覆青苔，而咫尺之外，

图1-9 滇域土色赤褐，黔坡土色一片黑赭

面向云南省的一对石狮却身披红土，彰显出"雨师好黔、风伯好滇、贵州多雨、云南多风"的气候特征。胜境关云贵交界处的小山下有一条小溪由南向北流淌，但两岸土壤颜色截然不同，溪东黔坡土色一片黑赭，而溪西的滇域，土色却是一派赤褐（图1-9）。

盘州市《云霞诗词》诗刊中有一副楹联如此盛赞这一奇景：

驿站居三山纳盘州晓雾收富源风沙揉成百载辉煌神奇界；
一坊分两地安滇东银锁置黔西金钥铸造千年流芳胜境关。

横批：天生地就

——邱崇林，胜境关楹联

连接界坊和关隘城楼的是一条青石铺就的古驿道，古驿道长约1500m。这条驿道在贵州境内被称为"普安道"（普安州是盘州古时的旧名），明代刘文征在其编撰的《滇志》里提道：普安道是"黔之腹心，滇之咽喉"。

除明代以运送贡茶和好马的著名胜境关"皇家贡道"外，建于明洪武年间的茶厅古道和石关古道也曾因明朝开国皇帝朱元璋的两次茶歇而闻名。

石关古道位于今盘州市旧营乡西北角，以石关丫口而得名，现残存约400m，乡境古驿道较长，从西北角的朱昌河开始到东南角南京桥结束，经朱昌河—石关丫口—塘上—旧营—五里牌—卡丫屯—上杨松—中杨松—下杨松—马家松林—红土地—崔家湾—茶厅—南京桥，全长约17km。据考，这条路是连通四川、湖南、贵州、云南的通道。道路修通后，朱元璋亲自从京城出发，途经湖南、四川进入贵州，从贵阳经安顺到茅口—晴隆—普安—南京桥（意为从西南通往京城的桥梁）进入旧营境再到云南。因从南京桥出发一路上坡，进入第一个寨子，就在寨口歇脚，喝了一会茶，后来人们就在那里建了一座亭子，取名叫茶厅，这个名称一直沿用到现在。

在滇黔古道上，普安州城是由黔入滇的咽喉要地，普安卫仅驻军就达3万余人、下辖6个千户所。湘黔驿道和滇黔驿道连通，最为繁忙，在贵州用于驿道经费银达43680两，分给普安州负担的为2911两，可见普安州城当时在滇、黔驿道上的作用之重大，往来运输军粮、食盐、滇铜、贡赋的马帮络绎不绝，驿站、茶厅终年繁忙。

普安卫城军屯"流官"沈勖（原籍江苏省扬州府高邮人，字廷规，号懒樵），博学多才，明洪武年间跟随父亲，到普安屯戍，隶普安军籍，并寓终于普安（今盘州市）（图1-10）。沈勖"通经史，喜诗文"，是创撰贵州地方志书的人，在明代建置行省之初，他最早草创成贵州省第一部地方郡县志，即"普安州志"。沈勖还

图1-10 普安卫城城楼

创作《春城翠柳》《普安十景》等诗文流传至今，人们常称赞他撰著地方文献的功绩。明永乐十六年（1418年），沈勖受编《普安州志》。其著诗《春城翠柳》中可见普安州城早已是"歌馆烟笼青霭嵲，酒旗风飐碧参差"的繁华闹市，其时，茶肆茗坊林立密布，成为市井平民一边饮茶一边听戏的集中休闲地。

春城翠柳

千门万户柳垂丝，牵惹韶光日正迟。歌馆烟笼青霭嵲，酒旗风飐碧参差。

阴连紫陌莺偏恋，影拂雕檐燕不疑。自笑龙钟归去晚，年年虚负赠行枝。

（沈 勖）

明代著名地理学家、旅行家和文学家徐霞客游历普安州城时也发出："是城文远，为

"贵筑之首""非它卫可比"的感叹。

在距普安卫城20km处，有闻名遐迩的丹霞山"护国寺"。丹霞山"护国寺"始建于明万历年间，初为道教"玄帝宫"。明天启二年（1622年）毁于战乱，建殿道人不知所往。明天启四年（1624年），海玉又名"不昧"，俗姓金，安徽人，原为明朝将军，经其苦心经营10余年，寺宇初具规模，是为丹霞山开山之祖。明崇祯十一年（1638年）五月初一至初三3天，徐霞客亲临丹霞山游历。在影修住持的陪同下，徐霞客考察了此地的山川、河流、人文、交通等情况，游历期间得到了影修住持"饮以茶蔬"的热情款待，临行时影修住持还赠予徐霞客"茶酱"，徐霞客将这些资料一一载入《徐霞客游记》。

直跻半里，始及山门。其门西北向，而四周笼罩山顶。时僧方种豆垄坂间，门闭莫入。

久之，一徒自下至，号照尘。

启门入余，遂以香积供。

既而其师影修至，遂憩余阁中，而饮以茶蔬。

影修又不昧之徒也，时不昧募缘安南，影修留余久驻，且言其师在，必不容余去，以余乃其师之同乡也。余谢其意，许为暂留一日。

初二日甚晴霁。余徒倚四面，凭窗远眺，与影修相指点。其北近山稍伏，其下为赵官屯，渐远为普安城，极远而一峰危突者，八纳也。

……

初三日饭后辞影修。影修送余以茶酱，粤西无酱。贵州间有之而甚贵，以盐少故。而是山始有酱食。遂下山。

巍峨雄壮的丹霞山因护国寺而出名，因徐霞客3天的深入探秘、游历而生辉，护国寺中也珍藏有清光绪皇帝御赐之物及具有千年历史的《贝叶经》等。现在丹霞山香火鼎盛，每年三月三赶丹山，滇、桂、川及东南亚各国均有香客来此朝拜，为贵州省佛教界重要的佛事活动中心。深厚的历史文化底蕴，让文人墨客陶醉其中，盘州市有楹联如此盛赞丹霞：

拔地危楼入九霄，四顾顿失声，万里河山，茫茫云海，朗朗乾坤分仙凡，快莫负；任重道远，
　朝聆玉旨，暮观烟火，东敛紫燕，西尊晚景，北邀贤达，南调强弱，精心浓缩，曲点迷津；
冲天浩气慭三界，六欲总是空，两字功过，历历善恶，行行踪迹贯古今，确需要；苦去甘来，
　先登圣位，后兴法化，春戍花魁，冬恋雪原，秋谙星宿，夏排雌雄，婉言疏导，省视觉人。

——周其兴，献丹霞山观日楼联

第二节　清代和近代茶发展

一、清　代

清代，茶成为庄严的礼俗代表物，各种官方的、民间的重大重要礼仪活动中，均有茶事活动这一重要环节。

《大定府志》载："直省武属见长官之礼——初见，具衔名履历，披执。副将见提督，辕门外下马，门吏禀白，传命免披执，易公服佩刀由左门入，升堂，北面禀参，辞，三揖，提督西面答揖。坐次，提督正坐，副将待坐。茶毕，辞退三揖如初，提督送至阶下。常见不披执，仍佩刀，余仪同。见本镇总兵官，迎于堂后屏内，送至屏外；卑幼见有服尊亲之礼——及门，从都通名，俟外，次尊长召，入见，升阶，北面再拜，尊长西面答揖，命坐，视尊长坐，次侍立于侧，茶至，揖，叙语毕，禀辞三揖，凡辑，尊长皆答。出，尊长不送。若尊长来见卑幼，迎送于大门外，行礼坐次如前仪。"

官方礼仪中饮茶习俗的风行，使当地官府对贡茶的需求量剧增，民间迎送尊长的茶俗茶礼，促进了当地茶叶种植业的发展。

同时，位于"盐茶古道""茶马古道"上的马店、茶楼，各地政治、经济、文化中心的茶肆、茶馆等，促进了茶叶消费市场的繁荣和茶叶贸易的发展。

《六盘水市志·农业志·畜牧志》载："木城茶，木城乡，为水城特区种茶最早之地，已有二三百年种茶史。迄今，百年老龄茶树仍依稀可见。所产之茶，经用砂质茶罐再行炒制后冲泡，高香浓郁，不仅绿、黄二茶之特点兼收其中，且耐冲耐泡，深受今昔饮茶者青睐。在清乾隆年间，当地曾以之作贡品。"

六盘水古茶树和野生茶资源，生长在没有污染的深山区，历经数百年风霜，其种质具有抗寒、抗旱、抗病虫、生存能力强、适应性广等优良特点。尤其是水城县蟠龙镇木城一带的古茶树（图1-11），因土质含硒高，气候适宜，采用传统制茶工艺，泡六七次都还有茶香，在水城县坊间一直有"木城贡茶，七泡留香"一说。

为了能定期向朝廷上贡贡茶，地方官员还专门在木城设立马店（驿站），要求专人采摘、专人炒制，然后用马驮经六枝、安顺运出，以便京城的达官贵人能喝到应季贡茶，形成繁盛一时的盐茶古道。

今六枝特区岩脚古镇，古时为滇黔盐茶古道枢纽，商贾云集。为满足盐茶运输

图1-11　木城古茶树

图 1-12 谢家茶楼

及沿途食宿需求，唐家马店和谢家茶楼应运而生。清乾隆四十四年（1779年），唐启万公置唐家马店，门面四间，客馆数十间，马厩数十间，可容客商百余人，占地十余亩。建筑主体为中间客楼，石础木构三层，走廊互通，推窗可览清溪环流，虹桥飞渡。马店至20世纪70年代仍使用不衰，为岩脚、新场、新华、龙场等供销转运站。马帮黄昏而至，马蹄络绎，拂晓而出，铃声脆响。古镇生机一派尽在此间。清光绪年间，谢氏置谢家茶楼，据史料载："镇上士绅，往来富商雅客，或唱和，或神侃，或戏曲，或大书，或小说，均在闲茶数泡之间。此楼两进四合天井，有敞厅、包间、套房之别，亭阁互通，廊榭相连，距城门五十余米，背河面山，空气怡人，实乃雅集合友、迎来送往之佳处也。"如今，唐家马店和谢家茶楼仍保存完好（图1-12）。

据《六枝特区志》载，清道光二十年（1840年）鸦片战争后，中国逐渐沦为半殖民地，帝国主义的影响也渐渐深入境内少数民族地区。最突出的是鸦片的泛滥，大烟传入境内很快被广泛种植，导致茶叶种植大规模减少。

《西南少数民族风俗志》有"多数地区彝族有饮茶的习惯"的描述。《盘州古韵》上写道："其辖区（指簸箕营彝族世袭土司龙天佑所辖之地）据传有九营六里三马半（含今晴隆、普安部分）"。龙天佑管辖的云贵（西南一带），在田赋徭役和杂税等方面不苛刻人民，多年来，各族人民尚能安居乐业，商贾顺利通达。受到区域内人民的爱戴。由于当时龙天佑管理有方，百姓安居乐业，实现了后来他的墓碑上所写的："数年以来，汉彝安堵，商贾通行。齐乐粹宁，夜不闭户"。在这种大好形势下，农户不但能如期交纳粮食、蔬菜，还可上贡茶叶。每年春天，他们将采摘的新鲜好茶作为贡品上交龙家土司，"官家"组织制作加工后，除留足自用部分外，还远销云南、四川和广西。

据今盘州市保基乡当地高龄老人回忆，龙天佑在八大山有自己的"祭山林"，并在"祭山林"种有茶叶。曾有簸箕营人到龙天佑府上得到热情款待，席间赠茶。如今，在距龙天佑故居不远的八大山（今盘州市淤泥乡境内）上，发现少量距今300余年的古茶树（图1-13）。

图 1-13 盘州市八大山距今300余年的古茶树

二、民国时期

民国时期，官方开始关注茶科研，成立茶事管理机构，建设试验茶场，茶发展实现了从宏观调控管理到科学试种的提升。礼俗茶事和茶科研活动成为推动六盘水近现代茶发展的主要动力。

这一时期，郎岱、盘县、水城3县都兴办过一些小型农场，有公办，也有私办。其中，水城县于民国二年（1913年）在城关东郊校场建立的农事试验场和民国六年（1917年）在场坝成立的桑蚕事务所均种有茶园。

六盘水市地处滇东高原向黔中山原过渡地带，是茶树原生地之一，这为六盘水的茶叶种植、茶科研等提供了良好条件。

新中国成立初期，六盘水市就已经有茶叶科研方面的记载，据《六枝特区志》记载，从日本早稻田大学农学系留学归来的郎岱县人龙幼安，曾在洒志农场种茶，并带领科研小组引进种植出第一代洒志茶叶（图1–14）。

图 1–14 洒志农场遗址

第三节　当代凉都茶发展迎来"春天"

1949年前，六盘水境内的六枝特区郎岱县归宗、戈厂有小面积茶园，但"常被忽视"，导致茶树衰老，茶园荒芜。盘县羊场区九村、西冲存有茶树零星种植，无成片茶园。

新中国成立后，万象更新。六盘水茶产业经历了与新中国成立初期百废待兴的短暂停滞期后，先后经历了20世纪50年代末至60年代的奠基期、70年代的发展期、80年代的摇摆期、90年代的恢复期。进入90年代后，以1992年时任全国政协副主席、农工民主党中央主席、中科院院长卢嘉锡到六盘水考察为标志性事件进入转型期，以2003年《六盘水市农业优势特色产业开发规划》的实施为标志性事件进入调整期，以2014年六盘水市出台的《关于农业特色产业发展"3155工程"的实施意见》为标志性事件进入黄金期。当前，六盘水市正全力推动茶产业朝规模化、标准化、市场化、品牌化、产业化发展，凉都茶实现了历史性的跨越式发展，迎来了全新的"春天"。

1959年后，进入大面积茶叶种植与产品开发，1969年发展到0.131万亩，产量19.9t；1979年发展到2.2554万亩，产量86.65t。1980年后，因前10年茶叶生产发展较快，茶园建园基础较差，管理粗放，茶树老化，产量质量降低，全市种茶增长速度慢，产量亦有较大幅度波动，至1989年，全市茶园面积由1979年2.2554万亩降至1.3494万亩，年递减5.27%。

进入20世纪90年代以后，是六盘水市茶产业发展较快的时期，茶被定为对市内山地进行综合开发及珠江上游水土保持的主要开发作物之一，1991年市科委（现为市科技局）在杨梅林场建成千亩优质的高产示范园——六盘水市科技实验茶场，其中标准茶园500亩，品比试验园30亩，生产示范园470亩，建立了乌蒙山区高科技农业示范区，树立样板，以此为点，带动了周边茶叶的快速发展。

1992年，由时任全国政协副主席、农工民主党中央主席、中科院院长卢嘉锡带队的"智力支边"考察团在六盘水市考察时，品饮了由六盘水市科委、六盘水市科技实验茶场与贵州省茶叶科学研究所联合研制的"乌蒙春天然富硒保健茶"，赞赏该茶品质优异，欣然挥笔写下"乌蒙春"（图1-15），并促成中国科学院地球化学研究所定点支持和帮扶，建成了"乌蒙山区高科技农业示范区"，从此拉开了六盘水现代茶产业发展的序幕。

1996年，六盘水市积极响应贵州省政府大力发展绿色产业的决定，把茶叶作为绿色产业中的一项主导产业来发展，1997年全市茶园面积2.388万亩，茶叶产量238t。自1997年开始，六盘水名优绿茶的生产有较大的发展，名优绿茶品种有扁形茶、条形茶、卷曲形茶等。1998年编制《六盘水市1998年至2010年茶叶产业建设规划》，把加快茶产业发展作为农业产业结构调整的重要措施。1998年，时任六盘水市市长助理的中国农业科学院研究员柳荣祥考察六盘水茶叶产业，将六盘水地区茶叶形象地比喻为"六盘水三剑客"，即：盘县"碧云剑"，水城"倚天剑"，六枝"乌蒙剑"。

进入20世纪80年代以来，六盘水市开始进行农业产业结构调整，经过努力，粮食生产稳步发展的同时，经济作物和其他农作物得到相应的发展，全市农业产业结构有所优化。但是仍然存在着不少问题，农业基础脆弱，农民生产生活条件较差，农村贫困面仍然较大。六盘水特殊的气候和土壤条件，适宜多种农作物的生长，为山区特色农业尤其是茶叶产业的发展提供了先决条件。六盘水如何抓住机遇，利用得天独厚的条件，充分挖掘地方特色生产潜力，找准农业发展的路子，拓宽农民群众增收致富的渠道，这个重大历史任务摆在了六盘水人的面前。

在1999年开展全市茶叶产业发展情况的调研的基础上，2001年2月召开了全市茶叶产业化专题工作会，分管农业的副市长罗贤能在具体分析了六盘水农业的特点之后指出："茶叶是我市的一种优势产品，要下大力把茶叶建设成为支柱产业，要抓住实施西部大开发的机遇，大力建设茶叶基地，增加名优茶产量，把茶叶产业培育成为新的区域性支柱产业。"六盘水市农业局制定了《六盘水市茶叶发展规划》，指导各县发展茶叶生产。

2001年，六盘水开始探索种植业结构调整新路子，市级成立了特色作物产业办公室，发展优质茶叶等特色作物种植。同年，全市新建茶园 5000亩，改造老茶园500亩。

2002年，六盘水进一步探索农业结构调整的新路子。进一步扩大经济作物面积，积极发展茶叶等特色作物，增加农民收入。在经过前期深入调研后，决定将茶叶作为主导产品之一在全市重点发展。同年，全市茶叶面积发展到3.19万亩，成功打造出"乌蒙春""乌蒙剑""水城春""碧云春"4个名优茶品牌。其中六枝特区的"乌蒙剑"茶获1999年"中茶杯"全国名优茶评比二等奖；水城县"乌蒙春"系列的"乌蒙硒毫"茶获1999年"中茶杯"全国名优茶评比一等奖和贵州省科技星火计划奖，"水城春"系列的"凤羽"茶获2001年"中茶杯"全国名优茶评比优质奖；盘县"碧云春"系列的"碧云剑"

图1-15 卢嘉锡题字"乌蒙春"

茶获1999年"中茶杯"全国名优茶评比优质奖和2001年"中茶杯"全国名优茶评比二等奖、2001年获杭州国际名茶博览会银质奖。

2003年，六盘水市政府请农业部对外经济合作中心编制的《六盘水市农业优势特色产业开发规划（2003—2010年）》通过论证，此规划将茶叶、马铃薯、蔬菜、中药材和经果林等产业作为六盘水市的优势产业加以开发。

2004年，全市按照《六盘水市农业优势特色产业开发规划》积极调整产业结构。2004年11月15日，市委四届六次全体（扩大）会议上通过了《关于加大力度实施西部大开发战略的若干意见》，意见中指出"坚持以增加农民收入为中心，加快农业和农村经济结构调整，办好乡镇企业大力发展特色农业、旱作农业和生态农业，按照《六盘水市农业优势特色产业开发规划》，以草食畜牧、茶叶、马铃薯、蔬菜、中药材和经果林等六大产业作为六盘水市农业发展重点，大力扶持土豆片、核桃乳、茶叶、辣椒、牛羊肉制品、牛奶等农产品加工企业"。该意见为今后六盘水农业产业结构调整指明了方向。

2005年，全市在确保粮食稳定增长的前提下，按照《六盘水市农业优势特色产业开发规划》和"八个扩大"的要求，找准优势，突出重点，遵循"品种调优、产业调特、规模调大"的原则，稳步推进农业结构调整。全市茶叶面积发展到3.61万亩。由于结构调整力度的加大，全市粮经作物比例逐渐趋于合理，粮食作物比重下降到74.54%，经济作物及其他作物比重提高到25.46%。

2006—2007年，六盘水加快建设优势农产品产业带，逐步推进农业结构调整向纵深方向发展。因地制宜地发展适销对路的茶叶、生姜、中药材、经果林等产业。2006年，全市茶叶面积3.64万亩，投产茶园面积1.8万亩，总产量330t，名优茶产量18t，产值近千万元。2007年，全市茶园面积发展到3.68万亩，总产量340t，产值1000多万元。

2008年，按照贵州省委、省政府《关于加快茶叶产业发展的意见》，六盘水市将茶叶产业作为继马铃薯和蔬菜产业后的又一个重点农业产业进行发展，全市组建了茶叶产业发展规划小组，深入开展调研，做好全市20万亩茶叶产业发展规划工作，全市茶园面积发展到4.86万亩，总产量390t，产值1400余万元。

2009—2011年，"大种植、大养殖、大加工、大市场"，扎实将农业结构调整推向深入。2009年初，六盘水市委、市政府提出"大种植、大养殖、大加工、大市场"这一战略构想，继续发展茶叶产业。经过2年多的发展，到2011年，全市茶园面积发展到7.85万亩，投产茶园面积约3.6万亩。

2012年，根据六盘水山高谷深、冬无严寒、夏无酷暑、雨热同季、昼夜温差大、立体气候明显、气候资源丰富的特点，六盘水被定位为喀斯特山区特色农业示范区。六盘水市政府工作报告明确指出，要大力发展特色农业，以建设六盘水喀斯特山区特色农业示范区为目标，加快推进设施农业、有机农业、标准农业、观光农业的发展，尤其要在突出特色上下功夫，重点抓好马铃薯、蔬菜、茶叶、核桃、猕猴桃、油茶、烤烟、中药材、畜牧产业为重点的"九大产业"，并对每一个产业的发展目标和规模作了安排和部署。2012年，全市农业部门围绕"九大产业"发展目标开展工作，围绕"品种调优、产业调特、规模调大"的原则和"稳粮、增菜、兴牧、抓果"的思路调整农业产业结构。市级制定了猕猴桃、蔬菜、茶叶等产业的年度发展目标及近期发展规划。当年，"九大产业"均完成或超额完成了预期计划，全市茶叶面积12.64万亩，全市粮经比达到63∶37。

为加快将六盘水建设为喀斯特山区特色农业示范区的步伐，市委、市政府提出，要推进农业弱市向特色农业市转变，调整农业产业结构，着力打造"四张名片"，即："喀斯特原生态精品水果之都""乌蒙山高品质富硒茶海""凉都珍稀植物红豆杉之乡""中国南方马铃薯脱毒种薯基地"。

2013年，发展壮大"十大产业"，使全市农业向规模化、标准化、产业化方向加速发展。西部大开发实施12年之后，六盘水市的农业现代化已处于起步阶段，但尚属于工业化、城镇化、农业现代化"三化同步"战略中的短板。为变短板为跳板，市委、市政府确定在稳定粮食生产的同时，以公路沿线和城区周边山地为重点，抓好猕猴桃、茶叶、中药材、马铃薯、蔬菜、核桃、油茶、红豆杉、烤烟、畜牧业"十大产业"，使全市农业向规模化、标准化、产业化方向加速发展。2013年，"十大产业"稳步推进，全市茶叶面积15.05万亩，全市粮经比已达到50.39∶49.61，接近50∶50。

2014—2016年，为推动农业转型升级，加快推进全市农业现代化进程，促进农民增收致富，2014年初，在市委六届五次全会上，市委、市政府作出了农业特色产业发展"3155工程"的重大决策部署，重点发展茶叶等特色产业，全面实施农业产业结构调整。实施"3155工程"，是对六盘水市农业产业结构的全面调整，是推进六盘水"四化同步"的重要载体和抓手，是打造喀斯特山区特色农业示范区、由农业弱市向特色农业市转变的迫切需要，是从传统农业向现代农业变革的根本要求，是实现同步小康目标的重要路径。市级农业部门及时启动了《六盘水市农业特色产业"3155工程"（2014—2018年）建设规划》编制工作，为实施"3155工程"提供科学指导。各县（区）根据目标任务分解情况，依托平台园区、平台企业、平台乡镇，大力实施"3155工程"，进展顺利。2014年，全市茶叶种植5.83万亩。"3155工程"的实施，有力促进了全市农业产业结构调整，茶叶、猕猴桃、刺梨等特色产业大幅推进，至2016年，全市茶园面积30万亩，投产茶园面积18.47万亩，产量1561.3t，产值2.96亿元。

2017年，贵州省委、省政府提出，把"茶叶、蔬菜、食用菌、生态禽、中药材"作为脱贫攻坚主导五大产业加快发展。为推进六盘水茶产业发展，六盘水市政府办公室印发了《六盘水市发展"一县一业"助推脱贫攻坚三年行动方案（2017—2019年）》等7个方案的通知，其中就有《六盘水市发展茶产业助推脱贫攻坚三年行动方案（2017—2019年）》，方案提出：全市茶产业要以产业扶贫为根本，以提升质量和效益为核心，强龙头、创品牌、增效益、促脱贫，突出品质优势、生态安全优势，促进生产规模化、质量标准化、营销网络化、利益股份化，提高六盘水绿茶的市场占有率、品牌知名度和美誉度，推进茶产业全产业链培育、裂变式发展、泉涌式增长，促进更多农民脱贫致富，实现茶区生态美、百姓富。

2018年8月，贵州省委、省政府出台了《关于加快建设茶产业强省的意见》，今后茶产业发展要坚持政府推动，市场发力；坚持品牌引领，聚强产业；坚持科技兴茶，品质取胜，对全省茶产业发展指明了方向。

2019年，为扎实推进茶产业发展，六盘水市决定建立市领导领衔推进农村产业革命工作制度，市委办、市政府办印发了《市委、市政府领导领衔推进农村产业革命工作制度》，由市委、市政府领导带头，分别领衔推进一个重点农业产业，其中，茶产业由市委宣传部部长领衔推进。市级随后成立了六盘水市农村产业革命茶产业发展领导小组，并印发了《六盘水市农村产业革命茶产业发展推进方案（2019—2020年）》，方案提出：全市茶产业要以贯彻落实贵州省委、省政府《关于加快建设茶产业强省的意见》为主线，以效益为核心，以市场为导向，依托资源禀赋，发挥基地规模优势与生态优势，统筹推进品牌宣传、市场开拓、加工升级、基地提升等全产业链发展；优先实施品牌带动战略，加大区域公用品牌整合，以公用品牌宣传为引领，强化系统包装策划，加快提升六盘水茶知名度和美誉度；深耕省外重点目标市场，以嫁接渠道为重点，

图 1-16 凉都茶园风景美如画

加快营销网络建设，促进六盘水茶叶"黔茶出山·风行天下"；培育壮大经营主体，推进企业集群集聚，依托企业集团，以标准为抓手，促进初精制分离与拼配数据化，坚持绿茶主战略，实行多茶类生产，突出早春茶，突破夏秋茶，春夏秋茶并重，生产出高性价比的大众好茶；加快规模化、标准化、集约化基地建设，促进产业融合发展，实现茶园提质增效；落实质量安全"四个最严"要求，强化投入品监管，集成推广绿色防控技术，加强质量安全监管，严守质量安全红线，做干净茶。要坚持政府推动，企业主体；坚持龙头带动，抱团发展；坚持品牌引领，市场发力；坚持质量安全，绿色发展；坚持科技兴茶，品质取胜（图1-16）。

2019年，六盘水全市茶园面积31.36万亩，投产茶园面积25.87万亩，全市茶叶产量5472.95t，产值13.09亿元。全市有茶叶生产企业68个、合作社89个。其中，省级龙头企业5个，市级龙头企业22个，年销售额500万元以上的企业7个。水城县茶叶发展公司通过了ISO9001、HACCP质量体系认证。有加工能力的企业23家，有加工能力的合作社23家，共有加工厂房10.62万 m²，固定资产总额32亿元。

六盘水茶采摘时间平均在2月10日左右，比省内其他茶区早半个月，比江浙地区早20~25d，是名副其实的"早春茶"。在2018年全国两会贵州代表团集中访谈活动上，全国人大代表、六盘水市委副书记、市长李刚曾用"喝着喝着，春天就来了"的诗意表述为六盘水早春茶做"广告"。

在2019年全国两会贵州代表团首场集中访谈活动上，全国人大代表、六盘水市委副书记、市长李刚带来的第一个好消息就是来自六盘水的早春茶。2019年，六盘水的早春茶在产量、产值上都取得了巨大进步。早在1月13日，六盘水水城春的第一锅春茶就出锅了。在2019年1月25日的一场春茶拍卖会上，这一锅3斤的春茶分别卖出8.8万元、9.8万元、10.88万元的高价，体现了市场的高度认可。

随着一系列鼓励茶产业加快发展政策的落实，六盘水的茶产业发展迎来了"春天"。

第二章　茶区篇

六盘水属于高原山地地区，茶园海拔多在1200~2000m，最高海拔2347.5m，造就了低纬度、高海拔、寡日照的产茶区，云雾多，漫射光多，昼夜温差大。由于特殊的纬度、海拔和地形地貌，气候独特而宜人。茶区所处地质结构以沉积岩为主，富含茶叶生长需要及对人体健康有利的众多矿物微量元素。所生产的茶属于无公害、绿色、有机茶。茶叶水浸物、氨基酸和茶多酚的平均含量均高于国家标准，具有香高馥郁、鲜爽醇厚的独特品质。

六盘水茶区主要分布在"青山与碧水相生，蓝天与白云相伴"的低纬度、高海拔、寡日照山区，这里，有毗邻"朵贝茶"产区的"大用古树茶"和蟠龙木城"贡茶"，有大寒节气还未到就开采的"蛰前早春茶"，有"生于烂石"的"上者""生态茶"，有绿色无公害的"有机茶"，优异的茶区环境，成就了凉都茶的优异品质。以"水城春""碧云剑""九层山"等为代表的各类凉都名茶走出大山、走向全国，甚至走出国门、走向世界。茶，不仅成为推动六盘水绿色崛起的重要产业，更成为脱贫攻坚的富民产业。

第一节　六盘水自然环境

六盘水市地处乌蒙山脉东侧斜坡上，地处于北纬25°19′44″~26°55′33″，东经104°18′20″~105°42′50″。东西宽142km，南北长177km，全市平均海拔多在1700~1800m，属于典型的低纬高海拔山区。其地势自西北向东南倾斜，全市最高点韭菜坪2900.6m与最低点毛口乡北盘江河谷水面586m，两地直线距离不到63km，而相对高差竟达2314.6m，市内山高谷深，相对高度差异悬殊。

六盘水市境内拥有3个气候带：中亚热带、北亚热带和暖温带，而各地从山麓到山顶又程度不同地存在6个气候层，即暖亚热层、中亚热层、凉亚热层、暖温层、中温层和冷温层，立体气候明显。在独特的多类型小气候环境下，农产品的生物种类多、上市期长、保鲜期久。丰富多样的农业气候资源不仅有利于实施农业产业结构调整，也为进一步发展反季节蔬菜，品种多样的果树、经济林和用材林提供了广阔空间。六盘水市大部分地区的光、热、水条件在正常年份均可满足农作物生长的需要，部分地区的农作物耕作制度为一年两熟。

一、热　量

六盘水市境地势海拔高差大，气温随海拔高度升高而降低，总的趋势南部高于北部，东部高于西部。

大部分地区的年均温在13~14℃，六枝、盘州、水城3地为14.8℃、15.1℃和12.6℃。海拔1000m以下的北盘江河谷、响水河谷达16℃，其中拜拵江流域达18℃；韭菜坪—盘雄—台沙，坪地—乌蒙、发箐、冷坝等高海拔地区低于12℃，玉舍镇仅11℃。1月大部分地区月均温3~5℃，4月大部分地区月均温14~17℃，7月大部分地区月均温19~22℃，10月大部分地区月均温13~15℃。极端最高温一般在33.7~37.0℃，低洼河谷地区高达42.7℃。极端最低温大部分地区在-12.6~-5.5℃，坪地等高海拔地区低达-14.9℃。大多数地区的积温在4400~5400℃。大部分地区≥10℃积温为3000~4500℃，≥20℃积温为200~1500℃。10~20℃积温，多为120~140d，积温值大部分地区为2000~3000℃。

全市除拜拵镇（原毛口）、中寨乡长寨等低洼河谷地区全年无霜外，一般于11月中旬出现初霜，次年2—3月终霜，无霜期240~300d。玉舍镇、乌蒙等地仅为210d左右。

二、降 水

受季风、寒流和地势影响，六盘水市内降水时空分布及降水强度差异明显，降水分布南多北少，东多西少。全市年平均降水量1363.4mm。其中六枝1479.4mm，盘州1348.3mm，水城1176.2mm。市内大部分地区降水量在1200~1500mm。六枝雨季开始最早，盘州最迟；雨季结束时间盘州最迟。全年80%保证率降水量为1111~1224mm，其中春播作物生长期的4—9月为979~1213.2mm，秋播作物生长期的10月至次年5月为398.7~506.1mm，5—8月雨水集中期，雨日一般为73~76d。

三、日 照

六盘水市内日照自西南向东北递减，低于全国平均值。大部分地区年日照时数为1105~1610.7h。其中盘州1620.8h，水城1367.8h，六枝1107.4h。日照时数各月分配，以5月和7月最多，1月最少。大部分地区日照百分率为28%~36%，其中六枝29%、盘州36%、水城35%。太阳总辐射大部分地区为3349~4186MJ/（m²·a）。其中，盘州4370MJ/（m²·a），水城4319MJ/（m²·a），六枝3607MJ/（m²·a）。总辐射中，散射辐射比例占60%以上，尤其六枝最为显著。大部分地区≥10℃期间总辐射量为2511~3349MJ/（m²·a）。

四、蒸发量和相对湿度

六盘水市境内蒸发量南部地区大于降水量，其余地区小于降水量。盘州为1554.5mm，六枝为1262.7mm，水城为1150.2mm；年相对湿度为76%~81%，盘州76%，六枝、水城均为81%，但各月波动值较大。

五、地质地貌

六盘水市地处贵州省西部,云贵高原东部一、二级台地的过渡带和黔中高原向滇东高原过渡的斜坡上,广西丘陵向黔北高原过渡地带。地势总体趋势为西高东低、北高南低;中部区域因受北盘江与三岔河的强烈侵蚀及切割作用,地势起伏剧烈,地貌类型多样。

图 2-1 水城县新街乡大元村地貌

六盘水市地貌发育过程中,地质构造决定了其地貌特征,也制约着山脉、水系的分布格局,市境大地构造单元属于扬子准地台上扬子台褶带。由于历史上屡次遭受海水侵蚀,以及多次大地构造运动,使得境内整个沉积层发生强烈的褶皱、断裂、断陷等,形成了以山地、丘陵为主,盆地、山原、峰林、高原、台地等多种地貌类型(图2-1)。

山地是六盘水市地貌的重要组成部分,占全市总面积的65.2%,多数分布于海拔1400~2400m。目前已经登记入《六盘水市地名录》的山体达1000余座,其中海拔2500m以上的30座,如韭菜坪、大黑山、老黑山、仙人坟等。海拔1900~2400m的山体有664座,海拔1400~1900m的330座。市境内山脉绝大多数属于乌蒙山脉,仅六枝特区以东属苗岭山系。乌蒙山东支与苗岭山脉相连,成为长江水系(乌江上游三岔河)与珠江水系(北盘江)的分水岭。乌蒙山南端余脉中的莲花山,则是南、北盘江的分水岭。境内丘陵分布广泛,多数在海拔1400~2000m,约占全市总面积的16.9%。由于丘陵相对高度差较小,多数小于200m,造成其脉络不清,多以峰丛、溶丘、低谷、浅洼地等组合形态出现(图2-2)。

图 2-2 水城县腾鹏种养业农民专业合作社茶叶基地地貌

由于构造运动、河流侵蚀、岩溶作用，六盘水市境内多盆地（即贵州习称的"坝子"），约占全市总面积的8.5%。其中，以水城盆地最大，多数因断陷溶蚀而形成。盆地周边多峰丛围绕，盆地中多沉积浮土，土层深厚，地表、地下水系较丰富，为主要耕作区域。

河流的分布顺应地质构造，地处长江流域乌江水系与珠江流域北盘江水系分水岭的六盘水市，境内水系均从西北方向流向东南方向。境内长度在10km以上的河流有43条，分属长江、珠江水系。地表河网密布，多呈现河床狭窄、水流湍急、河谷深邃等特点。

六盘水土壤分属12个土类，29个亚类，96个土属，240个土种。土壤的纬度地带性差异不明显，经度地带性受生物气候条件影响差异较显著，垂直地带性差异随生物、气候条件及山地高低、位置、形状、走向不同而变化。海拔由低到高依次分布红壤、黄壤、黄棕壤、棕壤、草甸土。红色石灰土、石灰土、黄色石灰土、石质土、紫色土与地质岩性条带基本呈对应分布。潮土分布于河流两侧或谷口，沼泽土分布于湖沼沉积地。水稻土则因地形、水文、气候条件而分布于丘陵、盆谷、河流两侧水源及热量条件好的地段。

第二节　六盘水茶产业发展优势

说到茶的品质，我们常用"喝着，喝着，春天就来了！"形容六盘水的早春茶。六盘水位于贵州西部，夏季平均气温19.7℃，因气候凉爽、舒适、滋润、清新，紫外线辐射适中，2005年被中国气象学会授予"中国凉都"的称号，成为全国首个以气候特征命名的城市。六盘水生态良好、山清水秀，全市森林覆盖率达59%，空气负氧离子高达1.3万/m³，是"蓝天白云常相伴，峰丛湿地绿相融"的宜居之地。大气磅礴的乌蒙山脉与19℃的夏天共同孕育了六盘水茶与众不同、醇香味美的独特品质。

在凉都长的是"高山茶"。六盘水市属北亚热带季风湿润气候区，受低纬度、高海拔的影响，立体气候明显，冬无严寒、夏无酷暑，年平均气温15℃，夏季平均气温19.7℃，冬季平均气温3℃。茶树喜光耐阴忌强光直射，耐荫喜润，喜湿怕涝，六盘水茶区主要集中在山区，海拔在1200~2300m，北纬25°~35°黄金纬度，兼具低纬度、高海拔、寡日照优质茶园的特征。盘州市大众创业种养殖农民专业合作社的茶叶种植基地，位于鸡场坪镇龙脖子村南端六盘水第一个写进《中国登山圣经》的名山——"轿子顶"上，海拔2347.5m，是目前已知贵州省人工茶园的最高海拔，这种海拔高度的人工茶园，在全世界来说也比较少有的（图2-3）。气象因子的垂直变化明显，随海拔高度的增加，光照强度减弱，气温和地温下降，空气相对湿度增加。一年中无霜期240~300d，日照率

29%~36%，日照短，漫射光多，紫外光丰富，降水量达到1200~1500mm，空气相对湿度76%~82%，再加上六盘水茶园周围林木丛生，茶园上面云雾飘浮，漫射光较多，非常有利于茶树更有效地利用光能加强光合作用，从而促进茶叶中滋味成分和含氮芳香物质成分有效积累，茶多酚、氨基酸、咖啡碱、维生素、蛋白质、叶绿素等内含物丰富。加之六盘水5—10月受东

图 2-3 位于"轿子顶"山上海拔 2347.5m 的人工茶园

亚暖湿季风的影响，气候春秋相连，夏无酷暑，夏秋两季温度差异小，雨水充足，空气相对湿度大，新梢持嫩性强，叶质柔软，减缓了夏秋茶叶的老化程度，生产的夏秋茶与晚春茶品质差异较小、品质高，生产的秋季名优茶品质也相当优越。茶树在这片土地苗壮成长，所制绿茶色泽绿亮、肥厚柔软、茶香馥郁、茶汤浓醇鲜爽，回味悠然，是优质茶的标志。

在凉都采的是"早春茶"。部分茶区处于河谷地区，气候温暖湿润，早春气温回升快，六盘水茶采摘时间平均在2月10日左右，水城县杨梅、龙场、新街等茶叶种植区尤为明显，惊蛰前（3月6日左右）采摘的早春茶具有较强的竞争力。据记载，2013—2018年，水城春茶叶最早开采时间为2014年的1月29日，最晚是2015年的2月15日。2019年1月13日，大寒节气还未到，水城县2000亩早春茶进入开采，打破了此前的最早开采记录。在同等气候条件下，春茶开园比省内其他茶区早10~15d，比江浙一带早20~25d（图2-4）。寒冬岁末，正待万物复苏之际，六盘水茶"小荷已露尖尖角"，经历一番寒彻骨，带着春的活力，凝聚着大自然的精华，富含整个冬季储存下来的养分，此时的早茶冲泡后充满芝兰之气，沁人心脾、齿颊留香。"喝着喝着，春天就来了"，是对六盘水市"蛰前早春茶"最富诗意的描述和最真实的写照。

在凉都喝的是"生态茶"。六盘水人始终秉承天人合一的理念，人与自然和谐共生，"生态"是六盘水茶叶最显著的标志。《茶经》有曰："茶者，上者生烂石，中者生砾壤，下者生黄土。"六盘水市是

图 2-4 在大寒节气未到前就已经开采的六盘水"早春茶"

典型的喀斯特地貌，六盘水茶园主要分布在低纬度、高海拔地区，平均海拔1700m，茶园位于山地半山腰，距山顶、山麓均有一定高度或者位于山坞或山谷地段，周围自然植被保护良好，树木覆盖度大，独有的喀斯特岩石地貌经过数万年的风化，形成了富含肥力、黏性小、最适宜茶树生长发育的砂质土壤。山区土质疏松、土层深厚、排水良好，土壤有机质含量丰富，呈微酸性，茶树叶片叶绿素含量高，光合能力强，呼吸消耗弱，有机物的合成和积累量较大。再加上六盘水森林覆盖率高，腐殖质和有机质含量丰富，被分解后通过提供二氧化碳、铵态氮、硝态氮及磷、钾、硫等养分，提高茶多酚、氨基酸、蛋白质及含氮化合物含量。六盘水土壤含天然富硒，具有开发多样保健功能的富硒茶潜力。六盘水茶叶产区主要分布在山地上部区域，在砂页岩发育而成的砂质壤土地域且富含煤层，根据植物成矿学说，植物在经历地质变迁成矿转化为煤的过程中，土壤富含对人体有益的硒元素对于富硒茶的生长起到重要作用。茶叶中的有机硒蛋白有很好的抗氧化性能，对于防止脂类过度氧化，延缓人体衰老，预防中老年人心脑血管疾病具有明显作用。经中国科学院地球化学研究所及农业部茶叶品质研究中心对杨梅片区的砂质岩土壤进行检验，土壤硒含量达1~5mg/kg，是地壳中硒密度的11.1~142.9倍。杨梅片区的茶叶富硒含量0.8~1.5mg/kg，属于理想富硒范围。经过科学种植，科学加工，生产出的茶叶保持了无污染、无农药残留的品质，符合欧盟、美国等国际标准要求。

在凉都饮的是"有机茶"。凉都多夜雨，随风洗轻尘。六盘水属于高原山地地区，云雾多，漫射光多，昼夜温差大，由于特殊的纬度、海拔和地形地貌，气候独特而宜人，四季分明寒暖干湿交替突出。茶园周围自然植被保护良好，树木覆盖度大，生物多样性丰富，这些生物相互间形成了依存关系的自然群落，给茶园形成了天然保护网，茶叶虫害天敌多，茶园病虫害轻。茶园内部有丰富的固氮菌、氮化细菌、纤维分解等微生物，对提高土壤肥力和改善茶树生长具有显著作用。所生产的茶属于无公害、绿色有机茶，茶叶水浸物、氨基酸和茶多酚的平均含量均高于国家标准，具有香高馥郁、鲜爽醇厚的独特品质。

在凉都品的是"古树茶"。《茶经》记载："茶之为饮，发乎神农氏……至若救渴，饮之以浆。"《贵州古代史》载："中郎将唐蒙通夷，发现夜郎市场上除了僰僮、笮马、髦牛之外，还有枸酱、茶、蜜、雄黄、丹砂等商品……"这段记载说明古夜郎国（"夜郎者，临牂牁江"牂牁江位于今六枝特区境内）在当时甚至更早以前已经存在茶叶初级市场。据地方志记载，六枝特区在明代属朝廷贡品富硒茶叶"朵贝茶"产区，现依然有古茶树存在，经中国农业科学院茶叶研究所、贵州大学等专家教授鉴定年龄最古老的是大用古茶树，据估计年龄在600~800年。另据《水城县（特区）志》和《六盘水市志·农业志·畜牧志》记载"木城茶产于木城乡，为水城特区种茶最早之地，已有二三百年种茶历史。迄今，百年老龄茶树依稀可见。早在清乾隆年间，当地曾以之作贡品"，茶汤色泽明亮、回味甘醇、清香宜人，并且耐泡。早在清乾隆年间就作为贡茶，供皇室享用，其茶品质可见一斑。在20世纪90年代初期，很多商户将木城的茶青精选制作远销浙江、上海等地，同时也催生了很多民间手工制作茶坊，带动群众致富。现如今木城村民还保留了传统的茶叶制作和品饮方法，即：鲜叶采摘（1芽2~4叶，带茶果）→杀青→揉捻（热揉）→闷黄→晒干→砂锅炒香→品饮。经过传统制作方法制作的古树茶，茶汤色泽橙红明亮、回味甘醇、香气悠扬持久，且耐冲泡。2014年，在贵州开展的"多彩贵州绿茶好——贵州茶行业十大系列活动评选"中，六盘水市六枝特区大用镇、水城县蟠龙镇被评为"贵州省十大古茶树之乡"。在2019年"水城春杯"贵州省第三届古树茶斗茶赛中水城春古树红条茶荣获古树红茶"茶王"称号，古树绿茶斩获金奖。在盘州，中国科学院植物研究所、贵州省农业科学院茶叶研究所等专家多次进行茶树种质资源考察，发现在淤泥乡八大山生长着一棵300多年的大厂茶（四球茶）树，还对有明显差异特征的两株乔木型和一株灌木型野生茶树种质资源命名为盘县1号、盘县2号、盘县3号。

独特的自然条件赋予了六盘水市茶叶产业在贵州乃至全国都具有独特的优势，再加上政策指引、科技服务支撑，为六盘水茶叶产业发展带来了机遇和广阔的前景。近年来，六盘水将茶叶产业作为转型发展的重要产业和突破口，六盘水现有茶园面积31.36万亩，其中可采摘面积25.76万亩，"三品一标"认证面积达31万亩，全市有茶叶企业38家，产业规模稳步增长，产业优势日趋明显。今后，全市将坚持标准化、继续扩规模、精深做加工、整合茶品牌、弘扬茶文化、拓展茶市场、分享茶红利，让一片片茶叶成为富裕一方百姓的"金枝玉叶"。

第三节　六盘水茶区分布

全市茶叶种植主要集中在六枝特区、盘州市、水城县境内，钟山区境内也有一定面积的种植。其中，六枝特区茶叶种植面积10.71万亩，主要集中在新华镇、郎岱镇、落别乡、牛场乡、新场乡、新窑镇、月亮河乡、关寨镇、大用镇、木岗镇、龙河镇、岩脚镇、中寨镇、牂牁镇14个乡镇；盘州市茶叶种植面积10.19万亩，主要集中在民主镇、竹海镇、保基乡、坪地乡、胜境街道、石桥镇、新民镇、大山镇、保田镇、鸡场坪镇、盘关镇、丹霞镇、羊场乡、淤泥乡、柏果镇、普田乡、乌蒙镇17个乡镇（街道）；水城县茶叶种植面积10.02万亩，主要集中在龙场乡、杨梅乡、顺场乡、新街乡、勺米镇、蟠龙镇、米箩镇、玉舍镇、比德镇、果布戛乡10个乡镇；钟山区茶叶种植面积为0.44万亩，主要集中在大河镇、保华镇、金盆乡、汪家寨镇和大湾镇5个乡镇（图2-5）。截至2019年底，全市种植茶叶的乡镇（街道）有45个，种植面积31.36万亩（表2-1）。

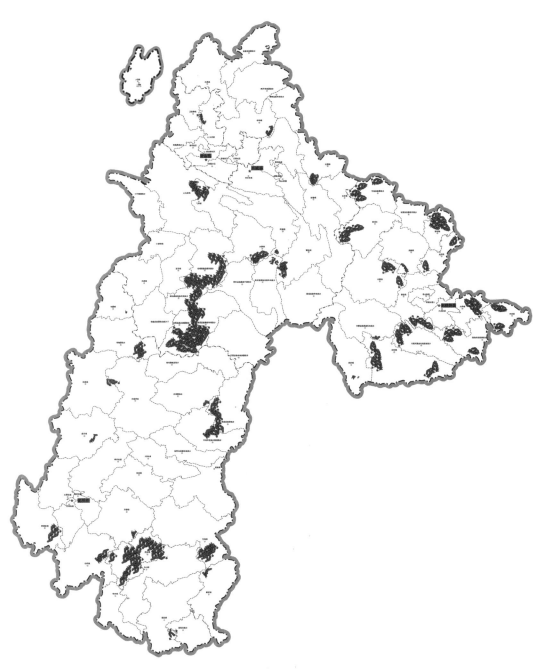

图2-5 六盘水市现有茶园分布现状示意图

表 2-1　2019 年六盘水市茶园分布表

地区	乡镇	面积（亩）
六枝特区	大用镇	6900
	关寨镇	7000
	郎岱镇	12000
	龙河镇	5000
	月亮河乡	10000
	落别乡	12000
	牂牁镇	280
	木岗镇	6000
	牛场乡	12200
	新场乡	10000
	新华镇	14000
	新窑镇	10100
	中寨镇	400
	岩脚镇	1200
	小计	107080
盘州市	柏果镇	500
	保基乡	12000
	保田镇	2000
	大山镇	2000
	鸡场坪镇	1000
	竹海镇	12000
	民主镇	45000
	盘关镇	1000
	胜景街道	7000
	坪地乡	9000
	普田乡	300
	石桥镇	5000
	丹霞镇	1000
	乌蒙镇	120
	新民镇	2000
	羊场乡	1000
	淤泥乡	1000
	小计	101920

地区	乡镇	面积（亩）
水城县	比德镇	3800
	果布戛乡	1600
	龙场乡	29800
	米箩镇	6400
	蟠龙镇	7300
	勺米镇	8300
	顺场乡	14300
	新街乡	8720
	杨梅乡	16400
	玉舍镇	3600
	小计	100220
钟山区	大湾镇	110
	汪家寨镇	120
	大河镇	2100
	保华镇	1800
	金盆乡	270
	小计	4400
合计		313620

第四节　六盘水茶产业发展

　　茶作为六盘水市农业特色产业的主导产业之一，在全市经济社会发展战略格局中具有重要的地位和作用。西部大开发政策的实施，为六盘水市茶叶产业发展带来了良好的机遇和广阔的前景。1998年六盘水市编制的《六盘水市1998年至2010年茶叶产业建设规划》，提出把加快茶产业发展作为农业产业结构调整、促进农民持续稳定增收、加速社会主义新农村建设步伐的重要措施，明确了茶叶作为发展农村经济的支柱产业，并加强了对茶叶产业的领导，从政策、项目、资金技术等方面给予大力扶持，加快茶叶产业的发展。2003年制定的《六盘水市农业优势特色产业开发规划》中，明确茶产业作为六大农业优势产业之一进行开发。2013年六盘水市委六届五次全会上，市委、市政府作出了实施"3155工程"的重大决策部署，重点发展茶叶等特色产业，全面实施农业产业结构调整。

一直以来，六盘水立足产业实际、着眼发展需要，把握发展关键、突出改革创新，着眼推动科学发展、转变发展方式、破解产业转型升级发展过程中的深层次矛盾和突出问题，充分发挥地理优势发展茶等山地特色农业，先后编制了《贵州省六盘水市"十二五"农业和农村经济发展规划》《六盘水市茶产业发展规划（2012—2020年）》《六盘水市茶产业建设发展规划（2020—2025年）》等多个茶产业发展规划，不断优化茶产业布局、构建现代产业体系、提升茶产业综合竞争力。不同时期的茶产业发展规划，为不同阶段如何发展茶产业提供了发展目标、发展思路、发展路径等前瞻性建议。

随着各个时期茶产业发展规划的不断"落地""变现"，凉都茶产业正逐渐成为兼顾生态与经济效益、覆盖千家万户的特色产业、重点产业、富民产业、生态产业，成为凉都山地特色农业新画卷中最为浓墨重彩的部分。

2019年，全市茶园面积31.36万亩，投产茶园面积25.87万亩，茶叶产量5472.95t，茶叶产值13.09亿元，带动25.57万人增收，其中贫困人口3.45万人。尤其是2020年以来，六盘水克服新冠肺炎疫情、倒春寒和高温干旱等不利因素影响，全市茶产业连创佳绩。2020年一季度，全市茶叶产量450.68t，同比增长33.27%；产值22108.5万元，同比增长28.38%，产量、产值增幅均排名贵州第一。

截至2020年5月，全市有茶叶企业49个，其中省级重点龙头企业8个，市级龙头企业12个；专业合作社92个，其中，全国500强合作社1个、国家级示范社3个、省级示范社3个、市级示范社6个。18个企业年销售额在500万元以上，有9个企业通过SC认证，6个企业通过ISO9001、ISO2000、HACCP等认证。

全市有加工能力的企业为35家、合作社25家，其中大、中型初制加工企业27家。全市共有茶叶加工厂房10.62万 m^2，清洁化生产线30条。全市茶产品从种类看，绿茶占总产量的92.75%，红茶占7.25%；从产品档次看，名优茶产量占总产量的24.62%，产值占总产值的43.79%；大宗茶产量占总产量的75.38%，产值占总产值的56.21%。

全市建有绿色食品茶园面积0.6万亩，有机茶园面积3.6万亩，欧标茶园面积2.2万亩。"水城春""九层山""保基茶叶"3个产品获得农产品地理标志证书。2017年水城县茶叶被国家质量监督检验检疫总局批准为国家级出口食品农产品质量安全示范区。2019年，全市开展茶园绿色防控面积7.15万亩，开展茶叶质量安全督查15次。

规划布局基本完成，委托贵州省农业科学院茶叶研究所编制了《六盘水市茶产业发展规划（2020—2025年）》。龙头企业组建迈出坚实步伐，按"1+4+N"的架构组建了贵州凉都水城春茶叶股份有限公司，做大做强龙头企业，实现抱团发展。公司组建后，有效开展了项目谋划、融资对接、市场拓展等工作。

2019年以来，全市开展了大连推介会、中国农民丰收节炒茶赛、秋季斗茶赛等多项茶事活动，承办了贵州省第二届评茶师职业技能大赛、第二届古树茶加工技能大赛暨第三届古树茶斗茶赛；2020年，六盘水举办了全市春季斗茶赛和采茶技能竞赛，选拔了茶样和选手参加贵州省决赛。在贵州省采茶技能竞赛活动中，六盘水市3名选手取得"两金一银"的优异成绩；在贵州省春季斗茶赛上，六盘水市获得1项银奖，2项优质奖。

六盘水市不断巩固茶产业规模，不断壮大茶叶经营主体，不断增强茶叶加工能力，不断提高茶叶质量水平，有序推进整合茶产业，扎实有效开展茶叶宣传推介，坚持走"百姓富、生态美"的茶产业发展道路，在逐绿前行的茶路上，不但富了茶区群众，还绿了凉都大地：让荒山变绿海、荒坡披绿毯、荒沟贴绿条，"茶之绿"已成为六盘水市经济社会可持续发展中最亮丽的底色。

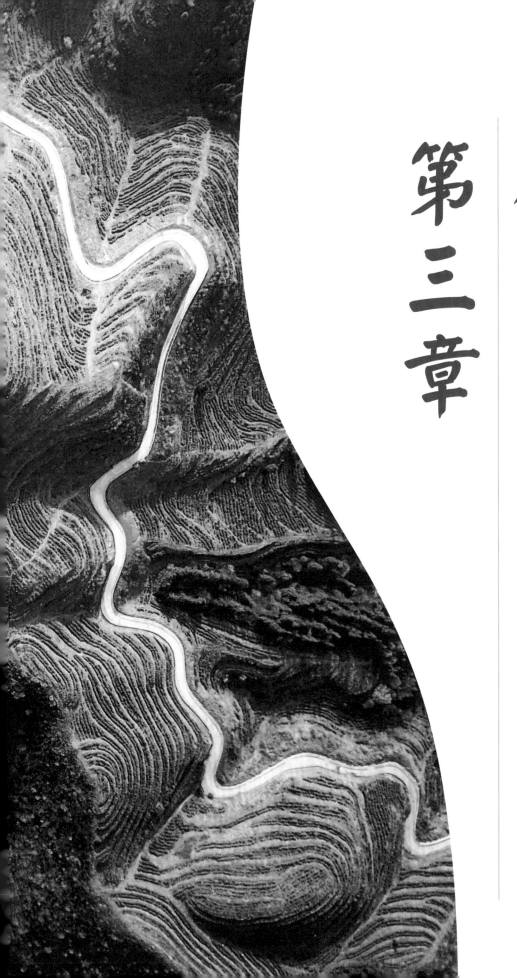

第三章　茶贸篇

古代，六盘水市境茶贸活动多以"以茶易马""以茶换盐"等"以物易物"形式进行，古时这一茶贸活动在"茶马古道""盐茶古道"上盛极一时。

近代，中国茶叶以大宗贸易的形式迅速走向世界，曾一度垄断了全球市场，各地茶馆遍布城乡，为推进茶贸繁荣起到积极作用。但是，由于受经济、政治影响，交通阻隔、茶区荒废，整个中国茶叶生产都陷于极度衰落的境地。在这种环境下，六盘水市境内由茶馆带动的茶叶贸易也只是昙花一现。

当代，六盘水茶叶贸易主要经历了计划经济体制内的统购统销和市场经济时期的自由贸易2个阶段，经过近年来的发展，茶叶贸易进入了"大发展、大跨越"的历史新时期。

第一节　六盘水茶叶贸易史略

六盘水市有史记载的最早茶贸活动出现在汉代。据《贵州古代史》载，汉武帝时期，唐蒙通使夜郎时，发现了夜郎古地已有茶叶在市场上流通。

唐代，驿道建设促进了本土与外界盐茶交易。各地土官负责对驿丁的管理、馆舍的修缮、接待和通信，利用与过往官员、来往客商社会交往之便从事盐茶交易等商品交流活动。

宋代，受于矢部地（自杞国）、牂牁国（后称罗殿国）、罗氏鬼国3个藩国饮茶习俗影响，六盘水市境内茶贸活动兴盛一时。

元代，由土司掌控"长官茶""马头茶"盛行，民族民间茶制作工艺不断得到丰富和提升，茶叶贸易市场活跃。

明代，茶被提高到"官茶储边易马"的国家战略物资层面，六盘水市境内土官大都经营管理着大量茶山，并依朝廷规定挑选上等好茶作为贡赋上交，市境内茶肆茗楼众多，茶叶贸易市场主体不断丰富，茶叶贸易市场活跃度不断提升。

清代，中国的茶叶以大宗贸易的形式迅速走向世界，曾一度垄断了整个世界市场。茶成为市境官方和民间的礼俗代表物，茶叶贸易主体更加多元，六盘水市境内各地纷纷开设茶楼茶馆，促进了茶叶消费市场的繁荣和茶叶贸易的发展。

民国期间，由于受政治、经济的影响，交通阻隔、茶区荒废，整个中国茶叶生产都陷于极度衰落的境地。在这种环境下，六盘水市境内由茶馆带动的茶叶贸易也只是昙花一现。市境茶叶在很长一段时间只在本地进行小范围交易。

当代，六盘水茶贸主要经历了20世纪60—70年代计划经济体制内的统购统销和80年代以来市场经济时期的自由贸易2个阶段（表3-1～表3-3）。

20世纪60—70年代，在计划经济时期，六盘水市境内茶叶交易以统购统销为主，在茶叶供销上,茶叶一直是供销社经营的重要农副产品。1955年开始,茶叶主管部门不断变更,但茶叶的生产指导、代购等工作,均由基层供销合作社承担。

1957年,政府将茶叶列为统一收购物资,委托供销合作社代国家收购。1959年,进行一定面积的茶叶种植与产品开发,同时国家规定茶叶收购采取"一到、四自、二直"的方法(即将收购计划下放到人民公社,公社按计划生产和销售;公社自行评级、自行过秤、自行包装、自保管储存;直接送到厂或中转站,直接采取非现金结算),供销社茶叶收购业务交给茶叶产地的县人民公社,后于1960年又收归供销社。

表3-1 1952—1973年六盘水市供销系统茶叶纯购进情况统计表(单位/担[①])

年份	六枝	盘县	水城
1952	—	—	5
1953	—	—	46
1954	—	—	97
1955	—	—	210
1956	1	60	196
1957	5	87	248
1958	8	35	523
1959	6	50	810
1960	19	34	496
1961	2	23	—
1962	13	3	213
1963	7	12	231
1964	7	10	264
1965	10	—	434
1966	11	11	320
1967	14	5	301
1968	39	8	242
1969	13	1	189
1970	26	1	239
1971	238	5	229
1972	168	2	241
1973	230	1	201

---

① 1担=50kg。

表 3-2　1974—1986 年六盘水市供销系统茶叶购进、销售情况统计表　（单位 / 担）

年份	购进	销售
1974	837	1193
1975	1092	1625
1976	995	1496
1977	1001	1821
1978	1232	1745
1979	1564	1519
1980	1977	2643
1981	969	1862
1982	2191	1912
1983	1653	1823
1984	1890	1524
1985	1785	2194
1986	962	1069

表 3-3　1987—1991 年六盘水市供销系统茶叶购进、销售情况统计表　（单位 /kg）

年份	购进	销售
1987	109348	122913
1988	46700	79800
1989	83196	57597
1990	58000	63000
1991	12600	49600

1961 年，国家正式将茶叶列为二类物资，实行派购。在实际收购中，一直作为一类物资管理。茶叶只准国家指定的收购部门经营，生产单位和茶农除按一定比例自留外，其余全部交给经营部门；茶叶不准在集市上自由出卖，更不准私人贩运和投机；购销价格全部实行国家指令性计划管理。

1969 年，六盘水市茶叶面积发展到 0.131 万亩，产量 19.9t；1979 年发展到 2.255 万亩，产 86.65t。

1980 年以后，因前 10 年茶叶生产发展较快，茶园建园基础较差，管理粗放，茶树老化，产量质量降低，全市种茶增长速度慢，产量亦有较大幅度波动。随着土地承包和分产到户，只有少数农户自己加工土茶在集市上买卖，本地市场基本是外地茶叶在流通。

六盘水市从 1974 年以来到 2008 年，共开辟新茶园 3.5 万亩，其中水城特区 2 万亩、六枝特区8000亩、盘县特区7000亩。盘县特区茶园由于管理不善，部分茶园损失较大，有的甚至改种其他农作物。

1980—1989年，六盘水市茶园面积由1979年2.2554万亩降至1.3494万亩，年递减5.27%。这一时期，尽管有了一定的茶产业基础，但比较薄弱，茶贸活动处于疲软状态。

进入20世纪90年代以后，是六盘水市茶产业发展较快的时期。杨梅林场茶厂的成立和浙江商人的到来，带动六盘水市茶叶开始销往天津和江浙一带。

1991年，建成六盘水市科技实验茶场，面积0.132万亩，以此为点，带动了周边茶叶种植和茶贸市场的快速发展。

1996年，六盘水市积极响应贵州省政府大力发展绿色产业的决定，把茶叶作为绿色产业中的一项主导产业来发展，1997年全市茶园面积2.388万亩，茶叶产量238t。这一年，伴随着茶产量的增加，茶贸市场逐渐复苏。

1998年，六盘水编制《六盘水市1998年至2010年茶叶产业建设规划》，把加快茶产业发展作为农业产业结构调整的重要措施。为适应产业发展，各县相继成立了贵州省六枝特区茶叶开发公司、盘县剑春茶叶发展有限公司、水城县茶叶发展有限公司。六盘水市的茶叶开始发展本地市场，"水城春"成为本地最大茶叶品牌，随着电子商务的兴起，水城的茶叶作为本地的特产被销往全国各地。政府的政策扶持和宏观调控，为茶贸市场进入活跃期提供了有力支撑。

21世纪初，六盘水抢抓国家西部大开发战略带来的发展机遇，按照贵州省产业结构调整调整要求，全市农业特色产业重点是发展茶叶和生姜产业，并于1999年开展全市茶叶产业发展情况调研。2000年，全市茶叶面积发展到了2.82万亩，产量253t，产值950多万元，有大小茶叶加工厂24个，精制车间5个。2001年2月，全市茶叶产业化专题工作会指出："茶叶是我市的一种优势产品，要下大力把茶叶建设成为支柱产业，要抓住实施西部大开发的机遇，大力建设茶叶基地，增加名优茶产量，把茶叶产业培育成为新的区域性支柱产业"。当时市农业局制定了《六盘水市茶叶发展规划》，指导各县（区）发展茶叶生产。至此，六盘水茶贸市场进入了活跃期。

自2001年开始，六盘水积极探索产业结构调整的新路径，不断优化、提升产业发展的活力和后劲，在按国家、省的有关要求积极推进茶产业发展的同时，还通过编制规划、出台意见和相关政策等方式，全力扩大茶种植规模、推进茶叶贸易高质量发展的路径越来越清晰。2001年，全市新建茶园5000亩，改造老茶园500亩；2002年，全市茶叶发展到3.19万亩；2003年，《六盘水市农业优势特色产业开发规划》出台，将茶叶产业为新的经济增长点予以培育，推动了六盘水市茶叶贸易发展。

2005年，全市茶叶面积发展到3.61万亩；2006年，全市茶叶面积3.64万亩，投产茶园面积1.8万亩，总产330t，名优茶产量18t，产值近千万元；2007年，全市茶园面积发展到3.68万亩，总产340t，产值1000多万元；2008年，全市茶园面积发展到4.86万亩，总产390t，产值1400余万元；到2011年，全市茶园面积发展到7.85万亩，投产茶园面积约3.6万亩；2012年，全市茶叶种植面积12.64万亩，六盘水提出要打造"乌蒙山高品质富硒茶海"名片；2013年，全市茶叶种植面积15.05万亩（图3-1）。2001—2013年，茶在六盘水市农业产业结构调整中重要性与时俱增，随着茶园种植规模的不断扩大，茶叶产量的不断增长，六盘水茶贸市场的活跃度和开放度得到进一步提升，茶叶贸易数量和质量均得到较大提升。

图 3-1 水城县茶园一景

2014年，六盘水市再次出台的《关于农业特色产业发展"3155工程"的实施意见》指出，六盘水要实现100万亩茶叶种植的发展目标，并配套出台了茶叶种植、茶叶加工等激励政策。2014年，全市茶叶种植面积5.83万亩。至2016年，全市茶园面积30万亩，投产茶园面积18.47万亩，产量1561.3t，产值2.96亿元。这一年是一个转折点，在六盘水茶贸史上具有里程碑意义，这是为六盘水茶叶的规模化贸易奠定坚实基础的一年。此前，六盘水茶作为产业走规模化、标准化、市场化发展道路的时间较晚，对外贸易起步较晚，整体发展不均衡，茶叶贸易呈现零散化、小众化特点。六盘水市农业特色产业发展"3155工程"的全面实施，使六盘水走上了规模化、产业化、市场化、品牌化道路，各类涉茶市场主体纷纷参与到茶叶的种植、管理、加工和销售的全产业链中，茶叶品质不断得到提升，茶叶产品品牌附加值不断提高，茶叶贸易市场对外开放程度更加深入，各类涉茶贸易活动空前活跃，以"3155工程"的全面实施为标志，六盘水茶贸市场迎来了有史以来的黄金期。

随着六盘水市农业特色产业发展"3155工程"的全面深入实施，2017—2019年，六盘水持续将茶产业作为助推脱贫攻坚主导产业予以强力推进，既练种植、管理、加工确保茶叶品质的"内功"，又坚持练外塑品牌、"走出去"营销的"外功"，将凉都早春茶卖出国门、卖到世界各地。当前，全市茶园面积大幅增长，茶叶产量持续大幅提高，茶产值持续走高，茶产业持续向好向优发展，六盘水茶叶贸易市场进入高峰发展期。据统计，2017年，全市茶园面积30.86万亩，投产茶园面积17.34万亩，全市茶叶产量2445.9t，产值5.396亿元；2018年，全市茶园面积31.35万亩，投产茶园面积24.9万亩，全市茶叶产量3882.91t，产值7.636亿元；2019年，全市茶园面积31.36万亩，投产茶园面积25.87万亩，全市茶叶产量5472.95t，产值13.09亿元。

第二节　六盘水茶品牌的建设

在民间，深入人心的六盘水茶品牌主要有"杨梅茶""木城茶""玉舍茶""老厂茶"等。带有官方性质的六盘水茶品牌始于1998年，时任六盘水市市长助理的中国农业科学院茶叶研究所研究员柳荣祥将盘县"碧云剑"、水城"倚天剑"、六枝"乌蒙剑"形象地比喻为"六盘水三剑客"。2008年茶叶品牌增加了"乌蒙牌""朵贝绿""神元""津黔""水城春""勺米富硒茶""米箩春""山水绿""碧云春""糯寨春"。此后，随着茶产业的发展，"盘州春""九层山""滴水滩""乌蒙峰"等凉都茶品牌如雨后春笋般纷纷涌现，呈现出百花齐放、百家争鸣的蓬勃发展势头。以"水城春"为代表的凉都名优茶品牌不仅在六盘水本地深入人心，还逐渐走向全国、走向世界。

全市茶叶加工企业在工商部门注册登记的商标数截至目前共有48个，"水城春""九层山""牂牁江""碧云剑"4个品牌获省著名品牌称号，"水城春茶""保基茶叶""九层山茶"分别于2015年、2016年、2017年被批准为国家地理标志保护产品，有7家企业的1.26万亩茶叶基地、14个产品通过了有机种植基地认证和产品认证，9家企业产品通过绿色食品认证。

优异的茶叶品质，不仅是满足人们饮茶时生理和心理需求的基础，更是茶叶品牌的核心。好的茶叶和茶饮服务水平，以及良好的消费感受才可以产生良好的口碑。数十年如一日，六盘水市不断引进和开发新技术、新设备、新流程，经过多年探索、总结、示范推广，提高了全市茶叶加工的工艺水平。加之六盘水得天独厚的茶品质特征——氨基酸和咖啡因等有效成分高、纤维素含量低、香气浓、自然品质优，在省内外都具有较好的声誉。在全国范围内名优茶评比中屡获佳绩：水城县茶叶发展有限公司的"水城春"系列茶品在2000年"中茶杯"全国名优茶评比中获优质茶证书，在2001年"中茶杯"全国名优茶评比中获二等奖。盘州市剑春茶业发展有限公司的茶产品"碧云剑"获1999年

"中茶杯"全国名优茶评比优质奖；贵州多彩黔情生态农业有限公司、盘州市民主沁心生态茶叶种植农民专业合作社、盘县剑春茶叶发展有限公司、盘州市大众创业种养殖农民专业合作社、水城县茶叶发展有限公司等企业的茶产品在"黔茶杯"评比中多次荣获特等奖、一等奖、二等奖等荣誉；此外，六盘水茶企多种茶产品还在数届"国饮杯"全国茶叶评比中斩获一等奖；盘州市民主沁心生态茶叶种植农民专业合作社和水城县茶叶发展有限公司的茶产品在2019年"水城春杯"贵州省第三届古树茶斗茶大赛绿茶、红茶组评比中获"茶王"殊荣等。目前，六盘水茶叶产品在国内、国际茶叶博览会、展销会和农展会上都得到了专家和业内人士的好评，深受消费者青睐，品牌效应逐步凸显。

　　茶叶的包装，是茶在购买、销售、存储、流通领域中保证质量的关键，具有便于携带方便、宣传、陈列、展销等作用，还能充分体现地方特色文化、茶企文化、产品特色，有很强的观赏价值。六盘水茶叶的包装也从粗放的简易包装麻袋茶发展到现在的50多款精美包装。1990—2000年，只有3~5款包装（塑料袋、纸盒包装）。2000年至今，发展到50多款（涉及塑料袋、纸袋、小袋装、礼盒、精美陶瓷、水晶罐、大理石罐、铁罐、锡罐等），设计新颖主题突出，图案、款式精美，材质优良规范，有效刺激了消费者的购买欲望（图3-2~图3-5）。

图3-2 "凉都水城春"礼盒包装

图3-3 "水城贡茶"礼盒包装

图3-4 "沁心红"礼盒包装

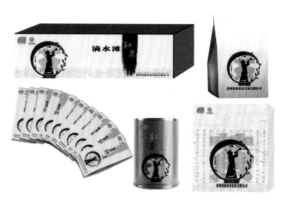

图3-5 "滴水滩红茶"礼盒包装

图 3-6 "水城春" 茶广告

近年来，六盘水市以多种形式、载体持续加大凉都茶叶品牌的宣传推广力度，注重广告对产品的宣传作用，先后在中央电视台农业农村频道、六盘水市公交站台和车上、六盘水市交通广播电台以及高速公路广告牌等各级、各类媒体进行广告宣传（图3-6、图3-7）。还通过组织参加北京玉渊潭"赏樱花·品黔茶"、中国（广

图 3-7 "碧云剑" 茶高杆广告

州）国际茶业博览会、中国西部文化产业博览会、中国·贵州国际茶文化节暨茶产业博览会、"黔茶出山·风行天下"茶产业大连推介会等宣传推介活动，不断提升凉都茶的知名度和影响力，凉都茶经营主体也通过不同形式积极参与到茶品牌推广工作中来，如贵州亿阳农业开发有限公司不仅参加国内各类茶博会，还主动走出国门，到国外推介凉都茶。在六盘水市委、市政府和茶经营主体的推动下，凉都茶名片越来越亮、含金量也越来越重。

第三节　当代六盘水茶市概览

六盘水市现有茶叶，既有企业自有管理采摘、加工、销售的模式，又有茶农、合作社种植，企业收购茶青加工销售的模式；市场上既有企业自有的销售门店，又有茶叶经销商的茶叶销售店铺，还有众多的茶楼和茶文化企业。

经过近几年来的发展，茶叶市场化、品牌化发展步伐加快，茶叶企业不断朝精深加工提升茶产品附加值方向努力，获得食品生产许可证的茶叶企业不断增加；涉及茶叶种植、初加工及销售，茶叶批发、零售，茶叶、茶具、茶盘、茶食品销售，茶馆服务、茶艺培训、茶艺表演等涉茶微小企业应运而生；茶种植市场主体如雨后春笋般大量集中涌现出来，当代六盘水茶市呈现出最为鼎盛和最为繁荣的阶段，六盘水茶叶贸易进入了"井喷式、飞跃式、大繁荣"的历史新时期。

截至2019年11月，六盘水市获得食品生产许可证的茶叶企业共14家，主要生产茶叶及相关制品。这14家企业是：贵州鸿森茶业发展有限公司、贵州牂牁江实业有限公司、六枝特区九层山土特产开发有限公司、六枝特区双文种养殖农民专业合作社、水城县茶叶发展有限公司、六盘水青龙春茶业开发有限公司、六枝特区朝华农业科技有限公司、贵州宏财聚农投资有限责任公司、贵州省志靖云农业开发有限公司、水城县杨梅富硒茶场、贵州省六枝特区天香茶业有限公司、水城超群农业综合开发投资有限公司、盘州市民主沁心生态茶叶种植农民专业合作社、贵州亿阳农业开发有限公司。

六盘水市涉茶微型企业有191家，主要涉及茶叶种植、初加工及销售，茶叶批发、零售，茶叶、茶具、茶盘、茶食品销售，茶馆服务、茶艺培训、茶艺表演等。

全市在市场监管部门登记的茶叶种植市场主体共计587家，主要涉及茶叶种植、加工、科研、销售，茶园建设及规划、管理，茶文化咨询服务等。其中，在市级市场监管部门登记的12家，在六枝特区市场监管部门登记的120家，在盘州市市场监管部门登记的133家，在水城县市场监管部门登记的268家，在钟山区市场监管部门登记的49家，在钟经济开发区市场监管部门登记的5家。

六盘水共有8家省级龙头茶业企业，分别是水城县茶叶发展有限公司、贵州宏财聚农投资有限责任公司、六枝特区九层山土特产开发有限公司、盘州市民主沁心生态茶叶种植农民专业合作社、贵州鸿森茶业发展有限公司、贵州亿阳农业开发有限公司、六枝特区双文种养殖农民专业合作社、六盘水青龙春茶业开发有限公司；共有12家市级龙头茶业企业，主要是贵州合力茶业（集团）有限公司、贵州多彩黔情生态农业有限公司、六枝特区朝华农业科技有限公司、盘县保基茶叶种植农民专业合作社、水城县珈鸣种养殖农民专业合作社等。还有其他规模化茶业企业主要有六枝特区远洋种养殖农民专业合作社、六枝特区周琨茶叶种植农民专业合作社、贵州盘州市盘龙源园艺农民专业合作社、盘州市大众创业种养殖农民专业合作社、六盘水高山红茶基地建设投资有限公司等。

第四节　当代六盘水著名茶叶企业

一、水城县茶叶发展有限公司

——"水城春"因硒演绎高尚品质

水城县茶叶发展有限公司成立于1998年，属国有独资企业。地处乌蒙山国家地质公园主核心区。茶园建设在古树参天的中国红豆杉之乡——中国凉都·六盘水。茶园生长在海拔1400~1800m之间，在同等气候条件下每年开园比贵州省主要产茶区早10~15d，比江、浙一带早10~25d（图3-8）。得天独厚的生态环境造就了独特的高山茶韵味，忠实的消费群体成就了著名的区域品牌。

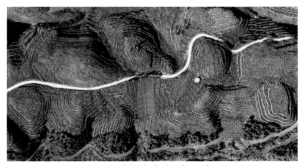
　　图3-8 "水城春"茶叶基地

　　图3-9 水城县茶叶发展有限公司

公司现有在职人员80余人，其中高级技术人员20余人，参与新产品开发的有10余人。现建有加工厂8座，年产能900t，建立环保型茶流水生产线共12条（图3-9）。公司现已经通过有机茶产品、ISO9001、HACCP等认证，获国家地理标志保护产品等，成功申报为水城县国家级安全出口示范区备案产品。主要以生产和开发绿茶为主，公司坚持以"六化"（即：产地环境无害化、基地建设规模化、生产过程规范化、质量控制制度化、生产经营产业化、产品流通品牌化）生产为核心，进一步研制开发红茶、新型茶等，进一步完善公司产品结构。现有"春意""水城春""水城红"等10余个品牌，公司开发的"水城春"主要系列产品有——"倚天剑""凤羽""明前翠芽""高原茗珠""水城春芽""神州香""金蛇剑"等20个系列产品。

水城县茶文化深厚，蟠龙木城古树茶在史册上更是留下了浓墨重彩的一笔，清雍正元年（1723年）建立大定府木城分府。木城茶在清雍正十一年（1733年）曾被采集制作从木城分府到水城厅敬送朝廷，后被列为贡品。2018年，木城贡茶重新迎来辉煌时刻，公司在蟠龙镇新建加工厂，保护与开发木城贡茶，建立"水城贡茶"品牌，以期再现木城贡茶辉煌（图3-10）。

图 3-10 水城县茶叶发展有限公司古树茶及古树茶斗茶大赛获奖证书

龙场有机茶加工厂坐落于水城县南部农业产业园区白族风情茶文化小镇内，是公司主要种植和加工基地。依托贵州生态旅游大环境，与园区白族风情茶文化小镇融为一体，以娘娘山国家湿地公园为依托，结合龙场白族风情园本土民俗风情，串联龙场乡其他特色精致农业，与水城春湖相映衬，形成了"山、水、茶"遥相呼应，给白族风情茶文化小镇增添了一道靓丽的风景，联合打造属于水城县特色的田园综合体茶旅一体化旅游观光项目，让更多农户从这样的一二三产业的融合发展中真正享受"乡村振兴"所带来的福利（图3-11）。

杨梅名优茶加工厂坐落在水城县杨梅林场的林区内，环境幽雅别致，犹如休闲度假村庄，是公司最早的加工厂和生产基地，是名优手工茶车间和机制茶车间有机结合，具有1500t茶叶的加工能力，为企业的发展奠定了坚实的基础。更具有价值的是，这片土地也是富硒地带，所产茶叶经贵州地化所化验富含有机硒含量0.8~1.5mg/kg，是最利于人体健康的含量范围。

大量自主知识产权的拥有，给企业带来了勃勃生机。新技术、新设备、新厂房、新产品、高效益的良性循环已基本形成，以秉承"仁和为尚、诚信是金"的经营发展理念形成一个龙头、建立一个体系、创建一个品牌、带动一个产业、致富一方百姓！

图 3-11 "水城春"龙场有机茶加工厂　　　　图 3-12 "水城春"茶园

俗话说，好山好水出好茶，"高海拔、低纬度、多云雾、寡日照"是贵州茶的优势（图3-12）。近年来，水城春依托得天独厚的地理环境优势和生态环境优势，大力发展优质的高山富硒茶，所有产品均选择海拔在1200~1800m的生态茶园，遵循生态学原理和自然科学规律，进行有机茶园的科学管理和标准化加工，产品具有"原生态""品质优""开园早""春季长""内含物质丰富"等特点。公司主要产品如下：

①**倚天剑**：采摘福鼎种单芽精制而成，外形扁平、光滑、匀整、翠绿，外形似剑锋，叶肉翠绿；滋味清香淡雅，滋味鲜爽，唇齿留香，回味甘而生津；叶底嫩绿明亮（图3-13）。

②**明前翠芽**：采摘福鼎种单芽精制而成，外形扁平、光滑、匀整、色泽翠绿；滋味清香淡雅，滋味鲜爽，唇齿留香，回味甘而生津；叶底嫩绿明亮（图3-14）。

图 3-13 倚天剑

图 3-14 明前翠芽

③**凤羽**：采摘福鼎种1芽1叶精制而成，外形匀直、匀整、光滑、绿润；滋味清香淡雅，滋味鲜爽，唇齿留香，回味甘而生津；叶底嫩绿、匀齐（图3-15）。

图 3-15 凤羽

④**木城贡茶**：采摘蟠龙木城古茶树1芽1叶、1芽2叶精制而成，外形卷曲、紧结、匀整、色泽乌润；香气花香、甜香迷人；滋味浓醇爽口回味悠长；叶底古铜色（图3-16）。

图 3-16 木城贡茶

⑤茶枕、抱枕：枕芯原料选择优质大宗茶叶，枕套优选纯棉面料，锁边紧密，避免茶叶外漏。茶枕散发清新茶香，令人闻香入眠，如沐茶园，改善睡眠（图3-17）。

图 3-17 茶枕、抱枕

二、贵州宏财聚农投资有限责任公司

—— "三变" 改革为引领，脱贫致富奔小康

贵州宏财聚农投资有限责任公司以刺梨、茶叶、元宝枫、油用牡丹、中药材、竹产业为主，自主研发刺梨、茶叶深加工产品、元宝枫油、牡丹油等加工技术（图3-18）。

公司是一家集研发、加工、销售于一体的大型茶叶加工企业，现有茶叶面积5.4万亩，茶树品种均属于中小叶种，有龙井43、福鼎大白、乌牛早、金观音、安吉白茶等。公司以民主镇尖山、下厂、下糯寨、雨打河沿线公路为轴心打造万亩级茶旅一体化产业带；在坪地乡洒克梅村、七官营村连片打造7000余亩高标准茶叶种植示范基地。同时整合盘州市剑春茶厂、盘州市民主镇糯寨茶厂、贵州茗品源生态农业科技开发有限责任公司实施茶叶生产，推出 "碧云剑" "凉都茗珠" "盘州红" 等系列产品，以高海拔、高品质获得广大客户一致好评。"碧云剑" 茶获 "中茶杯" 全国名优茶评比优质奖，国际名茶评比银奖，六盘水首届农产品展销会 "地方品牌农产品"，贵州省首届农产品展销会 "名优特产品"；中国（上海）国际茶业博览会"中国名茶"评比银奖；"碧云剑"商标获"六盘水市知名商标"及"贵州省著名商标"。

图 3-18 贵州宏财聚农投资有限责任公司

坚持"优质高效、规模发展、分步实施"和"政府引导、公司主导、农民专业合作社为主体、部门服务、农户入股"的原则，着力"高起点、高标准、高质量"推进农业产业，打造种植、深加工、物流冷链、销售、旅游服务全产业链，走生态型、质量型、品牌型、效益型和可持续发展之路，把产业做成生态，生态做成文化，文化做成效益，促进农民增收，农业增效。公司将茶叶产业作为"三变"改革的龙头工程，采取"公司+合作社+农户"的模式科学推进，即农户将土地入股合作社，公

图 3-19 公司茶园

司与合作社、乡镇（街道）签订"三方协议"实施茶叶种植，产业收益前农户入股土地按比例进行保底分红，产生效益后按入股农户土地折价享有30%收益权。茶叶产业已是盘州市广大农民致富奔小康的主导产业之一，是"三变"改革又一成功典型示范产业，为促进盘州市社会主义新农村建设和现代农业的发展作出积极贡献（图3-19）。

公司产品产自优质无公害茶叶基地，生长环境为海拔1800~2300m的高山多云雾地带，茶叶清香馥郁，滋味甘醇。茶叶富含微量元素"硒"，且无任何农残，是真正意义上的"干净茶"。公司主要产品如下：

①碧云剑优质单芽：选用高山无公害优质茶芽精制而成。外形匀直，色泽绿润；冲

图 3-20 碧云剑系列产品

泡后，茶芽竖立，极为精致；香气栗香悠长，滋味鲜爽回甘，汤色黄绿明亮。

②碧云剑1芽1叶：采摘境内1800m以上的高山明前茶青精制而成，外形扁平光滑，润且紧细匀整，一旗一枪。茶汤黄绿明亮，带栗香，滋味鲜爽高醇，经久耐泡。

③碧云剑高原扁形茶：采摘1芽2、3叶茶青精制而成，外形扁平光滑挺直，苗锋尖削，色泽嫩绿光润；香气鲜嫩清高，清香或嫩栗香；滋味鲜爽甘醇；茶汤黄亮；叶底嫩呈朵（图3-20）。

④碧云剑凉都茗珠：采用1芽2、3叶茶青精制而成，外形紧结，呈颗粒盘花状，绿润光亮；清香透栗香；滋味鲜醇回甘，浓而不涩；叶底鲜活，耐冲泡，称之为绿茶中的"功夫茶"（图3-21）。

图3-21 碧云剑凉都茗珠

⑤盘州红：盘州红外形紧结匀整，条索肥实，色泽褐较油润；汤色红浓；香气高长带有桂圆香味，味醇厚甘爽，喉韵明显（图3-22）。

图3-22 盘州红

三、六枝特区九层山土特产开发有限公司

——高山深处有茶园，云雾弥漫茗茶香

六枝特区九层山土特产开发有限公司，成立于2008年4月，主要以茶叶种植、加工、销售和优质果树培育、水果销售等为一体的农业综合开发有限公司，是省级和市级农业产业化经营龙头企业。"九层山"品牌被评为六盘水市知名商标和贵州省著名商标。茶园基地位于六盘水市六枝特区九层山，在郎岱镇、毛口乡、洒志乡3个乡镇建有标准茶园面积3300多亩。拥有名优绿茶生产线、大宗绿茶加工生产线、红茶生产线各1条，可实现年加工名优绿茶35t以及大宗绿茶和红茶500t的生产能力（图3-23）。

图 3-23 六枝特区九层山茶园　　　　图 3-24 六枝特区九层山茶企远景

公司以绿色健康为发展宗旨，把产品质量作为公司发展核心、注重新产品开发，努力实现良好的经济效益和社会效益，推动公司农业产业化发展的进程。公司生产出的"九层山"系列生态茶，从生态环境、基地培育、原料采摘到生产加工、检验包装、储存运输、销售全过程都严格按照国家标准认真执行。

茶园分布于郎岱、牂牁交界处，产茶海拔 1250~1600m，茶园周边林地广阔，是典型的河谷地带，常年云雾笼罩，具有高海拔，寡日照的优点，茶叶以"富硒"闻名，硒含量高达 0.87~1.05mg/L，还具有萌芽早、品质优、开采早、产量大等特点，有"高山深处有茶园，云雾弥漫茗茶香"优势（图 3-24）。由于基地得天独厚的生态环境、先进的设备和独特精细的加工工艺，生产出的"九层山"系列茶产品具有生态绿色、色泽翠绿、香高味浓、回味甘甜的品质特征。公司主要产品如下：

①**九层山臻品绿茶 T9**：采摘明前龙井 43 单芽茶青精制而成。外形扁平嫩绿；香气清香持久；汤色黄绿明亮；滋叶鲜爽醇厚；叶底黄绿，匀整（图 3-25）。

图 3-25 九层山臻品绿茶 T9

②**九层山精品绿茶 T6**：采摘明前龙井 43 优质 1 芽 1 叶茶青精制而成，外形似兰花，翠绿；香气甘爽馥郁；汤色黄绿明亮；滋叶鲜爽醇厚；叶底黄绿，匀整（图 3-26）。

图3-26 九层山臻品绿茶T6

③九层茗珠T3：采摘清明前后龙井43优质1芽2、3叶茶青精制而成，外形墨绿圆润；香气高长持久；汤色黄绿明亮；滋叶鲜浓；叶底黄绿明亮，芽叶完整（图3-27）。

图3-27 九层山臻品绿茶T3

④九层山红茶S3：采摘清明前后1芽2、3叶茶青，经传统贵州红茶工艺精制而成，颗粒紧结，红褐油亮匀整；香气甜香持久；汤色红艳明亮；滋味醇厚；叶底匀称红润（图3-28）。

⑤九层山精品红茶S6：采摘明前1芽1叶茶青，经传统贵州红茶工艺精制而成，条索紧结，褐色润；香气高香持久；汤色红艳明亮；滋味醇厚；叶底匀整红润（图3-29）。

图3-28 九层山茶产品包装

图3-29 九层山精品红茶S6

四、盘州市民主沁心生态茶叶种植农民专业合作社

——"零污染""零农残"高标准的"干净茶"

盘州市民主沁心生态茶叶种植农民专业合作社（沁心茶场），组建于2010年8月，2011年2月16正式登记注册。产品注册商标为："水盘沁心""水盘奇芽"，合作社的主要产品有"沁心奇芽""沁心毛峰""沁心珍珠茶"。

沁心茶场地处盘州市盘南腹地的幽林深处，具有高品质茶叶基地的独特种植条件：高海拔、低纬度、寡日照（山峦起伏，林茶相间）、云雾多（250~290d有雾）、纯天然（原生态的管理模式）、无污染（基地周围数十公里无厂矿企业）、全纯作（基地内无其他农作物），基地内土壤富含锌、硒等微量元素。得天独厚的自然条件和沁心人对"干净茶"的执着追求，使沁心茶场的茶产品实现了"零污染""零农残"，成为最高标准的"干净茶"（图3-30）。

图3-30 沁心茶场

2016年，合作社在谭家寨村大坪子，投资400余万元，建设了占地面积约11亩，集饲养、生产、科研、销售长毛兔及其产品为一体的经济合作组织，现有养殖兔舍9栋，长年存栏兔12000只，养殖场净利润每年在120万元左右。长毛兔基地的建设促进了茶园的发展，构建了循环经济发展样板，即饲养兔子的饲料是茶园的杂草，而每天产生的兔粪经处理后变为茶园可使用的有机肥料，真正实现了经济循环，绿色发展。

图3-31 红茶、绿茶全自动生产线

2016年4月，占地面积约6亩的沁心茶场红、绿宝石现代化全自动生产线建成并正式投产，成为六盘水市唯一一条红茶、绿茶全自动生产线。目前，可日加工1t优质红、绿宝石（图3-31、图3-32）。

图3-32 制茶

2015年基地被贵州省农业委员会授予"无公害产品产地"证书。2017年6月，茶产品通过了SGS（欧盟农残指标）470项指标检测，经过检测认证为可出口欧盟的合格产品。农业部农产品质量安全中心审定授予"无公害农产品"证书。2019年基地实现年产成品茶叶18t多，年产值650余万元。

通过多年的努力，盘州市民主沁心生态茶叶种植农民专业合作社在"茶路"上不断取得好成绩：盘县"三变"改革观摩会、盘县手工制茶技能大赛在这里举办；先后被评为凉都工匠场、贵州省农业产业化经营龙头企业、国家级示范合作社等；这里的茶产品经欧盟标准检测，全部达标；茶产品"沁心绿宝石""沁心白宝石"分别获得2018年"黔茶杯"二等奖；茶产品荣获2019年"水城春杯"贵州省第三届古树茶斗茶大赛绿茶组茶王荣誉；5名制茶人员参加2018贵州省首届"太极古茶杯"古树茶制茶大赛中4人获奖；制茶人员参加2018贵州省第七届"乌撒烤茶杯"手工茶制茶大赛中2人获奖；茶人员参加2019贵州省第八届"雷山银秋茶杯"手工茶制茶大赛中1人获二等奖，2人获优秀奖（图3-33）。

图3-33 沁心茶场获得的荣誉证书

水盘沁心系列产品产于贵州凉都无公害茶叶基地（沁心茶场），海拔2000~2300m，北纬25°13′，山峦起伏，林茶相间，云雾缭绕，纯天然的环境，原生态的管理，茶树吸山川之灵气，纳日月之精华，孕育出一朵茶史奇葩，色香味形极佳，实乃茶中珍稀茶（图3-34）。公司主要产品如下：

①沁心绿珍珠：采摘福鼎大白或龙井43优质1芽2、3叶茶青精制而成，外形呈盘花颗粒状；色泽翠绿显毫；香气呈栗香型；滋味醇厚回甘、耐泡（图3-35）。

图3-34 沁心茶产品标识

②沁心毛峰：采摘龙井43或福鼎大白1芽1叶茶青精制而成，外形纤细卷曲，色泽呈墨绿或翠绿，隐毫；滋味鲜爽回甘；汤色嫩绿明亮；香气清香持久；叶底绿润明亮（图3-36）。

③沁心奇芽（特级）：采摘龙井43优质1芽1叶初展和1芽1叶茶青精制而成；外形扁平挺直；汤色嫩绿明亮；香气高长；滋味鲜醇；叶底鲜亮（图3-37）。

图3-35 沁心绿珍珠

图3-36 沁心毛峰

图3-37 沁心奇芽（特级）

五、贵州鸿森茶业发展有限公司

——质量求生存、科技求发展

贵州鸿森茶业发展有限公司坐落于六枝特区落别乡都香高速落别出口旁，始建于2011年，是一家集茶叶基地建设、生产、加工、销售、"茶旅一体化"的民营独资省级龙头企业。茶叶种植基地12000余亩，其中可采茶园4000亩，新种植茶园8000亩；拥有占地面积约20亩、年产达200t的清洁化生产线加工厂1座（图3-38）。

图3-38 贵州鸿森茶业发展有限公司

2016年与贵州涵龙生物科技有限公司、六盘水市农业投资开发有限责任公司、北京华宇中天科技有限公司合伙成立贵州涵龙盘水生物科技有限公司，在位于落别乡牛角村老茶园的基地里种植铁皮石斛200亩，进行技术创新生产的铁皮石斛系列茶产品，具有抗氧化、抗衰老、抗辐射、降血脂、降血压、降血糖、减肥等多重健康功效，受到广大消费者的追捧。

公司严格按照现代企业经营理念和管理模式的要求，建设优秀的管理团队，从市场、人才、技术、产品、品牌全方位着手，"以品质求生存，以科技求发展"的原则，培养了一批具有精湛技术的高级茶艺师、茶叶科研人员及制茶技术人员的团队，在茶叶种植、加工、科研开发工作中发挥着主力军作用，增强企业持续竞争力；以"绿色、健康、养生、创新"为品牌理念，引领现代茶业消费观念，赋予传统茶业全新的生命和活力。公司于2011年申请注册"滴水滩"牌、"六支茶故事"等商标，系列茶产品深受广大消费者的青睐。2012年鸿森茶业被评为六盘水市重点龙头企业，2013年被评为省级重点龙头企业，2015年被评为六盘水市转型发展创新示范企业及优秀农业企业，2016年挂牌贵州省农业科学院茶叶研究所科技特派员新技术示范点，2018年获第六批省级林业龙头企业称号。

公司茶叶种植基地位于六枝特区落别乡境内，属于中亚热带湿润季风气候，因海拔较高，相对高差较大，山地小气候特征较为明显，温和湿润，冬无严寒，夏无酷暑，雨热同季，雨量充沛，植被良好，生态环境优美，达到国家大气环境质量一级标准。大部分地段被森林所覆盖，土壤质量达到国家土壤环境质量一类标准（图3-39）。

品牌"滴水滩"因世界著名的黄果树瀑布的源头滴水滩而得名。瀑布周边生态植被良好，有良田万顷茶叶数千亩，其中以牛角洞出产的茗茶为最优，富含多种人体所需的维生素和矿物质（图3-40）。公司主要产品如下：

图3-39 贵州鸿森茶业发展有限公司茶叶基地　　　　图3-40 鸿森茶产品

①滴水滩绿茶系列：采摘福鼎大白、乌牛早的嫩梢，生产中高档翠芽、毛尖、毛峰、滴水明珠等品种，香型以清香、高栗香为主；汤色黄绿；滋味醇厚、甜滑；叶底嫩绿完整（图3-41）。

②滴水滩红茶系列：采摘福鼎大白的嫩梢，以武夷山红茶工艺为基础，结合本地特色研发而成，外形乌润紧结；香气以花果、蜜香为主；滋味醇厚、爽滑回甘；汤色金黄明亮；叶底红匀完整（图3-42）。

③铁皮石斛红茶系列：采摘福鼎大白的嫩梢与铁皮石斛创新加工而成，外形条索紧

结、匀整美观；色泽乌黑油亮、显金毫；汤色金黄明亮；香气浓郁鲜灵，带石斛香、蜜香；滋味甜醇，回味甘甜；叶底红明亮、柔软完整（图3-43）。

图 3-41 滴水滩绿茶系列

图 3-42 滴水滩红茶系列

图 3-43 铁皮石斛红茶系列

六、贵州亿阳农业开发有限公司

——远涉重洋让"凉都高山茶有机茶"精彩亮相

贵州亿阳农业开发有限公司成立于2011年8月，公司依托盘州市羊场乡何家庄"飞马茶场"（相传为清康熙年间彝族土司龙天佑的放马场），完善改造高海拔茶叶种植基地2600亩（图3-44）。

亿阳农业不仅对产品色、香、味等口感和形状方面工艺的精益求精，更严格按照有机相关标准，从种植到茶叶加工、包装等各流程上严密控制，确保茶叶生产从头到尾都"干干净净"，全程无污染。2018年9月，飞马茶场获得了茶叶有机基地认证证书和有机产品认证证书。实现了从"生态"到"有机"的华丽变身，成为真正的"干净茶"。成功入围了"贵州省第九批农业产业化经营省级重点龙头企业认定名单"，获得了CCTV时代影像展播企业、"中国质量新闻网"质量先锋展示产品、商务部信用认证企业等名片。

图 3-44 亿阳农业茶场

公司积极响应"一带一路"倡议，全面做好品牌推广计划，升级产

图 3-45 亿阳·盘州春走出国门

品包装、增加产品种类、紧抓产品品质，着眼广阔的国际市场，在练好"内功"的同时实施"走出去"战略，以开放的姿态积极参加各类国内国际展会：巴黎博览会、香港美食展暨国际茶展、上海秋季博览会、厦门国际有机食品展、广交会（第125届中国进出口商品交易会）、第四届丝绸之路国际博览会暨中国东西部合作与投资洽谈会（西安丝博会）、美国世界茶业博览会等，与欧洲及东南亚相关机构人员及客商达成出口合作协议，将凉都高山有机茶带出国门，以"国际眼光"做好做活茶产品，展示凉都优异的茶品质，展现多彩贵州的魅力四射的民族文化（图3-45）。

亿阳人一直坚持并将继续发扬"做茶即做人，做人再做茶"的企业文化，秉持"不争一隅，不失毫微"发展理念，坚持做干净茶、高品质有机茶，脚踏实地，精耕细作，稳步前进，做出有机高山茶的新高度。

公司茶叶种植基地平均海拔1800m，土壤含有多种天然矿物质，因海拔高终年云雾缭绕，且空气湿度和昼夜温差大，自然光线多为蓝紫光，形成了独特的高山茶品质。始终坚持做优质、绿色、生态、有机的纯天然好茶，采用原生态种植管护方式，人工除草、不使用任何化肥及农药，故而既保证了茶叶原生态、绿色、有机的高端品质，又赋予了高山茶的独特口感及香味。公司主要产品如下：

①**盘州春茶**：采摘龙井43优质1芽1叶精制而成，具有色绿、香郁、味甘、形美的特色。外形扁平光滑，苗锋尖削，芽长于叶，色泽嫩绿，芽叶匀齐肥壮；汤色嫩绿（黄）明亮；香气豆香明显，略带花香；口感清甜；叶底幼嫩成朵、匀齐、嫩绿鲜亮（图3-46）。

②**亿阳红茶**：采摘金观音1芽1叶、1芽2叶精制而成，外形卷曲，条索紧细，色泽棕褐；汤色红艳，清澈明亮；口感鲜、浓、醇、爽；叶底完整展开、匀齐，质感软嫩。

图 3-46 盘州春茶

七、六枝特区双文种养殖农民专业合作社

——以茶为媒带动群众致富

六枝特区双文种养殖农民专业合作社位于六枝特区郎岱古镇打铁关，专业从事有机、原生态茶叶生产、加工、销售、茶叶新产品研发。合作社现有社员26户84人。主要有打铁关和大云坡2个茶叶基地，规模已达5000亩，现建成占地12亩的现代化富硒茶加工厂，建筑面积3100m²，茶叶加工生产线2条，日加工成品茶叶1000kg，年加工茶叶120t，年产值达1000余万元（图3-47）。现合作社固定员工为40人，同时还带动郎岱镇、月亮河乡1000名农户参与抱团发展，人均年收入高达5000元，农户的获得感显著增强。

图 3-47 双文合作社茶叶种植基地

合作社自2012年6月21日成立以来，依托郎岱镇得天独厚的生态优势，大力发展有机、原生态打铁关茶叶品牌（图3-48）。郎岱

图 3-48 双文合作社茶产品

古镇平均海拔1600m，常年云山雾饶，加之冬无严寒、夏无酷暑、光照均匀、雨量丰富、土质肥沃，发展茶叶产业的优势明显。始终秉承要做优质茶叶的观点，在种植茶叶中坚决做到不施用化学农药、化肥，全部按照有机茶标准建设基地。先后创立了"打铁关翠芽""岩疆锁钥""郎岱翠芽"等茶叶品牌商标，得到消费者的认可，产品远销河南、浙江、福建等地。

良好的种植环境，精心的种植管理，合作社先后获得"无公害农产品产地认定证书""有机产品认定证书"。还被评为贵州省级重点龙头企业、六盘水市重点龙头企业、六枝特区优秀农业企业等荣誉称号。

"打铁关"牌系列绿茶产于贵州省六枝特区郎岱镇上寨茶场，地处六枝特区西南部北盘江上游的牂柯江畔。茶园海拔在1550~1700m，园地周边林荫环绕，常年云雾、生态植被良好，风景秀丽，空气清新，无任何工业污染。主要产品如下：

"打铁关"牌翠芽： 采摘早春单芽（1芽1叶）的细嫩鲜叶为原料，经精细加工制作而成，茶条扁平，挺直光滑，色泽鲜活；清香高长持久；汤色嫩绿清澈明亮；滋味鲜醇，回味甘甜可口（图3-49）。

图3-49 "打铁关"牌翠芽产品

八、贵州六盘水元昇茶业有限责任公司

——合力促发展，共创"凉都"品牌

为了"打造原生态高山有机茶叶基地，创立六盘水名优茶品牌"，贵州六盘水元昇茶业有限责任公司组建于2017年12月，公司是集茶叶基地种植、生产、加工、销售以及茶园经果林项目开发、建设及管理、进出口贸易、旅游项目开发为一体的企业集团，以合力促发展，以规模求效益，以实力创伟业为宗旨：一是统一打造"凉都"品牌，扩大产品知名度，切实增强产品的市场竞争力；二是推进茶产品精深加工进程，走多元化发

展道路，拓展新兴市场。现由贵
州省六枝特区天香茶业有限公
司、贵州省志靖云农业开发有限
公司、六枝特区黔中茶叶开发有
限公司、六盘水振兴伟业农业发
展有限公司、贵州天水茶业发展
有限公司5家公司组成。基地分
布于特区境内的7个乡镇29个村，
共连接农户3000多户。公司拥有

图 3-50 元昇茶叶基地

茶叶原料生产基地38000亩，其中示范生产基地5000亩（获"绿色食品"产地、产品认
证）、原料生产基地33000亩（图3-50）。茶园种植的茶树品种有福鼎大白、金观音、黄
观音、龙井、黄金芽等优良品种。拥有占地24000m^{2}的名优绿茶、红茶加工厂6个，配有
名优绿茶、红茶、大宗绿茶和茶叶精制加工等18条作业生产线，共有各类茶叶生产设备
210台（套），年产量可达1000t。

（一）六枝特区天香茶业有限公司

——团结就是力量

六枝特区天香茶业有限公司成立于2009年7月。公司成立之初，面临无基地、无厂
房、无资金"三无"困难。为了坚持自己的理想，几个爱茶之人从零开始，将多年来从
事茶叶营销、生产管理、加工积累起来的积蓄，完全投入到公司运营中（图3-51）。在
确定种植地点后，几个老茶人多方走访考察，挑选出最优的茶种进行种植，后承包厂房，
进行小作坊精心试点生产。随后公司慢慢开始建基地、建厂房、做市场推广，一步一个
脚印地稳步发展。

图 3-51 战天斗地只为茶

图 3-52 天香茶园

经过 3 年的努力，即 2012 年，在六枝特区大用镇岱港、汨港等村建成富硒茶基地 3000 亩（图3-52）。2016 年建成占地 15 亩的加工厂 1 个（图3-53）。建筑总面积 3200m²，年产各种高中低档富硒茶 120t，开发生产"郎山春"富硒茶系列产品：郎山峰、天香翠芽、天香龙井、天香茗珠、天香香茶等正式投入市场，取得了消费者的青睐和很好销售业绩。2019 年，公司的核心生产基地获得"绿色食品证书"。

图 3-53　茶叶加工车间

公司将"诚实守信、合法经营"作为发展的第一战略，学习并体验着"和敬怡真"的中国茶文化精髓，坚持以做人的标准做茶，践行"稳扎稳打、量力而行"的八字方针，稳中求进，现以"凉都"品牌为依托，继续健康稳步发展。

（二）贵州省志靖云农业开发有限公司

———一峰一湖一千年，好山好水好茶香

2015 年，公司在六枝特区木岗镇、大用镇种植茶叶约 4776 亩，在木岗镇瓦窑水库旁修建一座 5000m² 现代化钢架结构茶叶加工厂，购进名优茶、绿茶、红茶大型茶叶生产线3 条，并办理了食品生产许可证（图 3-54）。以有机茶叶为目标，做好干净茶叶而不懈努力，公司相继注册了"志靖云"和"夜郎知春"茶品牌；实现茶厂标准化、加工清洁化和产品无公害化达到绿色食品的目标，公司于 2018 年 12 月获得国家绿色食品证书。

"品茶如品人，人品如茶品"是公司的格言，践行先做人、再做茶。根据六枝特区的总体茶叶建设要求，以"凉都"品牌为依托，加工中高档绿茶和红茶，提升市场竞争力，促进六枝特区茶产业标准化、集约化、品牌化、效益化发展。

图 3-54　加工车间

（三）六枝特区黔中茶叶开发有限公司

———"黔中半岛"茶香飘

六枝特区黔中茶叶开发有限公司成立于 2015 年，茶叶基地位于牛场乡黄坪村，地处六枝特区西北部，属脱贫攻坚极贫乡镇，少数民族较多，无工业污染。平均海拔 1450m，这里日照充足，气候温和，热量丰富，降水充沛，满山翠绿的茶海让人心旷神怡，具有良好的旅游和生态效益。

黔中公司现有茶叶基地7000余亩，拥有一座面积5500m²茶叶加工厂，茶园生长良好，已达到初采阶段，初有成效，公司现有茶叶品牌为"黔中半岛"（图3-55）。

图3-55 加工厂

为了提升市场竞争力和抗风险能力，实现优势互补的目的，共同组建贵州六盘水元昇茶业有限责任公司，共推"凉都"茶品牌，竭力让黔茶茗香飘向世界！

（四）六盘水振兴伟业农业发展有限公司

——"万丈红尘三杯酒，千秋大业一壶茶"

六盘水振兴伟业农业发展有限公司成立于2011年12月，主营业务有茶叶种植、经济林种植、园林绿化、茶园和经果林的设计、开发、建设、管理等，是一家集茶叶基地建设、生产、加工、销售于一体的茶产业企业。

目前，公司已种植茶园12000亩，其中无公害茶园10000亩，有机茶园2000亩，将建设成为集观光旅游、生态有机为一体的现代化茶叶产业园区（图3-56）。2015年在新场乡建设占地20亩的现代化茶叶加工厂，购进绿茶、红茶生产线，打造以大宗茶为主、名优茶为辅的产供销一条龙的经营模式。

图3-56 振兴伟业公司茶园

"万丈红尘三杯酒，千秋大业一壶茶"，这是六盘水振兴伟业农业发展有限公司工厂门头上的标语，道出了公司的发展历程、创业路上的心酸故事。守业的艰难，在一杯茶水中慢慢地消融……

（五）贵州天水茶业发展有限公司

——山好水好茶也好

贵州天水茶业发展有限公司成立于2013年12月，公司茶叶种植位于大用镇岱港村的中部及上耳贡、下耳贡村中心地段。海拔1600m，植被好，土壤湿润，阳光充足，是种植茶叶和产好茶的好地方。现有生态茶园5000亩，种植的品种有龙井、安吉白茶、黄金芽、福鼎大白、小叶苦丁等。公司建设2000m²的现代化茶叶加工厂，并购进绿茶、红茶生产线。注册商标"耳贡"，主要产品有耳贡翠芽、耳贡毛峰、耳贡黄金芽、青山绿水。

集团公司统一打造"凉都"品牌，实施品牌战略，提高产品市场竞争力，现有"凉都"绿茶系列产品：翠芽、毛尖、毛峰、翠片、黄金芽、白茶等；"凉都"红茶系列产品：野生红茶、金红茶，金红6号、金红8号等；保健茶：小叶苦丁等。为推动茶产业持续发展，有效提升产品质量，巩固老市场，发展新市场，不断拓展公司市场经营规模，增进公司效益。公司主要产品如下：

①凉都小罐绿茶：精选凉都优质翠芽进行包装销售，凉都小罐绿茶因其充氮设计包装可以保持茶叶的新鲜度，让茶叶延长保存期限，一罐一泡，完美体验，给你更卫生、更方便的尊贵享受（图3-57）。

图 3-57 凉都小罐绿茶

②凉都翠芽：采摘福鼎大白的嫩梢为原料精制而成，外形扁平光滑，形似葵花子状，色泽翠绿，埋毫不露；香气醇郁，清芳悦鼻；汤色清澈明亮；滋味醇厚鲜爽，回味甘爽持久；叶底鲜活明亮（图3-58）。

③凉都翠片：采摘福鼎大白、龙井43的嫩梢精制而成，冲泡后一片片扁平秀直的茶条，顷刻变成一朵朵1芽1叶的小花在杯中怒放，散发出一股股清香嫩爽的茶香（图3-59）。

④凉都黄金芽：采摘"黄茶一号"1芽1叶制作而成，外形细紧直、自然朵型，色泽亮黄；汤色明黄；滋味醇爽鲜美、浓而不苦，耐冲泡。具有"美、香、鲜"的品质特点（图3-60）。

图 3-58 凉都翠芽　　　　　　　　　　　　图 3-59 凉都翠片

图 3-60 凉都黄金芽

图 3-61 凉都毛峰

图 3-62 凉都茗珠

⑤凉都毛峰：采摘清明谷雨期间展肥壮嫩芽，半手工炒制而成，外形细卷微曲，芽肥壮、均匀、整齐、多毫，色泽嫩黄绿油润，银毫显露；香气如兰、清香高爽；滋味甘醇，韵味深长；汤色清碧微黄；叶底明亮，嫩匀成朵（图3-61）。

⑥凉都茗珠：有"绿色的珍珠"的美誉，采摘1芽2、3叶精制而成，外形呈颗粒盘花状，色泽绿润；汤色黄绿明亮，香醇味浓；叶底柔软舒展，经久耐泡（图3-62）。

⑦凉都香茶：采摘茶树嫩梢精制而成。外形细紧卷曲稍显锋苗，色泽绿润，栗香持久；汤色黄绿明亮；滋味浓醇爽口；叶底嫩绿柔软匀整（图3-63）。

图 3-63 凉都香茶

图 3-64 凉都金红

⑧凉都金红：采摘独芽或1芽1叶初展茶青精制而成，条索紧结纤细，圆而挺直，显锋苗，颜色为金、黄、黑相间，金黄色的为茶的绒毛、嫩芽；汤色金黄；水中带甜，甜里透香，杯底花果香显。无论热品冷饮皆绵顺滑口，极具"清、和、醇、厚、香"的特点。连泡12次，口感仍然饱满甘甜，叶底舒展后，芽尖鲜活，秀挺亮丽（图3-64）。

⑨凉都金红6号：精心选取原料采摘1芽1叶精制而成，外形上条索紧细，锋苗显秀，色泽油润，稍显黄毫之色；兼具花香果香，持久；滋味鲜爽甘活，喉韵悠长（图3-65）。

⑩凉都小罐红茶：精选凉都优质金红、银红进行包装销售，因其充氮设计包装可以保持茶叶的新鲜度，让茶叶延长保存期限，使茶叶保持足够的新鲜口感，且无害。一

图 3-65 凉都金红6号

罐一泡，完美体验，给你更卫生、更方便的尊贵享受（图3-66）。

图 3-66 凉都小罐红茶

九、贵州合力茶业有限公司

——请喝一杯"健康、放心、安全、满意"的六枝茶

贵州合力茶业有限公司成立于2017年8月，公司将六枝特区现有茶叶基地、茶叶加工厂进行整合，发展成为集茶叶基地建设、生产、加工、销售为一体的大型企业集团公司。现由六枝特区朝华农业科技有限公司、六枝特区远洋种养殖农民专业合作社、六枝特区翱嘉澂种养殖农民专业合作社、六枝特区永兴种养殖农民专业合作社等13家茶叶企业组成。茶叶基地50000余亩，已通过"无公害基地"认证，目前正在向相关部门申报"绿色食品"认证以及"有机食品"认证；产品注册商标"凉都茗香"。

公司茶叶基地均位于六枝特区海拔1100~1700m的高山上（图3-67）。生态环境优越，山清水秀，常年云雾缭绕，当地气候湿润温和，低纬度、高海拔、寡日照的地理环境及肥沃的土壤条件决定了茶叶的内质丰富。加上六枝特区特有的煤系地层富含多种人体必需的微量元素，特别是具有较强抗氧化性能的有机硒，还有"煤山茶叶最好喝"的山歌传唱。茶叶产品具有"醇而鲜嫩、浓而爽口、甘甜回味明显、经沏耐泡、茶汤绿而耐放"的特点（图3-68）。

图 3-67 贵州合力茶叶基地

集团公司将带动所有子公司把茶园建设成"绿水青山"更是"金山银山"，让大家喝上一杯"健康、放心、安全、满意"的六枝茶为经营理念，让六枝茶走出六枝、走出凉都、走出贵州、走出全国、走向世界！

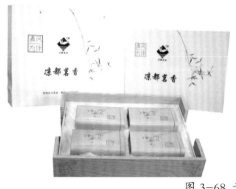

图 3-68 贵州合力茶叶产品

十、盘州市保基茶叶种植农民专业合作社

——成功打造"保基茶叶"地理标志保护产品

盘州市保基乡山深水淼，森林覆盖率高达85%，原始丛林遍布全乡，海拔1800m，终年云雾缭绕、寡日照、高温差、烂石砂壤（图3-69）。一流的气候、一流的水源、一流的空气，一流的土壤，种出的茶叶品质尤为突出，其色泽绿润、滋味鲜醇回甘、叶底挺拔俊秀，乃有"色绿、栗香、味甘、形美"四绝。早在清康熙年间，彝族世袭土司龙天佑率领彝民开疆辟土，

图 3-69 保基乡喀斯特地形

从善得营（今旧营白族彝族苗族乡）搬迁簸箕营（今盘州市保基乡）居住，并在簸箕营开辟茶山。

立足茶，充分盘活茶叶种植的气候地理资源和茶历史文化资源，盘州市保基茶叶种植农民专业合作社应运而生，合作社注册于2010年，由155户当地农户组成，是名副其实的农民专业合作社。合作社自有茶叶种植面积1927亩，加上租赁、管护的其他归属性茶园，总面积超过3000亩。现有厂区5000m²多，其中生产车间约1500m²，年产明前茶3000kg起，明后茶可达50t。有扁形绿茶、条形红茶、珠型绿茶、珠型红茶四大类10多个等级的产品。

"保基茶叶"为国家地理标志保护产品，是贵州茶叶中极为"干净"的那一部分，在茶叶评比活动中多次荣获地方、国家级荣誉奖项。

保基绿茶用新鲜划分高贵，以香味定义境界。保基茶每年春节几天后到3月底为精品茶，清明几天后到5月底为大众茶，一年就采春天一季。公司主要产品如下

（图3-70）：

①扁形茶：采摘龙井43或福鼎大白1芽1叶鲜叶精制而成，外形匀整光滑，黄绿油润；滋味栗香浓郁、鲜爽，唇齿留香，回味甘而生津；叶底黄绿、匀齐。

②绿宝石：采摘龙井43或福鼎大白1芽2、3叶精制而成，外形呈颗粒盘花状，色泽绿润；汤色黄绿明亮，香醇带栗香；滋味浓醇；叶底柔软舒展，经久耐泡（图3-71）。

③红茶：采摘龙井43或福鼎大白1芽1、2叶精制而成，外形紧细卷曲，色泽乌褐；香气高香持久；汤色红亮；滋味醇厚；叶底匀整红润（图3-72）。

图 3-70 绿茶系列产品

图 3-71 绿宝石

图 3-72 红茶

十一、贵州多彩黔情生态农业有限公司

—— "植物的天堂"里的茶香

公司成立于2013年11月，主要以生产高山优质有机茶叶、特种名贵茶苗培育及种植

为主，主要经营茶叶及农产品生产及销售，苗木培育及销售，茶叶及农产品的技术开发、技术咨询、技术转让、技术推广、技术服务、茶文化的推广与宣传以及预包装食品的销售等。

2013年冬季，多彩黔情公司选择了具有"茶中珍品"美誉的"白叶一号"和"黄金芽"2个茶树品种，在月亮河乡的1000余亩荒山新建了虞青茶园（图3-73、图3-74）。这两个品种的引进丰富了六盘水市茶叶种类及品类，全新的针型绿茶加工工艺更是填补了六盘水市一直以来规模生产以扁形绿茶、卷曲型绿茶工艺为主而没有规模生产凤羽型绿茶的加工工艺空白。

图 3-73 虞青茶园

图 3-74 虞青黄金芽

公司建成占地10余亩的现代化茶叶加工厂区，引进先进的精品绿茶、精品红茶、袋泡茶等茶叶生产线并配套质量检验检测设备设施，推进了月亮河乡农业产业化进程，让茶叶从一片简单的树叶变成了商品茶叶，还为茶园周边农户的就近务工提供了数百个岗位，带来了丰厚的经济收入，改善了生活条件。2018年荣获六枝特区人力资源和社会保障局授牌"就业扶贫车间"。

图 3-75 虞青茶产品

2018年完成"虞青白茶""虞青黄金芽"五年内高端产品零库存的订单式销售后，公司为丰富产品结构及品类，自主研发了一款"富含Vc的茶"——"虞青刺梨红茶"袋泡茶，该茶具有高性价比、口感好、年轻化、便捷化、健康化的特点，产品面市即获得广大消费者的青睐，促进企业向更加良性的方向发展。截至2019年8月，公司拥有"虞青"等注册商标，生产虞青白茶、虞青黄金芽、虞青刺梨红、凉都虞美人等"虞青"牌系列茶叶产品（图3-75）。

自基地出产虞青白茶和虞青黄金芽以来，连续多年参加"黔茶杯"评比活动，均在活动中荣获特等奖、一等奖等奖项。2018年3月，虞青白茶及虞青黄金芽被认定为绿色食品A级产品，并许可使用绿色食品标志，是六盘水市第一家荣获"绿色食品"认证的茶企。

虞青茶园还将茶旅一体化建设纳入发展计划，将更加完美的发挥金色茶山的价值。乘全域旅游东风，依托古夜郎国故地和郎岱古镇等资源，结合月亮河布依文化生态园本土民俗风情，串联月亮河乡其他特色精致农业，联合打造属于月亮河乡的特色田园综合体——"月亮森林小镇"，让更多农户在一二三产的融合发展中真正享受"乡村振兴"所带来的福利。

六枝特区月亮河乡，云海萦绕，胜似仙境。全年平均气温约15℃，平均海拔约1100m，冬无严寒，夏无酷暑。优越的自然条件，月亮河乡也被外界喻为"植物的天堂"。受月亮河乡高山云雾的孕育，虞青白茶、黄茶在此生长成就了非凡的内质，同时具备高山云雾茶和珍稀茶类的特质，成为一款全国内少有的极具地域香味特色的高端绿茶。公司主要产品如下：

①**虞青白茶**：采摘白叶一号1芽1叶精制而成，外形如惠兰，内裹银箭，色泽绿中带黄；清香淡雅；滋味鲜爽，唇齿留香，回味甘而生津；叶底叶白脉翠、成朵匀整、芽叶朵朵可辩（图3-76）。

②**虞青黄金芽**：采摘黄金芽茶树鲜叶1芽1叶精制而成，外形如兰惠，色泽黄中带绿；清香淡雅；滋味鲜爽，唇齿留香，回味甘而生津；叶底通身嫩黄鲜活、成朵匀整、芽叶朵朵可辩（图3-77）。

③**虞青刺梨红**：利用碎红茶+刺梨干果创新加工而成，刺梨干果性寒，味道酸酸甜甜，果香浓郁，红茶性暖；滋味醇厚香甜，与刺梨干果完美结合后，给品饮者带来的不仅仅是较好的口感，更有刺梨特有的健康成分。

图3-76 虞青白茶

图3-77 虞青黄金芽

十二、六枝特区朝华农业科技有限公司

——看得见山、望得见水、记得住乡愁

六枝特区朝华农业科技有限公司成立于2014年4月，是一家集茶叶基地建设、生产、加工、销售为一体的茶产业龙头企业，具有丰富的茶叶生产和组织管理经验。公司建设优质茶园基地8200亩，已全部投产，茶叶基地位于六枝特区落别乡木厂村，海拔1600m以上，放眼望去"看得见山、望得见水、记得住乡愁"的美丽画卷正徐徐展开（图3-78）。目前注册有"凉都茗香"品牌，产品上市以来，深受广大消费者青睐。

图 3-78 朝华茶园

图 3-79 采茶

落别乡温度适中，气候宜人，年平均温度15.6℃，年降水量为1465mm，以黄泥土、粘土、黑色土壤为主，山坡与山坡不连接，为独立山头，土壤肥沃，适宜种植茶叶（图3-79）。这里终年云雾缭绕，山清水秀，环境优美，气候宜人。公司主要产品如下（图3-80）：

①凉都茗香之翠芽：外形扁平光滑，形似葵花子状，色泽翠绿，埋毫不露；香气醇郁，清芳悦鼻；汤色清澈明亮；滋味醇厚鲜爽，回味甘爽持久；叶底鲜活明亮。

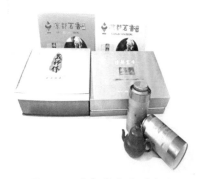

图 3-80 凉都茗香系列产品

②凉都茗香之毛峰：外形细紧稍卷曲，色泽嫩绿泛象牙色、白毫显露；香气嫩香持久；汤色清碧微黄；滋味醇甘，香气如兰，韵味深长；叶底黄绿有活力。

③凉都茗香之红茶：清明前采摘小乔木型茶树品种单芽或1芽1叶，采用传统红茶的制作工艺精制而成，外形紧细秀丽，金毫明显，色泽褐黄；香气纯正悠长，带果香；汤色橙红亮丽；叶底匀嫩，鲜红带黄。

④凉都茗香之高绿茶：条索紧结有峰苗，色泽绿润；清香纯正；滋味浓醇回甘；汤色黄绿明亮；叶底绿嫩明亮。

十三、贵州牂牁江实业有限公司

——打造山区特有的"茶园果园"

贵州牂牁江实业有限公司成立于2008年6月，是一家集农产品种植、加工、销售、运输及仓储、经营管理为一体的现代化科技型农业企业（图3-81）。目前主要开发的产品有"牂牁江"牌茶系列产品、精品挂面系列产品、牛场辣椒系列产品及优质红米、蜂蜜等特色农产品，后续将推出茶酒、果酒、天然花青素酒等保健型特色酒。

图 3-81 贵州牂牁江实业有限公司

公司有优质茶园1500亩，茶叶基地位于六枝特区大用镇耳贡村，是历史名茶"朵贝茶"出产之地，将利用茶园果园走农旅一体化发展之路，打造山区特有的田园综合体。

公司茶叶加工厂位于六盘水木岗产业园园区（都香高速落别站出口旁200m处），环境优美，交通方便。购买20亩工业用地，建有5184m² 茶叶加工厂，建设年产100t红茶、绿茶生产线各1条。生产车间内配套建设冷链物流，冷库780m³。可年产名优茶7.5t，炒青茶100t。茶叶品质良好，产品有名优茶牂牁江翠芽、牂牁江毛尖等系列绿茶及红茶系列产品。

牂牁江实业有限公司紧紧围绕"健康、品牌"经营理念，以产品质量为核心，以"重质量、创新品、建市场、促营销"的经营方针，积极与全国各大院校及科研所合作，现已获得2项发明专利、12项外观设计专利、15项注册商标（图3-82）。

图 3-82 牂牁江实业有限公司各类证书

经过多年的长足发展，公司获得了多项荣誉：于2010年3月荣获中国中轻产品质量保障中心认定的"全国产品质量公证十佳品牌"和"中国消费者满意名特优品牌"；注册的"牂牁江"商标被贵州省评为"贵州省著名商标"；2011年1月企业被评为六盘水市农业产业化重点龙头企业；2015年被评为"市级扶贫龙头企业"；2011—2018年连续8年被评为省级"重合同守信用企业"单位，属于贵州"专精特新"培育企业；产品"牂牁江"牌夜郎富硒绿茶在贵州首届名特优农产品展销会被评为"名牌农产品"。

公司始终秉持"用心做产业、专心做好茶"的理念，一如既往地投身农业产业现代化建设中来，依托六枝特区得天独厚的自然种植条件。进一步开源节流、努力发展，在现有项目不断推进的情况之下，继续挖掘本地资源，做大做强"牂牁江"品牌，推动现代农业向前发展！公司主要产品如下：

①牂牁江绿茶：汤色嫩绿明亮，馥郁芬芳、滋味鲜醇，香味持久，回味甘甜的特点（图3-83）。

②牂牁江红茶：牂牁江红茶精选特级茶鲜叶为原料精制而成，茶汤红润，口感醇厚，甘鲜爽口（图3-84）。

图3-83 牂牁江绿茶

图3-84 牂牁江红茶

十四、六枝特区永兴种养殖农民专业合作社

——打造"干净茶、放心茶"带领群众脱贫致富

六枝特区永兴种养殖农民专业合作社位于新华镇新平村，成立于2011年7月，经营范围以种植、销售、加工茶叶为主（图3-85、图3-86）。

合作社成立后，以"三变"改革为统领，自2013年11月以来，在新华镇带领群众种

图3-85 永兴茶叶加工厂

图3-86 永兴茶叶种植基地

植、管理茶叶22300亩，基地最低海拔1650m，最高海拔2017m。2017年，可采摘茶叶的面积有6500亩，约加工干茶10000kg，实现产值350万元，现已注册"苗岭望月"和"月峰新芽"2个商标。于2015年获得农业部有机无公害茶叶认证。为让广大消费者喝上干净茶、放心茶，在嘉年华开设茶叶专卖店（易道茶叶批发零售服务中心）。公司主要产品如下：

①"苗岭望月"茶膏："茶膏黑如漆，醒酒是第一"，是中国独有的养生文化，是皇家独享的养生御品，是中国古人发明的世界第一款"速溶茶"；如今的"苗岭望月"纯手工精品茶膏是茶中之精品，古法制作，是对传统文化内涵的一种弘扬（图3-87）。

图 3-87 茶膏

②"苗岭望月"糯米香茶：理想的天然饮料。汤色金黄；香气清雅，滋味甘醇，具有浓郁的糯米香味（图3-88）。

图 3-88 "苗岭望月"糯米香茶

十五、六枝特区远洋种养殖农民专业合作社

——茶香不怕巷子深，远洋茶叶出国门

六枝特区远洋茶业秉持做"干净茶"的发展理念，全力打造有机绿茶和红茶品牌，合作社主要品牌有"乌蒙""月亮河""凉都茗香"3个品牌，同时合作社也是贵州合力茶业有限公司的主要合作者之一。合作社法人代表朱东作为享誉省内外的制茶师，从事茶业行业23年来，深谙茶叶种植、加工、管理和销售之道，并在历届制茶大赛上屡获殊荣。好环境造就好产业，好技术成就好品牌，"茶香不怕巷子深，远洋茶叶出国门"。

图 3-89 远洋合作社茶园

远洋茶业位于六枝特区月亮河乡，独特的地理环境、土壤（红棕壤土）和气候条件

图 3-90 远洋茶叶加工厂

图 3-91 远洋绿茶

为茶叶的生长提供了良好的生长环境（图3-89、图3-90），加之朱东制茶技艺精湛，使茶叶具有萌芽早、开采早、品质优等特点。绿茶产品远销北京、上海等地，红茶更是远销迪拜。公司主要产品如下：

①绿茶：外形扁平直；茶色翠绿；茶香高香持久；茶味鲜醇浓厚回甘适宜（图3-91）。

②红茶：条索细紧；色泽乌润、毫显；茶香甜润、花香持久；茶味鲜醇浓厚，回甘；冷水泡茶可使滋味甜醇长久。

十六、六枝特区周琨茶叶种植农民专业合作社

——"隐居"在云雾之中的龙场春茶

六枝特区周琨茶叶种植农民专业合作社，于2015年在龙河镇双龙村投资建设了5000m²的龙河镇茶叶加工厂，工厂建有2条生产线，年加工生产能力200t。本着绿色发展的理念，工厂以做"放心茶、干净茶"为宗旨，在日常的田间管理中，均采用人工除草，田间安装诱虫板，对作物不喷洒农药，防止农药残留，尽可能保持当地良好生态环境，发展无公害绿色茶园。注册商标有"长角雾峰""龙场春"，"长角雾峰"自推出上市以来，得到了广大茶友的好评，市场反响热烈，产品除在本地销售外还销往周边及浙江等地。

龙河镇位于贵州省六盘水市六枝特区境内，这里群山环绕，云雾缭绕，一条大河蜿蜒流过全镇，这里全年四季如春，气温基本恒定，温暖湿润，特别适合生态植物的生长和培育优良茶品种。

"长角雾峰"龙场春："隐居"在龙河镇平均海拔1200m的云雾之中，干茶光、平、扁、直，绿中显黄，汤色黄亮诱人，滋味鲜爽、醇厚，香气高长，板栗香，回味甘而生津（图3-92）。

图 3-92 龙场春

十七、贵州盘州市盘龙源园艺农民专业合作社

——"高山有好茶，平地有好花"的农谚践行者

贵州盘州市盘龙源园艺农民专业合作社，注册于2014年9月，主要经营业务有茶叶、中草药种植、加工、销售，生态养禽，城镇绿化苗、经济林苗、花卉培育销售。

合作社位于龙头山至卡河河流地段，距离卡河水库大坝500m，深沟水库1000m，海拔1800m，水源充溢，交通便利，无大气和环境污染，气候宜人。现以建成集产业、观光、休闲、体验为一体的高效立体农业示范园（图3-93）。已完成茶叶示范种植654.5余亩，精品水果采摘园20亩等。茶叶加工机械购

图3-93 盘州市盘龙源园艺农民专业合作社一隅

置齐备，已获得商标"岭龙山"。"无害农产品认证"与"无公害产地认定"已认证完成，正申请认证为"有机产品"转换期。2018年，合作社被贵州省农业农村厅认定为示范合作社。

农谚道："高山有好茶，平地有好花"。茶树喜高山，"岭龙山"系列产品（涵韵、道韵、雅韵、绿宝石系列绿茶）产于贵州省盘州市盘关镇茅坪村龙头山茶叶产业园区，平均海拔1750m，最高海拔1900m，年平均气温15.2℃，年降水量1413.6mm，最大降水量2105.5mm，终年气候湿润多雾，冬无严寒，夏无酷暑，属亚热带高原季风气候区，山川秀丽，气候宜人，立体气候明显，且周边无工业污染，良好的茶区环境造就了岭龙山各种系列茶叶具有色泽嫩绿光润，香气鲜嫩清高，滋味鲜爽甘醇，叶底细嫩呈朵的"色绿、香韵、味甘、型美"四绝特点。公司主要产品如下：

"岭龙山"扁形绿茶：采摘清明前1芽1叶精制而成，外形扁平、紧实、挺直、光滑、芽锋显露，色泽嫩绿光润、绿中带黄；栗香持久；滋味鲜醇甘爽，入口滑润，回甘明显（图3-94）。

图3-94 "岭龙山"扁形绿茶

十八、盘州市大众创业种养殖农民专业合作社

——成就"贵州海拔最高"人工茶园

位于乌蒙山脉南端，坐落盘州市鸡场坪镇松河龙脖子村有一座山，名轿子顶，为六盘水第一个写进《中国登山圣经》的名山。盘州市大众创业种养殖农民专业合作社的人工茶园位于海拔2347.5m，目前来说，它不仅是贵州海拔最高的一个人工茶园，就算放眼世界也不多见（图3-95）。

2016年3月，盘州市大众创业种养殖农民专业合作社成功"落户"轿子顶，完成高标准茶园种植1000亩左右，并成功申请注册商标"乌蒙峰"。2020年进入初采期，生产的绿茶、红茶、白茶等茶叶种类，得到社会各界的认可。2020年，在第八届"黔茶杯"名优茶评选中荣获二等奖。

图 3-95 海拔高度实测图

如今轿子顶的万亩林场，树木茂密、灌木丛生，落叶和杂草形成的腐殖土深覆土层，给多样化的物种提供了丰富的营养物质。合作社以"保护生态"为主要原则，因地制宜实施高标准的有机管护。正因为海拔高，病虫害发生率低，少有的病虫害利用高效绿色防控技术进行防控；施肥以农家肥主要，原料为充分发酵的羊粪和青蒿粉末；采用完全人工除草，确保当地生态良好、土壤不受农药污染。

图 3-96 "贵州海拔最高"人工茶园

图 3-97 "乌蒙峰"广告牌

高海拔、常年云雾缭绕、昼夜温差大的独特环境让茶叶生长非常缓慢、物质积累丰富，加上高标准的茶园管护，成就了生长在"贵州最高海拔"上的"乌蒙峰"的卓越品质（图3-96、图3-97）。公司主要产品如下：

"乌蒙峰"绿茶：采摘1芽1叶精制而成，外形卷曲紧结；嫩香持久芳香馥郁；滋味浓醇爽口，回味悠长；汤色嫩绿明亮；叶底肥嫩鲜活（图3-98）。

图3-98 "乌蒙峰"茶产品

十九、六盘水高山红茶基地建设投资有限公司

——助推凉都茶产业规范化、产业化发展

六盘水高山红茶基地建设投资有限公司成立于2014年10月，是六盘水农业投资开发有限责任公司旗下全资子公司。公司以茶叶种植、加工、研发为主。2014年在水城县新街乡引进台茶18号、台茶28号、斯里兰卡、阿萨姆等品种。经过近几年来培植，台茶18号、台茶28号已经试种成功，并已产生了经济效益。

公司在培植茶苗、种植推广、茶叶加工、研发等工作中投入了大量资金。目前可采摘台茶面积183亩（其中台茶18号91亩、台茶28号90亩，试种斯里兰卡、阿萨姆等品种各1亩）。2019年，按照总公司要求，新增茶园基地318.51亩，实现规模化、规范化茶叶产业种植。同时，还要培育成一家集体研发、加工、销售于一体的专业的中小型红茶茶叶加工企业。

公司坚持"优质高效、规模发展"，着力"高起点、高标准、高质量"推进六盘水茶产业发展，打造种植、加工、销售为一体的茶产业链，把产业做成生态，生态做成文化，文化做成效益，促进农民增收、农业增效，为促进六盘水市社会主义新农村建设和现代农业发展作出积极贡献。公司主要产品如下：

高山红茶：选用无公害优质台茶的茶青精制而成，成品茶干具有天然独特的香气，冲泡后会散发出淡淡的天然肉桂香和薄荷香，汤色金黄明亮，经久耐泡，入口清爽，回味甘甜（图3-99）。

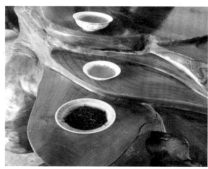

图3-99 高山红茶

第五节　质量体系

无公害农产品、绿色食品、有机农产品和农产品地理标志统称"三品一标"。"三品一标"是政府主导的安全优质农产品公共品牌，是当前和今后一个时期农产品生产消费的主导产品。是农业发展进入新阶段的战略选择，是传统农业向现代农业转变的重要标志。

无公害农产品发展始于21世纪初，是在适应入世和保障公众食品安全的大背景下推出的，农业部为此在全国启动实施了"无公害食品行动计划"；绿色食品产生于20世纪90年代初期，是在发展高产优质高效农业大背景下推动起来的；而有机食品又是国际有机农业宣传和辐射带动的结果。农产品地理标志则是借鉴欧洲发达国家的经验，为推进地域特色优势农产品产业发展的重要措施。

近年来，六盘水通过打造"三品一标"品牌，建立茶叶质量体系，积极培育和发展独具地域特色的凉都早春茶优势农产品各类品牌，保护市境内各地独特的茶产地环境，提升茶叶品质，增强茶产品的市场竞争力，促进茶产业发展。

2017年，水城县获批国家级出口茶叶质量安全示范区，为更好地推进相关工作，水城出台了《水城县出口茶叶质量安全示范区农业化学投入品控制体系实施方案》《水城县茶叶种植禁止使用农药清单》《水城县茶叶种植允许使用农药清单》等文件。

同时，六盘水还于2016年开始创建国内首个生态原产地产品保护示范城市，切实打造"生态凉都"品牌，进一步提升了凉都茶产品的市场影响力和竞争力。

生态原产地产品保护（PEOP）是指产品生命周期中符合绿色环保、低碳节能、资源节约要求并具有原产地特征和特性的良好生态型产品。生态原产地产品保护（PEOP）工作符合可持续发展的战略大局，是践行科学发展观，加快转变经济发展方式的重要推手，是促进对外贸易转型，破解技术性贸易壁垒尤其是绿色贸易壁垒的重要举措，是六盘水发展生态经济的重要手段。

一、"三品一标"概况

现有水城县茶叶发展有限公司、贵州亿阳农业发展有限公司获得有机产品认证，六枝特区朝华农业科技有限公司、六枝特区双文种养殖农民专业合作社获得绿茶有机转换认证。贵州省志靖云农业开发有限公司生产的"志靖绿茶"、贵州多彩黔情生态农业有限公司生产的"虞青黄金芽""虞青白茶"等品牌茶叶获中国绿色食品发展中心"绿色食品A级认证"。

（一）"三品"

水城县茶叶发展有限公司、盘州市贵州亿阳农业发展有限公司获得"有机产品认证"（图3-100）。

图 3-100　有机产品认证证书

贵州省志靖云农业开发有限公司生产的"志靖绿茶""夜郎知春珠茶""夜郎知春香茶"、贵州多彩黔情生态农业有限公司生产的"虞青黄金芽""虞青白茶"获中国绿色食品发展中心"绿色食品A级认证证书"（图3-101）。

图 3-101　绿色食品 A 级认证证书

六枝特区朝华农业科技有限公司、六枝特区双文种养殖农民专业合作社获得"绿茶有机转换认证证书"和"无公害农产品产地认定证书"（图3-102）。

图 3-102　绿茶有机转换认证证书和无公害农产品产地认定证书

（二）"一标"

六盘水有盘县保基茶叶、水城春茶、九层山茶获得"国家地理标志保护产品"（图3-103）。

图3-103 国家地理标志保护产品证书

二、质量体系

2017年，水城县获批国家级出口食品农产品质量安全示范区（图3-104），为更好地推进相关工作，水城出台了《水城县出口茶叶质量安全示范区农业化学投入品控制体系实施方案》《化学投入品生产企业及药品登记备案管理办法》《化学投入品经营登记备案管理办法》《化学投入品销售个体工商户条件》《水城县茶叶种植禁止使用农药清单》《水城县茶叶种植允许使用农药清单》等文件，从创新管理机制、严格控制茶叶化学投入品的供给渠道、规范茶叶化学投入品的使用等方面提出了明确要求，并要求对茶叶化学投入品生产企业进行考核并实行登记备案，对茶叶化学投入品销售渠道进行整治，实行专营专供。对最终使用环节加强指导、规范科学用药，形成茶叶化学投入品产、销、用全程链式管理的有效控制机制，以保证茶叶化学投入品质量安全和规范科学使用，确保本地出口茶叶的质量安全。

图3-104 水城县获批国家级出口食品
农产品质量安全示范区

第四章 茶类篇

六盘水市境内古茶树资源丰富。六枝特区境内有约800年树龄的大用古茶树；盘州市竹海镇和淤泥乡境内有200~300年树龄的古茶树；水城县蟠龙镇木城村有百年古茶树千余株，辖区内古茶树面积达1000余亩。"生态茶""有机茶""古树茶"成就了品质优异的凉都茶。

20世纪50—80年代，六盘水在全市范围内陆续通过短穗扦插繁殖和种子进行茶树种植，90年代以后是茶产业发展较快的时期，2000年全市茶园面积2.88万亩，2019年发展到31.36万亩。优良品种引种速度加快，优质茶园比例提高。主要栽培品种有福鼎大白、龙井43、乌牛早，其他优良品种如红玉、金观音、黄金芽、安吉白茶等都有不同面积的种植。

加工制茶主要经历了"传统制法→机械加工→名优茶的手工加工→现代工艺→企业的自主创新"5个阶段。以名优绿茶、红茶为主，大宗茶为辅，积极探索研发再加工茶。生产了"倚天剑""碧云剑""九层山绿茶"等系列名优绿茶，"水城红""盘州红""凉都红"等系列名优红茶，"高原茗珠""神州香""武穆土茶""打铁关绿茶"等系列大宗绿茶，"石斛红茶""刺梨红茶"等再加工创新茶。

第一节　茶树品种

茶树品种是决定茶园产量、鲜叶质量和成茶品质的重要因素，具有不同的生理生化特性和适制不同茶类的特征。还可根据不同茶树品种的萌芽期不同，生化成分不同，在生产中利用品种间品质成分的协同作用，发挥各个品种各自的特点，可针对香气较好、滋味甘美或汤色浓鲜，以及茸毛的多少及叶形等进行组合，使鲜叶原料相互取长补短，丰富制茶种类、提高茶叶的品质。

据《六盘水市志·农业志·畜牧志》（1995年版）记载：地方品种有木城大黑茶、木城大黄茶、木城小黑茶、枇杷茶、倒勾茶、苔茶等。1958年，水城县种茶面积有900亩；1959年，郎岱县新开垦茶园118亩；1963年，盘县从云南、浙江调入茶种34t，在坪地、忠义、老厂等地种植，开始大面积茶叶生产开发。进入20世纪70年代后，全境茶园面积由1969年的1310亩发展到1979年的22554亩。10年中，水城特区外贸、供销、农业等有关部门，先后从浙江、福建等省调入大量茶种，以玉舍、勺米、海坪为重点，采用密植免耕法大力发展茶叶生产，1970年由浙江、福建引入小叶茶，主要分布于玉舍、杨梅、大河、大湾、南开、米箩等；1978年，水城特区由云南引进大叶茶，分布于马场、米箩等地；六枝特区在此期间新建茶场有索考乡建荣茶场、中寨乡高坡林场，以及洒志农场的1500亩茶园，合计6078亩；盘县特区在此期间建立的法泥、马依等公社茶场茶园面积

7350亩。进入20世纪80年代以后，由于各地前10年茶叶生产发展较快，加之建园基础较差，至1989年，全市茶园面积由1979年22554亩降至13494亩。在1991年，盘县特区政府在民主镇糯寨开展农业综合开发，实施了"生物护埂项目工程"，引种"金华小叶"在糯寨、马家厂村种植1600余亩。20世纪90年代以后是六盘水市茶产业发展较快的时期，到2000年，全市茶园面积28820亩。如今，在盘州市（老厂、民主、忠义、四格等）、水城县（玉舍、新街、杨梅、蟠龙等）、六枝特区（落别、洒志、索考等）、钟山区（大河、汪家寨等）都现存有不同面积的老茶园、知青茶园和地坎茶，都是那个时期种子直播留存下来的（图4-1、图4-2）。

图4-1 水城县蟠龙岳家农场老茶园

图4-2 钟山区大河镇大庆村地坎茶

截至2019年，全市现有万亩茶园乡镇（街道）13个，5000~10000亩茶园乡镇（街道）11个，茶叶基地主要分布在4个县（市、区）的48个乡镇，全市茶园统计面积31.36万亩。六枝特区种植面积10.71万亩，盘州市种植面积10.19万亩，水城县种植面积10.02万亩，钟山区种植面积为0.44万亩。优良品种引种速度加快，优质茶园比例提高，现主要栽培品种有福鼎大白、龙井43、乌牛早。其他优良品种如红玉、金观音、黄金芽、安吉白茶等都有不同面积的种植，利用茶树品种具有不同的生理生化特性和适制不同茶类的特征，这些品种可生产白茶、绿茶、红茶、黑茶等。由于六盘水市制茶工艺研究起步较晚，现只有绿茶和红茶的生产，但是丰富的茶树品种，也为六盘水市生产其他茶类和提高现有茶叶品质奠定了坚实的基础。

一、福鼎大白

品种特性：植株较高大，树姿半开张。中叶类，早生种，叶色绿，叶形椭圆，叶质柔软，叶面微隆，芽叶较肥状，茸毛特多。育芽力强，持嫩性强，产量高；抗旱性较强，抗寒性、抗逆性及适应性强。春茶1芽2叶约含氨基酸4.3%、茶多酚16.2%、儿茶素总量

11.4%、咖啡碱3.4%。适制绿茶、白茶和"毛峰"类名茶，品质优，加工红茶品质优良（图4-3、图4-4）。

图4-3 盘州市民主镇沁心茶场的福鼎大白　　　图4-4 水城县杨梅乡的福鼎大白

二、龙井43

品种特性：灌木型，植株中等大小，树姿半开张，早生，分枝密，叶片上斜状着生。芽叶绿带黄色，叶形椭圆，叶身平，叶质中厚，芽叶纤细，茸毛少，春梢芽叶基部有一淡红点。育芽力强，发芽密度大，持嫩性一般，产量高；抗寒性强，抗旱性较弱，适应性广。春茶1芽2叶，含氨基酸3.7%，茶多酚18.5%，咖啡碱4.0%，儿茶素总量12.0%。适制扁形绿茶，品质优（图4-5、图4-6）。

图4-5 盘州市民主镇沁心茶场的龙井43　　　图4-6 六枝特区九层山的龙井43

三、乌牛早

品种特性：早春发芽特早，一般六盘水在2月上旬早春时节就开始萌芽（比其他地区早10~20d）。灌木型，中叶类，特早生种，植株大小中等，树姿半开张，叶片呈水平状着生；叶色绿，有光泽，叶椭圆或卵圆形，叶面微隆起，叶尖钝尖；芽叶尚壮，茸毛中，育芽力和持嫩性强；产量较高，抗寒性、抗旱性较强。春茶1芽2叶，含氨基酸4.2%，茶多酚17.6%，咖啡碱3.4%，儿茶素总量10.4%，适制扁形绿茶等，品质良好（图4-7）。

图 4-7 水城县杨梅乡的乌牛早

四、迎 霜

品种特性：小乔木型，中叶类，早生种，植株大小中等，树姿直立；芽叶黄绿色，叶形椭圆，叶缘波状，叶质较软，较肥壮，茸毛多；持嫩性强，产量高，抗寒性尚强。春茶1芽2叶，含氨基酸2.5%，茶多酚30.5%，咖啡碱4.0%，儿茶素总量15.8%。产量高，抗寒性、抗旱性较强。适制绿茶、红茶、白茶，香高味浓，品质优（图4-8）。

图 4-8 六枝特区鸿森的迎霜

五、安吉白茶

品种特性：灌木型，中叶类，中生种，植株较矮小，树姿半开张；叶片呈稍上斜状着生，叶色淡绿，叶开长椭圆，叶质较薄软；春季芽叶玉白色，尤以2、3叶展时最显著，主脉和侧脉为绿色，后随着叶片成熟和气温长高逐渐变为淡绿色，夏秋茶均呈绿色；芽叶较纤小，茸毛中等，

图 4-9 六枝特区多彩黔情的安吉白茶

持嫩性强，产量较低；生长势较弱，抗旱性弱，易遭热害。春茶1芽2叶，含氨基酸6.2%，茶多酚10.7%，咖啡碱2.8%。适制绿茶，香高持久，滋味鲜爽，品质优（图4-9）。

六、黄金芽

品种特性：灌木型，是茶树特异新品种，春季新梢鹅黄色，颜色鲜亮，夏秋季新梢亦为淡黄色，成熟叶及树冠下部和内部叶片均呈绿色；中叶类，芽叶茸毛少，发芽密度较高，持嫩性较好。该品种克服了一般黄化或白化品种适应性差、抗逆力弱的缺陷，抗寒、抗旱能力明显高于其他黄化或白化品种，与普通绿茶品种相当，适应性强，易于栽培管理。适制绿茶，制成的茶叶外形色绿透金黄，嫩香持久，滋味鲜醇，叶底嫩黄鲜亮，特色明显，品质优异（图4-10）。

图 4-10 六枝特区多彩黔情的黄金芽

七、金观音

品种特性：小乔木型、中叶类，早生种，树姿半开张，分枝密，叶片呈水平着生，叶形椭圆，叶色深绿，叶面隆起，芽叶紫红色，茸毛少，抗寒性、抗旱及抗病虫性均较强。春茶1芽2叶，茶多酚27.2%，咖啡碱3.7%，儿茶素总量15.1%。适制乌龙茶、红茶，香气芬芳浓郁，味醇厚，品质优（图4-11）。

图 4-11 盘州市广润茶叶种植农民专业合作社的金观音

八、名山白毫

品种特性：灌木，中叶类，早生、高产、优质，叶色黄绿，茸毛特多，持嫩性强，叶质柔软，六七月的芽叶仍披毫，适应性和抗逆性强，抗寒性和抗病虫性较强。春茶1芽2叶，含氨基酸3.9%，茶多酚28.5%，咖啡碱3.7%，儿茶素总量11.0%。适制高档名优绿茶，滋味鲜浓醇厚，持久回甘（图4-12）。

图 4-12 六枝特区多彩黔情的名山白毫

九、福鼎大毫

品种特性：小乔木型，大叶类，早生种，植株较高大，树姿较直立，分枝部位较高；

芽叶黄绿，富光泽，叶形椭圆，叶身稍内折；育芽力强，芽叶肥壮，茸毛特多且粗，持嫩性较强，产量高；抗逆性较强。春茶1芽2叶，含氨基酸3.5%，茶多酚25.7%，咖啡碱4.3%，儿茶素总量18.4%。适制红茶、绿茶、白茶，品质优良（图4-13）。

图4-13 水城县杨梅的福鼎大毫

十、黔湄601

品种特性：小乔木型，大叶类，中生种，树姿开张，叶片呈水平状着生。叶形长椭圆，叶面隆起，叶色深绿，发芽密度大，持嫩性强，芽叶多毛，产量高，抗寒性尚强，春茶1芽2叶，含氨基酸1.6%，茶多酚32.9%，儿茶素总量19.2%。适制红茶、绿茶，品质优良（图4-14）。

图4-14 六枝特区多彩黔情的黔湄601

十一、台湾红玉

品种特性：小乔木型，大叶类，树姿半开张，分枝较密，叶片呈水平状着生，长椭圆形，叶色绿，叶面微隆起，叶缘微波，叶身平，芽叶黄绿色。抗旱性强，适制红茶，兼具了特殊肉桂香与淡淡的薄荷香，茶色红润清透，滋味甘甜顺口，特色鲜明（图4-15、图4-16）。

图4-15 水城县新街乡高山红茶公司
台红18号品种

图4-16 水城县新街乡高山红茶公司
台红28号品种

十二、其他品种

在20世纪50年代和80年代，部分地区利用种子直播方式种植茶叶，品种无法考证（有些当地老百姓称为福鼎小叶种）。由于管理不善，现存成片茶园较少，其植物学性状差异大，茶树芽叶细小，颜色嫩绿、黄绿、浅紫、紫红均有，叶质柔软，持嫩性强，发芽时间早晚不一，最大相差20d左右。适制绿茶、红茶，绿茶香高持久，滋味鲜爽，品质优；红茶滋味甜润，蜜香显（图4-17）。

图4-17 水城县蟠龙镇发贡村老茶园茶芽

第二节　古茶树

根据1969年中国科学院植物研究所在盘州市淤泥、老厂采集的古茶树资源标本以及保基龙总兵故里（总兵即彝族土司龙天佑）、水城县木城乡（今蟠龙镇木城居委会）、六枝特区大用镇等地发现的古茶树群落（清代地属朵贝贡茶区域），结合临近晴隆县的茶籽化石、普安县的四球古茶等资料来看，六盘水茶树种植有着悠久的历史。

一、六枝特区古茶树

六枝特区古茶树主要位于大用镇岱港村毛坡、岱港片区地坎茶以及汩港村上木冲。其中经中国农业科学院茶叶研究所、贵州大学等专家教授鉴定年龄最古老的是大用古茶树，据估计年龄在600~800年（图4-18）。汩港村上木冲，海拔1468.2m。生态环境极为优越，土壤为黄棕壤沙性壤土，茶树周围植被保护

图4-18 六枝大用古茶树

良好，有原大用镇林场及村林场环绕在老茶树周围，形成生产茶叶得天独厚的条件，朝廷贡品富硒茶叶"朵贝茶"就曾产于此地。汩港村、岱港村是灌木茶树主要分布地带，历史悠久，是"朵贝贡茶"的故乡，新中国成立后，隶属普定县朵贝乡，是"朵贝贡茶"的主产区之一，1978年六盘水建市后划归为六枝特区大用镇。

（一）古茶树生物学特性

样株：单株丛生，树幅9~10m，树高6.8m，总分枝22枝，14个大分枝，最大树干周长95cm，最小周长20cm。芽长1~1.3cm，发芽数16~21个/m²。叶为长椭圆形，叶脉网状，叶缘锯形较密，单叶互生，革质。叶长4.0~7.5cm、宽2.7~3.2cm，叶面锯齿深3m，叶面锯齿对数27对，叶尖急尖。果实为椭圆形，果径1.2~2.1cm，果实数量为1~3个，一年生枝条长8~10cm，适制红茶、绿茶。

（二）古茶树资源及其保护利用现状

岱港村保存有百年古茶树群5000余株，500年古茶树20余株。以六枝特区布依茶种植农民专业合作社研制的"岱港玄茶"最为著名，系列产品有翠芽扁形、毛峰、珠形茶，炒青绿茶、红条茶等。在"华茗杯"2015全国名优绿茶质量评比活动中，"岱港玄茶扁形"荣获优秀奖；2014年岱港村获得"无公害"茶叶产地认证1500亩；同年大用镇被评为"贵州省十

图4-19 六枝大用古茶树保护牌坊

大古茶树之乡"。在2015中国（贵州·遵义）国际茶文化节暨茶产业博览会上举办的贵州古茶树品鉴会上被专家组评为"贵州最具推介价值古茶树茶叶"。六枝特区政府于2015年6月23日在大用古茶树旁立一块保护古茶树的牌坊（图4-19）。为了更好地保护这株古茶树，传承其优良品质，开发其科研、产业提升、观光旅游等价值，2016年，当地茶叶科研机构采取了无性系繁殖的方式，用这株古茶树就地进行育苗。

二、盘州市古茶树

盘州属亚热带季风气候，冬无严寒、夏无酷暑，年平均气温为15.1℃，年均无霜期271d，年均降水量1348.3m，雨热基本同季，适宜于动植物的繁衍生长。古茶树主要分布在八大山丛林中和老厂片区（海拔约在2000m左右）（图4-20）。

中国科学院、贵州省农业科学院茶叶研究所等专家，多次在盘州进行茶树种质资源

考察。1993年，"'八五'国家重点科技攻关项目子专题'黔南山区作物种质资源考察'"项目中对贵州西南部的茶树种质资源进行了考察，在盘县特区进行野生茶树资源调查、命名、标准化整理和数据描述；2011年贵州省农业科学院茶叶研究所陈正武、段学艺、赵华富等专家在对盘县老厂片区在原始丛林中的古茶树实地调查研究；在2015年据中国科学院山茶属植物鉴定专

图4-20 盘州市八大山脚下的古茶树

家鉴定，盘州市淤泥乡八大山生长着一棵300多年的大厂茶（四球茶）树，叶片较狭小，侧脉少，萼片较小，果较小，果皮较薄，这棵茶树算是盘州市最古老的、最大的大厂茶，根据2018年考察统计，淤泥乡八大山有120棵古茶树，生长的海拔约在2100m。

（一）古茶树生物学特性

根据《中国茶叶大辞典》记载，盘县老厂苦茶为乔木型，树高7~10m，树幅3~4m，主干径15~40cm。叶椭圆形，叶长18.2cm、宽7.2cm。色绿，有光泽，叶面平，叶质厚，较脆。芽叶黄绿色，无毛。花冠直径4.5cm，子房无毛，花柱5裂。果径2.6cm。种子直

图4-21 盘州市老厂野生大茶树

径1.4cm，种皮粗糙。

据20世纪80年代初，贵州省农业科学院茶叶研究所专家林蒙嘉在盘县老厂造纸公社调查发现（图4-21）。该处野生大茶树为乔木大叶类，树高3~4.5m，树姿开展，树幅2~3m，主茎基部最大周长57cm。树皮灰白，分枝部位26~200cm，一般在1m左右。叶绿色，长椭圆、椭圆形或倒卵形，革质，较厚，叶尖渐尖或略具尾状，侧脉明显，7~9对，叶长15.6~18cm、宽4.7~6cm。叶背淡绿微具光泽。

每年4月中下旬采茶，属中生性茶树品种。

1993年，"'八五'国家重点科技攻关项目子专题'黔南山区作物种质资源考察'"项目中对贵州西南部的茶树种质资源进行了考察。在盘县特区进行野生茶树资源调查、命名、标准化整理和数据描述，对有明显差异特征的两株乔木型和一株灌木型野生茶树种质资源命名为盘1号、盘县2号、盘县3号。

盘县1号：乔木型，树高10m，树幅4m，分枝密度稀。树基直径40cm，嫩枝无茸毛。芽叶黄绿色，无茸毛，叶为特大叶，长椭圆形，长18.2cm、宽7.2cm，叶脉10对，主脉无茸毛，叶色绿色有光泽，叶身平，叶质硬厚，叶基楔形，叶尖渐尖，叶缘平，叶背无茸毛，叶柄无茸毛，长0.8cm。花萼5片，无茸毛，长0.6cm、宽0.3cm。花直径4.4cm，花瓣8片，白色，无茸毛，长2.4cm、宽2.2cm，花梗长0.9cm、粗0.3cm，无茸毛。子房无茸毛，花柱长1.0cm，花柱无茸毛，柱头5裂，雌雄蕊等长。果实梅花形，果实大小2.6cm，果柄长1.1cm、粗0.4cm，苞片3片，果宿存萼片长1.1cm、宽1.0cm，5室，果皮绿色。

盘县2号：乔木型，树姿半开展，分枝密度稀。嫩枝茸毛中等。芽叶绿色，芽叶茸毛中等，叶片为大叶形，叶形椭圆形，长13.0cm、宽5.7cm，侧脉9对，主脉少茸毛，叶色绿色，叶面平，叶质厚硬，叶齿锐度钝，叶齿密度稀，深度深，叶基楔形，叶尖渐尖，叶缘平，叶背光滑少茸毛，叶柄长0.7cm，少茸毛。花冠直径4.0cm，花萼5片，无茸毛，萼片长0.5cm、宽0.4cm。花瓣8片，白色，长2.2cm、宽1.9cm，花梗长0.8cm，花萼、花瓣、花梗无茸毛。子房有茸毛，花柱长1.2cm，柱头3裂，雌雄蕊等高，花柱无茸毛。果实三角形，直径2.1m，苞片2片，果宿存萼片长1.2cm、宽1.1cm，果室2室，果皮色泽深绿。

盘县3号：灌木型，树高1.5m，树幅2.5m，树姿开展，分枝密。基部干径5cm。果径1.5cm，果柄长1.0cm、粗0.2cm，果宿存萼片长1.0cm、宽0.9cm，果室3室。

另据2011年7月9日，陈正武、段学艺、赵华富等对盘县老厂大树茶观测如下：

盘县老厂镇老厂林场老厂工区1号：生长于原始森林，杉木林。灌木型，树高3m，树幅3m，茎粗0.25m，树姿开张，发芽密度中，芽叶黄绿色，芽叶无茸毛，叶片着生稍上斜状态，叶长16.2cm、宽6.0cm，属大叶，叶形长椭圆形，叶脉10对，叶色绿色，叶面微隆起，叶身内折，叶质中，叶齿锐度锐，叶齿密度密，叶齿深度浅，叶基楔形，叶尖急尖，叶缘微波。

盘县老厂镇老厂林场老厂工区2号：生长于原始森林。灌木型，树高9m，树幅5m，茎粗0.38m，最低分枝高2m，树姿开张，发芽密度稀，芽叶黄绿色，无茸毛，叶片着生稍上斜状态，叶长14.25cm、宽5.1cm，属大叶，叶形长椭圆形，叶脉18对，叶色绿色，叶面微隆起，叶身平，叶质中，叶齿锐度中，叶齿密度稀，叶齿深度浅，叶基楔形，叶尖急尖，叶缘微波。

（二）古茶树资源保护利用现状

盘州境内古茶树资源尚未摸清家底，但是政府相关管理部门已对部分古茶树进行挂牌，宣传和强调原生环境及人为因素对古茶树保护的重要作用，避免古茶树由于环境不适或者人为破坏而加速衰老死亡。加强对古茶树的管理和保护，一是要召开群众会，让老百姓不能乱砍滥伐；二是根据联产承包责任制的有关规定，由古茶树资源保护与管理组织会同责任山（地）内有古茶树的农户签订保护与管理责任书，让农户明确权利、责任和义务（图4-22）。

在利用方面，早前群众会采其幼嫩芽叶制成饼茶或半发酵茶饮用，据当地百姓说此茶可以治感冒。近年来，随着政府对古茶树保护的宣传和带动，茶农逐渐意识到古茶树资源带来的经济利益，自觉保护和管理古茶树，采摘茶树鲜叶进行加工，但多数仍停留于自产自销，尚未形成规模化和标准化生产。

图4-22 盘州市古茶树

三、水城县古茶树

水城县古茶树主要集中在蟠龙镇（图4-23）。蟠龙镇位于水城县东南部，全镇海拔在1100~1800m之间，典型的喀斯特地形，境内山高、坡陡、谷深、水清，山峦起伏，年平均气温18℃，具有明显的高原季风气候特点。

蟠龙镇木城村古茶种植历史悠久从三国时期兴起，经明清时期传承，曾在清乾隆年间有送京进贡之说，水城贡茶也因此而得名。到民国时处于兴盛，20世纪90年代初期，很多商户将木城的茶青精选制作，远销浙江、上海等地，同时也催生了很多民间手工制作茶坊。

图4-23 水城县古茶树

（一）古茶树生物学特性

根据六盘水市农业科学研究院茶叶研究所自2015年至今的调查、观察记载总结出该地古茶树生物学特性为：

以灌木型为主，披张状或半披张状。树高3.5~7.0m，绝大部分在4m左右。树幅3.6~8.8m，基围粗1.5~4.6m（图4-24）。

图4-24 茶树树体

图4-25 部分叶面

中、小叶种为主。嫩枝无毛，大部分芽叶少毛，叶色深绿或浅绿，侧脉6~8对；叶尖渐尖，叶齿密度密、中，叶齿锐，叶齿浅，叶缘平，叶形椭圆形为主，叶面以平为主，叶身形态以平和内折为主，叶基楔形和圆形均有（图4-25）。

花萼5~6枚，绿色，无毛，花瓣多为白色带绿晕，且薄，5~7片，子房多绒毛，花柱长0.7~1.1cm，柱头3浅裂，并低于雄蕊，有花香（图4-26）。

果实多为球形和三角形。种子为椭圆形，种皮多为棕色和褐色。

图 4-26 花萼和花柱

　　另据虞富莲编著的《中国古茶树》记载，木城古茶树有大青叶和小青叶2种，具体样株如下：

　　①木城大青叶：早年栽培在地坎边的茶树，海拔1249m，栽培型。灌木型，树姿半开张，树高3.6m，树幅6.2m，分枝密。嫩枝无毛。鳞片、芽叶多毛。大叶，叶长13.1cm、宽6.3cm，叶椭圆（近卵圆）形，叶色深绿，叶身平，叶面强隆起，叶尖渐尖，叶脉7~9对，叶齿锐、中、中，叶质中等偏厚，叶柄和叶背主脉稀毛。萼片5片、无毛。花冠直径4.6cm，花瓣6枚、白带绿晕，子房多毛、3室，花柱先端3浅裂，有花香。适制绿茶（图4-27）。

图 4-27 木城大叶青果实及种子

　　②木城小青叶：栽培野生资源，有性系，灌木型，树姿半开张，树高4.1m，树幅4.8m，基部干茎27cm，有6个分枝。嫩枝无毛，芽叶少毛，中叶，长椭圆形，叶色绿，叶身平，叶面平，长12.6cm、宽4.4cm，叶尖渐尖，侧脉7~9对，叶齿锐，叶质中等，叶柄无毛。萼片5片，无毛。花冠直径3.4~3.6cm，花瓣7枚，白色，子房多毛，3室。花柱3浅裂，有花香（图4-28）。

图 4-28 木城小青叶树体

（二）古茶树资源保护利用现状

20世纪70年代，古茶树使用权归于农户，管理粗放，任其自生自灭，或者超强度采摘、移植和售卖，甚至乱砍滥伐，古茶树大量被损坏，生长在地坎边的古茶树保留下来。近年来，在当地政府的支持和重视下，水城县政府对蟠龙镇木城村、发贡村、院坝村等村落的古茶树进行了挂牌保护（图4-29）。六盘水市农业科学研究院茶叶研究所

图 4-29 发贡村古茶树

和水城县茶叶发展有限公司在加工和开展项目的同时向当地农户宣传了古茶树保护和利用的重要性，并进行现场指导科学合理的鲜叶采摘技术，提高了村民对古茶树保护的意识。2014年被评为"贵州省十大古茶树之乡"。

在利用方面，当地百姓仍然保留着传统加工老土茶的方法，采摘带嫩果1芽2、3叶或者对夹叶茶青，经杀青、热揉、晒干等工序后储存，喝前用砂罐再炒制后冲泡。此茶深受当地百姓和老茶客喜爱，但是此茶价格低廉，包装简易，经济价值较低，没有较好发挥古树茶的经济价值。为更好开发和利用古茶树，2018年水城县茶叶发展有限公司在蟠龙镇木城村建成水城春木城古树茶加工厂，2019年研制出古树茶产品（水城贡茶）开始进行生产加工，并在"水城春杯"2019年贵州省第三届古树茶斗茶大赛中，荣获绿茶赛项金奖（图4-30）。

图 4-30 水城贡茶产品

第三节　六盘水制茶工艺的演变

　　六盘水是多民族聚居的地区，有苗族、彝族、白族、回族、布依族、仡佬族、水族7个世居少数民族，这些民族都有着不同的饮茶习俗，如仡佬族"三献"茶宴、苗族"油茶"、白族"三道茶"等，据此分析，市境内百姓很早就有了饮茶习俗。《西南少数民族风俗志》记载了水城县玉舍镇茶叶种植和饮用情况。在六盘水市少数民族聚居的地区，依然保留着烤茶喝的习惯（又称"火笼茶"），百姓家中都会存放茶叶和专门用于冲泡茶叶的瓦罐（后发展为搪瓷大口缸）。在冲泡前会用陶土瓦罐，置火塘上烤烫，随即抓一把茶叶放入陶罐内，边烘边烤，不停地晃动翻炒，直至茶变黄，有焦香和爆声时，气味醇正香高，再冲入滚开的水后放置在火炉边上温着饮用，这进一步表明百姓很早就有采摘茶叶进行炒制或晒制等加工后存放来喝的制茶饮茶习惯。

　　从六盘水茶叶发展历史来看，在古代及新中国成立前都有种植茶叶、制茶的历史。相传盘县彝族茶农将茶炒揉后捏成团饼状，用棕叶包裹挂于灶上炕干，叫"苦茶"。相传在盘州古城里，富裕人家利用甑子蒸饭时蒸制茶叶，通常是在蒸糯米时在上面放茶鲜叶，蒸好后再将茶叶晒干，这样茶香和糯米香融为一体，称之为"糯米茶"；相传古时候六枝有一种茶叫"an"茶（一声），意为稀有难得，需利用竹制大簸箕经过"七蒸七晒"方可成茶。这些都只存在于老辈人的记忆深处，笔者只能从近代开始梳理制茶历史，近代制茶主要经历了"传统制法→机械加工→名优茶的手工加工→现代工艺→企业的自主创新"5个阶段。

一、传统茶叶加工工艺

　　木城乡，是水城县种茶最早之地，迄今百年老茶树仍遍布山野。据史料记载，明末清初，云南与中原进行互通的一条通道经过水城县蟠龙木城，茶叶作为当时的重要贸易物品带动了当地的种茶和制茶发展，还留下了"木城贡茶"的美誉，虽然没有留下大量的文字和实物记载，但种茶、制茶和饮茶的习俗已深深地留在老百姓的生活之中（图4-31）。

据木城村80岁老人李正华回忆，20世纪50年代，时任水城县蟠龙镇农推站站长的陈景雄，带领当地老百姓在原有

图4-31 砂罐炒过的木城老土茶成品

茶树群落的基础上进行了种子直播和本地老茶树枝条短穗扦插，并推广应用到周边区域，还买了杀青机和揉捻机，虽然现在早已不见踪影，但是对传统加工技术提升起到了划时代的意义。

在计划经济时期，由乡里供销社统一收购农户自种自采自制的茶叶，最后按照茶叶的数量和等级优劣来兑换化肥。这样就逐步形成一套了完整的加工技术。直至今日，木城家家户户、男女老少依然用古法制茶，称为"木城大黄茶"或"木城老土茶"（按照现有制茶学分类，此茶可归属黄茶）。制作方法如下：采摘（茶青1芽2~4叶，带梗、嫩果）；杀青（利用铁锅进行，杀至叶片柔软）（图4-32）；揉捻（趁热揉成条状，茶汁外溢）（图4-33）；闷黄（厚约10cm堆放一整晚）；晒干（第二天进行晾晒，不能堆太薄也不能堆太厚，经过2~3d晾晒至干燥）；储存[放在密封的袋子或存放于"猫笼"（一尺多高，呈圆筒形，直径10cm左右。上部从一侧高出，像罩子似的斜扣向另一边，留出一个小口，方便伸手进去取茶叶。因为形状有些像猫，所以叫猫笼，现已找不到原物）]。

图4-32 杀青

图4-33 揉捻

在饮用前用砂锅把茶梗炒起白泡点散发出浓郁的茶香，再加水冲泡。此茶汤色橙黄明亮，香气高扬，滋味浓郁、厚重，回味甘甜悠长，耐冲泡，并兼收绿、黄茶之特点，深受今昔饮茶者特别是老茶客青睐。如今当地茶企对木城古法制茶进行延续和改良所制的木城老土茶依然焕发出旺盛的生命力，除供市内消费外，还畅销省内外。

二、茶叶机械加工工艺

六盘水可考证的最早茶叶加工厂建于1968年，坐落于盘县老厂石门坎村。1967年，政府引导该地开展茶叶种植，次年，建成茶叶加工厂。1970年，远从福建请炒茶师来教授手工炒制"条条茶"。通过对原参与茶叶炒制的老茶人们进行专访了解到，所谓的"条条茶"因形得名，具体就是在柴火上面支起炒锅经杀青、搓揉至条状紧实后炒干等工序，进行简易炒制。据受访者回忆，当时茶厂的加工、管理人员有阳本立、李元碧、吴海清、纪大群、孙本强等，他们是盘县最早的一帮老茶人，为六盘水市的茶叶规模化生产开辟了先河，同时为制茶技艺的传承打下了坚实基础。随着茶园逐步进入盛产期，1978年，盘县老厂又建设了一栋约300m²的"机械茶"加工车间，购置了柴煤式杀青机、揉捻机、瓶式炒干机等设备，用于大宗绿茶的加工。经过老茶人们坚持不懈的努力，二十世纪八九十年代的"老厂茶""忠义茶""四格茶"在本地及周边地区享有很高声誉，可与当时市场上有名的安顺茶、晴隆花贡茶、云南滇绿等相媲美。

1975年，水城县蟠龙、勺米开始建集体茶厂，购买了杀青机、揉捻机、烘干机、炒干机等设备，水城地区开始接触机械制茶，用以生产大宗绿茶。1976年6月，六盘水在玉舍区（今水城县玉舍镇）召开茶叶生产和加工现场会，召集全市各县（区）及有条件种植茶叶的社、队数百人参加，并邀请了湄潭茶科所茶叶专家、湄潭茶场老技师汪恒武等人，从茶叶加工程序和机械操作对茶叶的生产加工进行培训。手工制茶先经200℃以上温度杀青，经过"三抖三闷"，起锅揉捻，即行烘干、炒干或晒干。机械生产加工大家严格按"茶青是基础，杀青是关键，揉捻要充分，干燥要及时"的规范性操作，大大提高了玉舍绿茶品质，"玉舍茶"也因此名噪一时。

三、名优茶的加工演变

进入20世纪90年代，六盘水市六枝特区、盘县、水城县分别组建了茶叶公司（当时都属于国企），标志着六盘水市进入名优茶加工时代。

1992年，时任全国政协副主席、农工民主党中央主席、中国科学院院长卢嘉锡先生带队的各民主党派中央、全国工商联组织的"智力支边"考察团在六盘水市考察时，品饮了由六盘水市科委、市科技实验茶场与贵州省农业科学院茶叶研究所联合研制的"乌蒙春天然富硒保健茶"，赞赏该茶品质优异，欣然挥笔写下"乌蒙春"，并促成中国科学院地球化学研究所定点支持和帮扶建成了"乌蒙山区高科技农业示范区"。1993年，在贵州省农业科学院茶叶研究所的技术帮扶下，在水城县杨梅林场建立了现存完整的茶叶加工厂，有了系统的绿茶加工工艺。这一时期浙江一带的制茶师傅陆续来到六盘水市将生产好的茶叶带回江浙销售，同时也带来了先进的扁形茶加工工艺。1998年，水城县茶叶发展有限公司成立，标志着水城地区的茶叶生产与全国的茶叶生产工艺的接轨。水城地区陆续引入茶叶生产发达地区的各类茶的制作工艺和设备，并熟练掌握。在吸收先进茶叶加工技术的同时，企业不断创新，并形成自己独特的名优绿茶加工工艺。

1992年，盘县糯寨建设茶叶加工厂，后于1995年正式投产。据糯寨茶厂第一任厂长张士厚回忆，当年仅开展普通大宗炒青绿茶生产加工，发现明前茶青原料浪费巨大、且经济效益不高，1996年从浙江请来厉有海等炒茶师进行明前名优茶加工和技艺传教，名优茶主要是加工手工扁形茶，经鲜叶采摘、摊凉、青锅、辉锅、筛末、分级精制等工序纯手工制作而成。茶叶基地时值盛产期，最多时需25个灶、60余人参加茶叶炒制和加工，当时1个灶有5口锅，1~2人负责烧火供5个人进行茶叶炒制。有"要炒好茶叶，得先学烧火"的说法，说明了火功、温度在茶叶炒制中的重要性。手工炒茶效率较低，茶青原料数量稍大些，光完成杀青工艺都要到天亮，炒茶师极为辛苦。大宗炒青茶的加工请的花贡农场退休职工甘启恩老技师来掌控及技艺传教，也正是这时为盘州培养出一批如代廷跃、郭林林、张廷华等优秀的加工技术骨干。1998年，盘县农业中心组建了茶叶公司，专门负责茶叶产业的发展，主要从事茶叶初加工、茶叶精制、品牌建设及推广、包装销售等工作。盘县于1999年、2000年分别在老厂林场、羊场何家庄建设茶叶加工厂各1座。

1994年，六枝特区政府把茶叶的种植、生产、营销从原区桑果茶公司独立出来组建成六枝特区茶叶开发公司，主要种植、开发、研制六枝富硒茶。六枝特区茶叶开发公司的建立标志着六枝特区茶叶加工进入名优茶生产时代。据曾任六枝特区茶叶开发公司总经理的张南方回忆，茶叶公司建立之初，主要是收购当时的木岗嘎龙塘、大用大煤山、龙场林场、洒志平桥、郎岱五队茶园（现六枝特区九层山公司加工厂所在地）茶青加工茶叶。1997年初，六枝特区茶叶开发公司开始试制名优茶，开启了六枝特区名优茶从无到有，从有到精时代。由于当时没有成熟的加工工艺，时任六盘水市市长助理柳荣祥从浙江请有经验的老师傅来六枝教授龙井茶手工加工工艺，并组织六枝加工技术骨干送到中国农业科学院茶叶研究所进行培训学习。在这段时间培养了陈永贵、姚国志、申速芬等茶叶行家里手，为六枝茶叶发展走上新台阶打下了基础。1998年六枝特区茶叶开发公司分别在大用镇毛坡村底磨和木岗镇底簸村金家坝建设茶叶基地。

四、现代茶叶加工工艺

随着改革发展，六盘水在积极复垦大批荒芜茶园和综合管理低产茶园的同时，新建了大批高标准茶园，茶叶种植面积不断扩大，随之陆续新建了一批具有一定规模的茶叶加工厂，有效促进了茶产业的发展。茶园的经营管理逐步向专业化、集约化和规范化方向发展。随着各类杀青机、整形机、理条机、炒干机、发酵机、烘干机等制茶机械的推广，以机器代替手工，基本实现了加工全程机械化、清洁化、标准化（图4-34）。

图 4-34 现代化加工生产线

第四节 加工种类

六盘水以生产名优绿茶、红茶为主，大宗茶为辅，积极探索再加工茶的产品格局，生产了"倚天剑""碧云剑""九层山绿茶"等系列的名优绿茶，"水城红""盘州红""凉都红"等系列的名优红茶，"高原茗珠""神州香""武穆土茶""打铁关绿茶"等系列的大宗绿茶，"石斛红茶""刺梨红茶"等再加工创新茶，采制工艺得到了飞速发展。

一、绿 茶

通过不断引进学习、利用转化，绿茶的生产制作工艺逐渐完善和成熟，形成了六盘水市独具特色的优质茶产品。

（一）扁形（翠芽）绿茶

1. 品质特点

采用早春独芽到1芽1叶初展原料精心制作而成，外形扁平光滑挺直，色泽黄绿油润；汤色黄绿明亮，香气嫩栗香持久；滋味鲜醇爽口；叶底芽头肥壮完整，嫩绿明亮，柔软，匀净（图4-35）。

图 4-35 扁形绿茶

2. 鲜叶要求

乌牛早一般在每年的2月初即可采摘，龙井43和福鼎大白一般在2月底开始采摘。特级、一级、二级等不同等级的采摘标准也不同，特级为单芽至1芽1叶初展，一级为1芽1叶，二级为1芽2叶，要求芽叶嫩、匀、鲜、净。

3. 工艺流程

不同的制茶机械加工方法不同（图4-36、图4-37）。

1）使用名茶理条机加工工艺流程

鲜叶摊放→杀青→摊凉→理条→摊凉→整形→摊凉→干燥及脱毫→提香→精加工。

① 摊青：摊放场所以室内自然摊放为主，要求清洁卫生、阴凉、空气流通、避免阳光直射。摊青芽叶由硬变软、色泽略显暗绿、青草味减少，微显清香为宜。

② 杀青：采用名茶理条机，杀青至叶质柔软，折梗不断，青气散失，清香显露，含水率在60%左右。

③ 整形理条：采用名茶理条机，至叶色浅（黄）绿，茶叶扁平直，香气显露即下机摊凉。

④ 干燥（脱毫）：利用瓶式炒干机，炒至茶叶含水量10%左右，外形扁平直较光滑，即可下机。

图 4-36 名茶理条机

图 4-37 扁形茶炒制机

⑤ 提香：选择烘斗式提香机，至茶叶含水量4%~7%，即可下机。

⑥ 筛选：按《贵州茶叶加工技术要求》的规定，割除碎茶和片末，剔除暗条、非茶类夹杂物，使成茶净度、匀度及色泽一致。

⑦ 入库：待冷凉后称量入库。

2）使用扁形茶炒制机（俗称龙井机）加工工艺流程

鲜叶摊放→杀青→翻炒加压整形→脱毫→提香→精加工。

鲜叶摊青完成后，开启机械，将炒板转至上方，加温，开机翻炒，当叶子开始萎软，色泽变暗时，开始逐步加压，根据茶叶干燥程度，一般每隔半分钟压力加重一次，不能一次性加重压。锅温也应先高后低并视茶叶干燥度及时调整，待茶叶炒至扁平成形，芽叶初具扁平、挺直、软润、色绿一致，含水量在25%左右，即可出锅，再进行干燥、提香、筛选、入库。

（二）卷曲形绿茶

1. 品质特点

采用早春3月1芽1叶初展鲜叶精制而成。福鼎品种的特点为外形紧结卷曲，匀整，白毫满披，色泽黄绿、油润；汤色嫩绿明亮，香气嫩香清鲜、持久；滋味甜醇透花香，叶底芽叶匀整、肥嫩成朵。龙井43的特点为外形纤细卷曲，匀整，无毫，色泽嫩绿油润；汤色嫩绿明亮，香气清香持久；滋味鲜醇爽口；叶底芽叶匀整、肥嫩成朵（图4-38）。

2. 鲜叶要求

茶叶不同等级对鲜叶要求不同。一般采摘3月中旬到5月中旬的1芽1、2叶，鲜叶要求新鲜有活力，不采雨水叶、病虫叶、紫芽叶，采摘时要注意保持鲜叶的完整性，避免损伤芽叶。

3. 工 序

鲜叶摊放→杀青→摊凉→揉捻→解块→初烘→整形→摊凉→提毫→足干（图4-39）。

图4-38 卷曲形绿茶

图4-39 利用烘斗制作毛峰绿茶

① **鲜叶摊放**：鲜叶采回后，及时摊放在清洁无异味的贮青槽或篾质簸箕上，厚薄均匀，摊放厚度掌握"嫩叶薄摊，老叶适当厚摊"，待鲜叶失水含水量降至70%左右，芽叶变软，色泽略显暗绿、青草味减少，微显清香为宜。

② **杀青**：选用滚筒连续杀青，要求投叶量稳定、杀匀杀透。当含水量降至50%左右，杀青叶色泽由鲜绿转为暗绿，叶质变软，手握成团，稍有黏性，生青消失清香显露，无焦边、爆点，芽叶完整，即为杀青适度，杀青后及时摊凉。

③ **揉捻**：根据揉捻的机型大小及原料老嫩的不同灵活控制时间和轻重，加压应掌握"轻、重、轻"的原则，至茶条基本成形，柔软湿润稍粘手即可。

④ **整形、提毫、干燥**：利用茶叶烘焙机进行手工整形提毫，每斗投入适量整形叶，将茶团放在手心，手掌呈半握状，顺时针搓动茶团，边搓边用大拇指匀动茶团，连续搓动，先大团后小团，每次搓团放入锅中不用解散，当每一轮次搓完后，再按顺序解散茶团，搓团力力量逐步变轻，如此反复数次至毫毛显露茶条刺手为止，整个过程要随时进行调节风伐和温度，避免茸毛被吹掉和干燥过快没有达到造形要求。

⑤ **足干提香**：利用茶叶烘干机，烘至手捻茶叶成粉末，含水量低于5%，取出摊凉即可装箱。

（三）珠形绿茶

1．品质特点

采用4月清明后采摘的1芽2、3叶精制而成。外形圆润紧结成盘花状，色泽润绿，福鼎种略显白毫；汤色黄绿明亮，香气馥郁，清高鲜爽；滋味浓醇鲜爽，回甘耐泡；叶底芽叶鲜活完整，黄绿明亮。

2．鲜叶要求

采摘内含物质较为丰富的1芽2、3叶成熟鲜叶为原料，要求大小均匀，芽叶肥壮挺直，新鲜有活力，无病变叶、虫伤叶、紫色芽叶、红梗红叶和机械损伤叶，不得有鱼叶、单片叶、老梗、老片等。

3．工　序

鲜叶摊放→杀青→摊凉→揉捻→解块→初烘→造形→摊凉→干燥提香→精加工。

① **鲜叶摊放**：摊放于清洁卫生，设施完好的贮青槽、篾质簸盘，摊放场所要求清洁卫生、阴凉、空气流通。时间掌握"晴天短摊、阴雨天长摊、嫩叶长摊、中档叶短摊、低档叶少摊"，至芽叶变软，色泽略显暗绿、青草味减少，微显清香为适度。

② **杀青**：选用滚筒连续杀青。杀青叶色泽由鲜绿转为暗绿，叶质变软，手握成团，稍有黏性，生青消失清香显露，无焦边、爆点，芽叶完整，即为杀青适度，杀青后及时摊凉（图4-40）。

③ **揉捻**：揉捻机投叶量以自然装满揉桶为宜，加压应掌握"轻、重、轻"的原则，揉捻后叶片应略成条，略有粘手感，

图4-40 杀青

轻抖就散。

④ **初烘**：利用热风滚筒烘干机进行脱水处理，使叶子失去部分水分，又要保持茶条的柔软，手握成团无粘手感，松手即散，摊凉。

⑤ **造形**：造形在双锅曲毫机中进行。经过炒小锅、炒对锅、炒大锅，至外形圆紧，颗粒重实。摊凉（图4-41）。

图 4-41 造形

⑥ **足干**：干燥以烘为主，烘匀、烘透、烘香，保绿，可利用烘焙机进行，也可利用茶叶烘干机，烘至手捻茶叶成粉末，含水量低于5%，取出摊凉即可装箱。

（四）木城老土茶

木城老土茶是六盘水市水城县传统茶叶加工的延续，经过几代人的口口相传，再融合现代加工设备和加工工艺加工而成，焕发出新的光彩和旺盛的生命力（图4-42）。

1. 品质特点

一般采摘5月、7月、9月老茶树的1芽2、3叶或对夹叶（可含少量茶果）制成。干茶外形条索卷曲较紧结，显梗（手工制作的还会有大量小茶果）。色泽褐绿；汤色橙黄明亮，香气浓爽；滋味浓厚、回甘极耐冲泡；叶底杏黄较完整。

图 4-42 木城老土茶

2. 鲜叶要求

对采摘要求并不严格，做完春茶后的剩余鲜叶都可采摘进行加工。

3. 工 序

鲜叶摊放→杀青→摊凉→揉捻→干燥→提香。

① **鲜叶摊放**：采回后立即摊开，摊放时间不宜超过8h。

② **杀青**：选用滚筒连续杀青。杀青叶色泽由鲜绿转为暗绿，叶质变软，手握成团，稍有黏性，生青消失清香显露，无焦边、爆点，完整，即为杀青适度。

③ **揉捻**：趁热揉捻，加压应掌握"轻、重、轻"的原则，揉出叶汁至茶叶基本成条索形即可，然后进行堆放。

④ 干燥：天气晴好可利用太阳进行晒干，时间控制在3d之内做干茶含水量在10%左右；也可利用茶叶烘干机，烘至含水量约10%左右后，密封存放。

⑤ 提香：该步骤为全手工制作，取出经过初烘10~30d后的茶叶，利用砂锅，放入适量的茶叶，控制温度反复翻炒直到足干，散发出浓郁的茶香和类似炒豆子的熟香。冷却包装。

二、红 茶

1. 品质特点

一般采摘4月中下旬到5月上旬、8月下旬到9月中旬茶树1芽1、2叶精制而成。外形条索卷曲紧结，金毫显露，色泽乌黑油润；汤色橙红明亮，香气甜香或花蜜香；滋味清鲜甜润；叶底芽叶鲜活，红艳明亮（图4-43）。

图 4-43 红茶

2. 鲜叶要求

茶园中50%茶树新梢达标时开采，采摘原则为分批勤采，提采，不掐采。鲜叶要求新鲜有活力，不采雨水叶、病虫叶、紫芽叶。

3. 工 序

萎凋→揉捻→解块→发酵→干燥→提香。

① 萎凋：茶青摊放于清洁卫生，设施完好的贮青槽、篾质簸盘。通过适当控制通风，关闭或开放门窗调节鲜叶失水。在气温低时可通过热风萎凋的方式缩短时间。中间利用间歇翻抖，让茶叶萎凋均匀，至叶面失去光泽，青草味减少，叶形皱缩，叶质柔软，松手可缓慢松散。

② 揉捻：揉捻机投叶量以自然装满揉桶为宜，加压应掌握"轻、重、轻"的原则使茶条紧卷，茶汁外溢，黏附于茶条表面为适度。

③ 发酵：发酵室（箱）温控制24~28℃，相对湿度≥90%，保持空气流通，或用设备定时增氧。发酵叶色变为红黄色，青草味消失，呈现清香或花果香为适度。

④ 干燥：采用链板式烘干机，含水率达20%~25%，条索收紧，有较强刺手感为适度。

⑤ 提香：采用提香机进行烘焙，直至梗折即断，用手指捻茶条即成粉末为适度。

三、再加工创新茶

随着人们生活水平的提高，追求更加便捷和个性化茶叶产品，袋泡茶、紧压茶等茶制品，石斛红茶、含笑花茶、刺梨红茶、糯米茶等再加工创新茶也应运而生。

（一）石斛红茶

贵州鸿森茶业发展有限公司与贵州涵龙生物科技有限公司运用申请授权的专利技术（专利号 CN 103931809 B），联合生产了石斛红茶（图4-44、图4-45）。

图 4-44 与茶树共生的铁皮石斛

1. 品质特点

外形条索紧结，匀整美观，色泽乌黑油亮，显金毫；汤色金黄明亮，香气浓郁鲜灵，带石斛香、蜜香；滋味回味甘甜；叶底柔软完整，暗红色。

2. 原料要求

鲜叶和铁皮石斛均采自铁皮石斛与茶树伴生的茶园（铁皮石斛种植在茶树上）。茶青按不同等级采摘独芽、1芽1叶、1芽2叶分级付制；铁皮石斛取离根部留2~3cm长根头的石斛茎。

图 4-45 石斛红茶

3. 工 序

鲜叶萎凋→揉捻→发酵→干燥→提香。

① 石斛前处理：将石斛茎利用微波和光波的组合方式进行杀青处理后，迅速冷却至室温后备用。

② 鲜叶萎凋：将鲜叶薄摊在竹席或木板上进行通透式萎凋，使鲜叶呈现萎蔫状态。

③ 揉捻：将处理好的石斛和鲜叶按照比例混配后揉捻成条。

④ 发酵：在温度20~25℃、相对湿度85%~90%的条件下静止发酵。

⑤ 干燥：将发酵适度的石斛红茶投入炒锅翻炒茶条卷曲，茶条水分在20%左右，再进入提香机进行初烘至茶条水分在10%左右。

⑥ 提香：用微波设备或人工焙笼，干燥至含水量为5%左右，既得石斛红茶成品。

（二）玫瑰红茶

针对六盘水市红茶甜、香，但滋味薄的问题，六盘水市农业科学研究院茶叶研究所利用玫瑰花与红茶相结合的生产加工创新研究，现已申请国家发明专利。玫瑰花可在适应种植区域进行大面积种植和加工成干花，再运送到各茶厂进行不同级别的玫瑰红茶的加工，可同时促进2个产业的发展（图4-46）。

图 4-46 玫瑰红茶

1. 品质特点

茶香鲜爽甜润，有浓郁玫瑰花香，茶汤橙黄透亮；滋味鲜活甘爽，喉韵悠长，花香怡人；叶底柔软红亮。开水冲泡鲜爽浓郁甜润悠长，冷水冲泡花香怡人清甜爽口。

2. 原料要求

采摘茶树鲜叶，优选1芽1、2叶的茶树鲜叶，并及时摊放；玫瑰花需采摘新鲜半开放玫瑰花瓣。

3. 工 序

玫瑰花瓣的制备→茶青萎凋及揉捻→玫瑰花瓣和茶青混合发酵→干燥→成品拼配。

① 玫瑰花瓣的制备：采摘新鲜半开放玫瑰花瓣，晒干或低温烘干后，去除花萼和花蕊，留下玫瑰花瓣备用。

② 茶青萎凋及揉捻：至叶色变暗、叶质柔软为适度，青草气基本消失，甜香渐浓，手握萎凋叶成团；把萎凋好的茶青放入揉捻机中揉至茶叶汁液溢出，茶叶成条。

③ 玫瑰花瓣和茶青混合发酵：将揉捻好的茶青与干燥完成的玫瑰花瓣按比例进行混合后，放入发酵机内进行发酵至叶色80%转为红铜色、青草气消退为适度。

④ 干燥：将发酵叶均匀覆盖在不锈钢烘干筛上，至手搓茶叶成末为适度，既得初制玫瑰红茶。

⑤ 成品拼配：将烘干的初制玫瑰红茶与烘干的花瓣按比例进行混合，既得到玫瑰红茶成品。

（三）含笑花绿茶

生长在盘州市民主镇和水城县龙场乡、顺场乡大山中的野生含笑花（云南含笑属），花香袭人，香气清纯隽永。水城春茶叶股份有限公司、民主沁心茶场与六盘水市农业科学研究院茶叶研究所经过连续4年利用含笑花窖制花茶，联合研发成功试制出含笑花绿茶（图4-47）。

图4-47 含笑花茶窖制

1. 品质特点

每年3月初含笑花开，采摘鲜花和开春头道1芽1叶制作的烘青绿茶窖制而成。外形细嫩卷曲，色泽黄绿油润；汤色黄绿明亮，香高持久、鲜灵浓郁；滋味鲜醇甜爽，花香怡人；叶底嫩绿完整。

2. 原料要求

采摘新鲜有活力的1芽1叶鲜叶，采摘时要注意保持鲜叶的完整性，避免挤压损伤芽叶。在晴天上午（露水干完时）采摘开放的、成熟饱满的含笑花，摘除花蕊后窖制，当天采摘当天窖制。

3. 工艺流程

① **制作绿茶（毛峰）**：鲜叶摊放→杀青→摊凉→揉捻→解块→初烘→整形→摊凉→提毫→足干（具体操作环节参考卷曲形绿茶的制作工艺）。

② **窖制**：茶坯含水率4.6%，配花量20%，堆温为28℃±2℃，3次连窖。茶坯和含笑花瓣均匀混合，装入具有一定透气性的容器中，置于30℃恒温恒湿箱窖制，一窖12h后，将茶、花分离，加入鲜花瓣进行二窖12h，将茶、花分离，加入鲜花瓣进行三窖12h，再将茶、花分离，烘干。

③ **提花**：待茶叶凉至室温加花10%进行提花，6~8h后将茶、花分离进行储藏。

（四）刺梨红茶

刺梨红茶是贵州多彩黔情生态农业有限公司2019年开发出来的茶叶新产品，是一款含维生素C的暖胃袋泡茶。刺梨红茶是经过特殊的加工技术制成，不添加任何添加剂。目前该款产品已实现订单式生产，并可全年满负荷生产。

1. 品质特点

香气果香浓郁，滋味醇厚香甜带果酸，两者完美结合后，不仅口感愉悦，更包含了刺梨特有的健康成分。

2. 原料要求

茶青可按制作等级进行分级采摘；刺梨采摘以果实深黄色，并有果香味散发为好，采摘时做到无青果、烂果、落地果，应轻放防压。

3. 工艺流程

① **红茶制作**：茶树鲜叶→萎凋→揉捻→发酵→毛火烘焙→足火烘焙→风选→入库待用（具体操作环节参考红茶的制作工艺）。

② **刺梨干果制作**：刺梨鲜果→选果（去病果、虫果、红果）→清洗→控水→切片→低温初烘→振动去籽→低温复烘→振动去刺去毛边→风选→入库待用。

③ **拼配**：将成品红茶与刺梨干果按口感最佳比例混配，后分装入三角袋（滤纸袋）包装完成。

（五）糯米茶

糯米草为荨麻科植物糯米团的带根全草，是一种多年生草本植物，可与茶叶相融制成糯米茶，具有健脾消食，清热利湿，解毒消肿功效等保健功能。六枝特区朝华茶叶有限公司对传统糯米茶加工工艺进行改良，研发出的糯米茶，不仅降低了糯米草本身的辛、涩、凉，而且最大限度地保留了糯米草特有的香味，还减少了人工成本。

1. 品质特点

一般利用春末及夏、秋茶的茶青和糯米香制作而成，茶叶外形条索卷曲紧结，色泽翠绿或墨绿，茶香中充满了浓郁的糯米香，滋味甘醇爽口，汤色黄绿明亮，叶底完整。

2. 原料要求

鲜叶采摘1芽1~3叶，可按照不同等级要求进行采摘。糯米草的叶子采摘要求做到鲜活，没有损伤。

3. 工艺流程

① **绿茶制作**：鲜叶摊放→杀青→摊凉→揉捻→解块→初烘→足干（具体操作环节参考卷曲形绿茶的制作工艺）。

② **糯米草干燥提香**：清洗摊晾→低温烘干提香。将采摘的糯米香鲜叶清洗干净，摊放在篾簸上摊晾直到叶子表面干燥没有水珠后，放入提香机低温烘干至散发出明显的糯米香即可。

③ **窨制**：利用提香机进行，一层糯米草一层绿茶，摊叶厚度1~2cm，温度控制在80℃左右，时间2h，等绿茶充分吸附的糯米草即可成品。

第五章　茶泉篇

水，既是茶树有机体的重要组成部分，也是茶树生育过程不可缺少的生态因子，更是赋予茶叶二次生命的灵魂所在。六盘水水资源充沛，泉眼、出水洞、暗河、落水洞等山区性河流星罗棋布，大部分都是清澈见底的山泉水，茶园周围自然植被保护良好，森林覆盖度大，这不仅为茶树的生长提供了生命之源，也为茶叶冲泡提供了优质的山泉水。产于盘州市的"竹根水"，具有极低矿化度、极低矿硬度、超低钠优质天然极软水特点，是最适宜泡茶的天然优质好水。此外，六枝特区"夜郎山"山泉水、盘州市城关镇一街官井、水城县白马洞山泉水等都是适宜泡茶的凉都好水。名泉配佳茗，用水质清洁、透明甜美的凉都好水泡出的红茶汤色红艳明亮、香清味醇，泡出的绿茶色泽翠绿、清香幽雅。不论什么茶，借凉都之水而发，则茶汤甘甜味美，色香味俱佳。

第一节　凉都山泉

茶叶饮用方式甚多。但是，最普遍的方法是用开水沏茶。

水之于茶，犹如水之于鱼一样，"鱼得水活跃，茶得水更有其香、有其色、有其味"，所以自古以来，茶人对水津津乐道，爱水入迷。茶与水，亦犹如酒与水。佳酿总是跟好水连在一起的。陆羽写过一首《六羡歌》"不羡黄金罍，不羡白玉杯；不羡朝入省，不羡暮入台；千羡万羡西江水，曾向竟陵城下来。"说的就是选水沏茶的重要性。明代许次纾在《茶疏》中也说："精茗蕴香，借水而发，无水不可与论茶也。"说的也是水质直接影响着茶质。明代张大复在《梅花草堂笔谈》中说得更清楚了："茶性必发于水，八分之茶，遇十分之水，茶亦十分矣；八分之水，试十分之茶，茶只八分耳。"可见沏茶必须重视水的选择了。

择水先择源，水有泉水、溪水、江水、湖水、井水、雨水、雪水之分，但只有符合"源、活、甘、清、轻"5个标准的水才算得上是好水。所谓的"源"是指水出自何处，"活"是指有源头而常流动的水，"甘"是指水略有甘味，"清"是指水质洁净透澈，"轻"是指分量轻。所以水源中以泉水为佳，因为泉水大多出自岩石重叠的山峦，污染少，山上植被茂盛，从山岩断层涓涓细流汇集而成的泉水富含各种对人体有益的微量元素，经过砂石过滤，清澈晶莹，茶的色、香、味可以得到最大的发挥。古人陆羽有"山水上、江水中、井水下"的用水主张。

一般说来，一要水合符各项卫生标准，要对人体健康有益无害；二要泡茶效果好，能把茶的色香味充分显现出来。这两个条件缺一不可，因为符合卫生标准的不一定就能泡出好茶，泡茶效果好的又不一定符合卫生标准。所以，要两个条件均具备才行。茶叶干品中，能溶于水的有机物质为茶多酚、咖啡碱、蛋白质、氨基酸、果胶质糖类、色素、维生素和芳香物质等构成茶叶色香味的主要成分；浸出物的多少，取决于水质以及水所含多种成分与茶所含有机物质的融合引起的化学反应，这是茶汤优劣的总和。

凉都的气候清凉飒爽，凉都的山雄奇壮美，凉都的水清冽可鉴。

六盘水位于贵州西部乌蒙山区，年平均气温15℃，夏季平均气温19.7℃，冬季平均气温3℃。气候凉爽、舒适、滋润、清新，紫外线辐射适中，被中国气象学会授予"中国凉都"称号，是全国唯一以气候特征命名的城市。

六盘水位于贵州省西部和云贵高原一、二级台地斜坡上，市境大地构造属扬子准地台上扬子台褶带，地势西高东低，北高南低，中部因北盘江的强烈切割侵蚀，起伏剧烈，地貌景观以山地、丘陵为主，还有盆地、山原、高原、台地等地貌类型。

六盘水水资源充沛，全市总水量约142.18亿m^3，其中地表水体平均年流量64亿m^3，地下水体年平均流量52.68亿m^3，表水体（不计界河水）25.5亿m^3。全市境内地形起伏大，河流深切，河道狭窄，岸坡险峻，滩陡流急，呈高山峡谷景观；熔岩与非熔岩相间分布，泉眼、出水洞、暗河、落水洞星罗棋布。全市全长10km以上或集水面积20km^2以上的河流71条，其中乌江水系14条、珠江水系57条。按流域面积划分：10~50km^2的河流24条，51~100km^2的19条，101~500km^2的19条，501~1000km^2的3条，大于1000km^2以上的6条。河网密度为0.167km/km^2。大于10L/s的泉眼共120个，其中乌江水系32个、北盘江水系79个、南盘江水系9个。水城县舍戛河在舍戛海拔1880m处流入落水洞，当地人称到罗盘海拔880m的小龙潭处出露，流程距离约30km，高差达1000m。通仲河在马场入洞，经过天生桥后出露，到法那后再次潜入地下，形成地表河与地下河相衔接的河网。据调查统计，六盘水共有水源点为179个，其中118个水源点已作为农村安全饮水、纯净水开发和其他生产用水水源；未开发水源点61个中有11个水源点的水质、水量和环境达到开发要求，可以开发利用。

凉都山泉，或从深山的砂石岩缝中层层渗出，或是深埋地表之下的洁净深层地下水，或经植物根须充分交换净化后流出，多为清甜爽口、润滑解渴的天然级软水，不但具有良好口感，还在水质检测中体现出各项优质水指标。既符合古人的"源、活、甘、清、轻"泡茶用水经验标准，又与现代人们所要求的软水泡茶科学依据相吻合。

一、六枝特区水源情况

六枝特区境内前期普查上报水源点47个，其中32个已开发水源点中有3个（含已经建纯净水或桶装水厂1个）水源点有富余水量可作为纯净水、桶装水水源开发利用，15

个未开发水源点中有14个水源点的水质、水量和环境达不到开发要求，有1个水源点可以开发利用。

（一）河头上岩溶泉

河头上岩溶泉点位于关寨镇龙滩村境内，距关寨镇政府驻地约4km。泉点四周均为耕地，无污染源，有少量建筑物，周边环境较好（图5-1）。

图5-1 河头上岩溶泉点

水源点属长江流域，为岩溶地下出水点，枯季水质清澈透明，口感较好，水温较低，富含对身体有益的矿物质锶。日产水量4320m³，雨后水质微浑浊，1~2d便恢复清澈。

经检验，泉点符合《生活饮用水卫生标准》要求，锶含量达到《食品安全国家标准 饮用天然矿泉水》。水量大可作为桶装水和矿泉水水源，目前已注册为养身泉水源点（开发中），有较多富余水量，可扩大开发。

（二）野狼冲泉点

野狼冲泉点位于郎岱镇归宗村境内，距郎岱镇政府驻地约9km。水源点四周为灌木林地，无污染源，无建筑物，环境好（图5-2）。目前仅供归宗村200人饮用和10亩农田灌溉使用。

图5-2 野狼冲泉点

水源点属珠江流域，为接触泉，水质清澈透明，口感较好。日产水量430m³，雨后水质不浑浊。

经检验，泉点水质符合《生活饮用水卫生标准》要求。归宗村人饮及灌溉有其他水源可替代，该泉点可扩大开发利用。

（三）绿荫潭泉点

绿荫潭泉点位于龙场乡红旗村境内，距龙场乡政府驻地约5km，水源点四周为灌木林地，无污染源，无建筑物，环境好

图5-3 绿荫潭泉点

（图5-3）。目前供龙场乡和红旗村3000人饮用，水量有富余。

水源点属长江流域，为玄武岩裂隙泉。水质清澈透明，口感较好。日产水量690m³，水量及水温四季变化小，雨后水质不浑浊。

经检验，泉点水质所检项目中肉眼可见物一项不符合《生活饮用水卫生标准》要求，其余所检项目符合《生活饮用水卫生标准》要求。该泉点除供龙场乡人饮约300m³/d外，还有富余水量约290m³/d，可以扩大开发利用。

（四）板照岩溶泉点

图5-4 板照岩溶泉点

板照岩溶泉点位于落别乡板照村境内，距落别乡政府驻地约9km。泉点四周均为耕地，无污染源，无建筑物，环境较好（图5-4）。目前水源未被使用。

水源点属珠江流域，为岩溶地下出水点。水质清澈透明，口感较好，富含对身体有益的矿物质锶。日产水量216m³，雨后水质微浑浊，1~2d恢复清澈。

经检验，泉点符合《生活饮用水卫生标准》要求，锶含量达到《食品安全国家标准 饮用天然矿泉水》，可作矿泉水等开发利用。

二、盘州市水源情况

盘州市境内前期普查上报水源点92个，其中57个已开发水源点中有3个（含已经建纯净水或桶装水厂1个）水源点有富余水量可作为纯净水、桶装水水源开发利用；35个未开发水源点中有32个水源点的水质、水量和环境达不到开发要求，有3个水源点可以开发利用。

（一）峰涌山泉水源点

峰涌山泉水源点位于乌蒙镇坡上村境内，距乌蒙镇政府驻地约9km。水源点四周为灌木林地和草地，无污染源，无建筑物，环境好（图5-5）。目前已被六盘水净能绿色产业有限公司开发为饮用纯净水和饮料水源。

图5-5 峰涌山泉水源点

水源点属珠江流域，为玄武岩裂隙泉汇集形成的溪流。水质清澈透明，口感较好。日产水量520m³，雨后水质不浑浊。

经检验，水源水质点符合《生活饮用水卫生标准》要求。该水源点日产水量大，六盘水净能绿色产业有限公司的用水量仅为水源点产水量的30%，还有富余水量360m³/d，可作纯净水扩大开发利用。

（二）大龙潭岩溶泉点

大龙潭岩溶泉点位于石桥镇董家寨村境内，距石桥镇镇政府驻地约18km。泉点四周均为耕地，无污染源，无建筑物，环境较好。目前已作为乐民城镇供水水源，水量有富余（图5-6）。

图5-6 大龙潭岩溶泉点

水源点属珠江流域，为岩溶地下出水点。水质清澈透明，口感较好。日产水量12960m³，汛期水质微浑浊，3~6d恢复清澈。

经检验，泉点符合《生活饮用水卫生标准》要求。该水源除作为石桥镇供水水源（水厂规模4000m³/d）外有富余水量8960m³/d，可以扩大开发利用。

（三）旧寨出水洞泉点

旧寨出水洞泉点位于滑石乡旧寨村境内，距滑石乡政府驻地约4km。泉点四周均为耕地，无污染源，无建筑物，环境较好（图5-7）。目前水源未被开发。

图5-7 旧寨出水洞泉点

水源点属珠江流域，为岩溶地下出水点。水质清澈透明，口感较好。日产水量5184m³，汛期水质微浑浊，2~4d恢复清澈。

经检验，泉点符合《生活饮用水卫生标准》要求，可以开发利用。

（四）打坝沟水源点

打坝沟水源点位于保基乡凤座村境内，距保基乡政府驻地约7km。水源点四周为灌木林地和耕地，无污染源，无建筑物，环境好（图5-8）。已规划的打坝沟水库水源，供保基乡及周边村民用水，目前水库待建。

泉点属珠江流域，为玄武岩裂隙泉汇集形成的溪流。水质清澈透明，口感较好。日产水量为1728m³，雨后水质浑浊，1~3d恢复清澈。

经检验，源水所检项目中肉眼可见物、浑浊度两项不符合《生活饮用水卫生标准》要求，其余所检项目符合《生活饮用水卫生标准》要求。该水源除供保基乡及周边村民用水外，有富余水量700m³/d，可以扩大开发利用。

图5-8 打坝沟水源点

（五）下平田龙潭泉点

下平田龙潭泉点位于大山镇新光村境内，距大山镇镇政府驻地约16km。泉点四周均为耕地，无污染源，无建筑物，环境较好（图5-9）。目前水源未被使用。

水源点属珠江流域，为岩溶地下出水点。水质清澈透明，口感较好，富含对身体有益的矿物质锶。日产水量520m³，雨后水质微浑浊，5~10d恢复清澈。

图5-9 下平田龙潭泉点

经检验，泉点水质符合《生活饮用水卫生标准》要求，锶含量达到《食品安全国家标准饮用天然矿泉水》要求，该水源可作矿泉水开发利用。

（六）嘎啦河山泉点

嘎啦河山泉点位于大山镇嘎啦河村境内，距大山镇镇政府驻地约5km。泉点四周均为耕地，无污染源，无建筑物，环境好（图5-10）。目前水源未被使用。

水源点属珠江流域，为地表溪流加浅层裂隙地下水水源。水质清澈透明，口感较好。日产水量388m³，雨后水质微浑浊，1~2d恢复清澈。

图5-10 嘎啦河山泉点

经检验，泉点水质符合《生活饮用水卫生标准》要求，可以开发利用。

三、水城县水源情况

水城县境内前期普查上报水源点31个，其中21个已开发水源点中有6个（含已经建纯净水或桶装水厂2个）水源点有富余水量可作为纯净水、桶装水水源开发利用；10个未开发水源点中有3个水源点的水质、水量和环境达不到开发要求，有7个水源点可以开发利用。

图 5-11 高家龙潭泉点

（二）白马洞泉点

白马洞水源点位于双水街道以朵社区境内，距水城县驻地约7km。泉点地处崖脚，周边为灌木，无污染源，有少量建筑物，环境较好（图5-12）。目前仅供水城县双水水厂及（东明思）冰点纯净水生产用水，有富余水量。

水源点属长江流域，为岩溶地下出水口。水质清澈透明，口感较好。日产水量10108.0m³，雨后水质浑浊，5~10d恢复清澈。

（一）高家龙潭泉点

高家龙潭泉点位丁坪寨乡普联村境内，距坪寨乡政府驻地约4km。泉点周边植被较少，无污染源，无建筑物，环境一般（图5-11）。目前只有夜郎谷山泉饮用纯净水生产和坪寨乡部分人蓄及灌溉用水。

水源点属珠江流域，为灰岩岩溶泉。据调查，枯季水质清澈透明，口感较好。日产水量约为17000m³，雨后水微浑，2~4d恢复清澈。

经检验，水源点所检项目符合《生活饮用水卫生标准》要求。泉点水量富余超过10000m³/d，该泉点可以扩大规模生产。

图 5-12 白马洞泉点

经检验，泉点符合《生活饮用水卫生标准》要求。水源点除现状用水外还有富余水量6800m³/d，可以扩大生产规模。

（三）段家营泉点

段家营泉点位于鸡场镇安全村境内，距鸡场镇政府驻地约8km。泉点在妥倮小河的右岸坡脚出露，周边为灌木林，植被较好，无建筑物，环境稍差（图5-13）。目前未开发。

水源点属珠江流域，为砂岩裂隙泉。水质清澈透明，口感较好。日产水量260m³，雨后水质不浑浊。

经检验，泉点所检项目中肉眼可见物、浑浊度两项不符合《生活饮用水卫生标准》要求，其余所检项目符合《生活饮用水卫生标准》要求，该水源点可以开发利用。

图5-13 段家营泉点

（四）乌沙地沟水源点

乌沙地沟水源点位于鸡场镇洼子村境内，距鸡场镇政府驻地约5km。水源点周边为灌木林和耕地，植被较好，无污染源，无建筑物，环境好（图5-14）。目前未开发。

水源点属珠江流域，为砂岩裂水汇集形成的溪流。水质清澈透明，口感较好。日产水量270m³，雨后水质稍浑浊，2~4d恢复清澈。

图5-14 乌沙地沟水源点

经检验，所检项目中肉眼可见物一项不符合《生活饮用水卫生标准》要求，其余所检项目符合《生活饮用水卫生标准》要求，该水源点可以开发利用。

（五）六枝沟水源点

六枝沟水源点位于勺米镇鱼塘村境内，水源区为灌木林，植被较好，无污染源，无建筑物，环境好（图5-15）。距勺米镇政府驻地约15km。

水源点属珠江流域，为砂岩与灰岩间的接触泉。据调查，枯季水质清澈透明，口感较好。日产水量220m³，雨后水质不浑浊。

经检验，泉点所检项目符合《生活饮用水卫生标准》要求。该水源点需要新修公路4km，可以开发。

图5-15 六枝沟水源点

（六）河家海子水源点

河家海子水源点位于玉舍镇前进村境内，距玉舍镇政府驻地约6.5km。水源点周边为灌木林和少量耕地，植被较好，无污染源，无建筑物，环境好（图5-16）。目前水源点未利用。

水源点属珠江流域，为砂岩裂隙水汇集形成的溪流。水质清澈透明，口感较好，富含对身体有益用的矿物质偏硅酸。日产水量210m³，雨后水质浑浊，3~5d恢复清澈。

图5-16 河家海子水源点

经检验，水源点所检项目符合《生活饮用水卫生标准》要求，其中偏硅酸含量达到《饮用天然矿泉水》界限指标要求，该水源点可以作为矿泉水开发。

（七）水口上泉点

水口上泉点位于玉舍镇前进村境内，距纸厂乡政府驻地约19km。水源点周边为灌木林和少量耕地，植被较好，无污染源，有建筑物，环境一般（图5-17）。目前泉水部分用于玉舍镇政府、双嘎社区和当地村民饮用，其引用水量为总水量的30%。

水源点属珠江流域，为灰岩与玄武岩之间的接触泉。据调查，水质清澈透明，口感较好。日产水量1296m³，雨后水不浑浊。

图5-17 水口上泉点

经检验，水源点所检项目符合《生活饮用水卫生标准》要求。富余水量约800m³/d，可以开发利用。

（八）龙潭口泉点

龙潭口泉点位于老鹰山街道中坡居委会境内，距老鹰山街道驻地约8km。泉点四周均为耕地，无污染源，无建筑物，环境较好（图5-18）。目前水源未被使用。

水源点属长江流域，为岩溶地下水。水质清澈透明，口感较好，日产水量350m³，雨

图5-18 龙潭口泉点

后水质稍浑，1~3d恢复清澈。

经检验，所检项目中肉眼可见物不符合《生活饮用水卫生标准》要求，浑浊度仅符合集中式供水和分散式供水限值要求，其余项目泉点符合《生活饮用水卫生标准》要求，该水源可以开发利用。

（九）通寨出水洞泉点

通寨出水洞泉点位于阿戛镇通寨村境内，距水城县驻地约20km。有通村道路通过水源点下游，需步行0.2km到达泉点。泉点出露于山崖上，周边无污染源，无建筑物，环境较好（图5-19）。目前水源未被使用。

图5-19 通寨出水洞泉点

水源点属珠江流域，为岩溶地下出水口，水质清澈透明，口感较好。日产水量3024m³，雨后水质浑浊，2~3d天恢复清澈。

经检验，所检项目中肉眼可见物、浑浊度不符合《生活饮用水卫生标准》要求，其余项目符合《生活饮用水卫生标准》要求，该水源点可以开发利用。

（十）太阳沟泉点

太阳沟泉点位于保华镇双营村境内，距保华镇镇政府驻地约5km。泉点四周均为耕地，无污染源，无建筑物，环境较好（图5-20）。目前部分水源用于保华镇城镇供水。

图5-20 太阳沟泉点

水源点属长江流域，为一岩溶泉水，水质清澈透明，口感较好，富含对身体有益的矿物质锶。日产水量432m³，雨后水质轻微浑浊，3~5d恢复清澈。

经检验，所检项目中肉眼可见物、浑浊度不符合《生活饮用水卫生标准》要求，其余项目符合《生活饮用水卫生标准》要求，锶含量达到《食品安全国家标准饮用天然矿泉水》。该水源除保华镇城镇供水后富余水量230m³/d，可作矿泉水扩大开发利用。

（十一）七股水小龙井

七股水小龙井位于木果镇杨家寨村境内，距木果镇镇政府驻地约2.0km。泉点四周

均为耕地，无污染源，无建筑物，环境较
好（图5-21）。目前部分水源用于木果城
镇供水。

水源点属长江流域，为岩溶地下出
水口，水质清澈透明，口感较好，水温较
低，触手冰凉。日产水量1728m³，雨后水
质浑浊，5~10d恢复清澈。

图5-21 七股水小龙井

经检验，泉点符合《生活饮用水卫生
标准》要求。该水源除部分用于木果城镇供水后富余水量1500m³/d，可以扩大开发利用。

（十二）七桶水泉点

七桶水泉点位于蟠龙镇木城村境内，
距蟠龙镇政府驻地约5.0km。泉点四周均
为耕地，无污染源，有少量建筑物，环
境较好（图5-22）。目前该水源部分被附
近村民引用。

水源点属珠江流域，为大型岩溶地下
出水口，水质清澈透明，口感较好。日产
水量6960m³，雨后水质浑浊，3~6d恢复
清澈。

图5-22 七桶水泉点

经检验，所检项目中肉眼可见物不符合《生活饮用水卫生标准》要求，其余项目
符合《生活饮用水卫生标准》要求。该水源除被附近村民引用部分后，还有富余水量
6500m³/d，可以扩大开发利用。

（十三）草果冲水源点

草果冲水源点位于米箩镇草果冲村境
内，距米箩镇政府驻地约18km。水源点
四周为耕地及灌木，无污染源，内无建筑
物，环境较好（图5-23）。目前水源未被
使用。

水源点属珠江流域，为岩溶地下水，
水质清澈透明，口感较好，富含对身体有
用的矿物质锶。日产水量518m³，雨后水

图5-23 草果冲水源点

质不浑浊。

经检验，所检项目中肉眼可见物不符合《生活饮用水卫生标准》要求，其余项目符合《生活饮用水卫生标准》要求，锶含量达到《食品安全国家标准 饮用天然矿泉水》，该水源可作矿泉水等开发利用。

四、钟山区水源情况

钟山区境内前期普查上报水源点9个，其中8个已开发水源点中有4个水源点有富余水量可作为纯净水、桶装水水源开发利用；1个未开发水源点的水质、水量和环境达不到开发要求，没有开发利用潜力。

（一）水龙宫泉点

水龙宫泉点位于大河镇大箐村境内，距大河镇政府驻地约4km。泉点周边为灌木及林地，无污染源和建筑物，环境好（图5-24）。目前该水源仅为大河镇大箐村周边居民约800人生活用水和恩华酒厂的用水水源，其用水量占泉点产水量的20%。

图5-24 水龙宫泉点

水源点属长江流域，为接触泉。水质清澈透明，口感较好，水温较低，触手冰凉，日产水量690m³，雨后水质稍浑，3~5d恢复清澈。

经检验，泉点所检项目中肉眼可见物、浑浊度两项不符合《生活饮用水卫生标准》要求，其余所检项目符合《生活饮用水卫生标准》要求。该水源除大河镇大箐村约800人生活用水和恩华酒厂生产用水外富余水量550m³/d，可以扩大开发利用。

（二）安家龙井泉点

安家龙井泉点位于月照社区双洞村境内，距月照乡政府驻地约6km。泉点周边无污染源，有建筑物，环境稍差（图5-25）。目前该水源仅供下游居民饮用和灌溉用水。

水源点属长江流域，为灰岩岩溶泉。水质清澈透明，口感较好。日产水量

图5-25 安家龙井泉点

$610m^3$，雨后水质稍浑，3~6d恢复清澈。

经检验，水源点所检项目中肉眼可见物一项不符合《生活饮用水卫生标准》要求，其余所检项目符合《生活饮用水卫生标准》要求。该泉点属钟山区规划的4A级景区内，根据规划，景区范围内全部用水将由城镇自来水统一供给，该水源可以扩大开发利用。

（三）马踩水泉点

马踩水泉点位于月照社区双洞村境内，距月照社区政府驻地约6km。泉点周边为草地，无污染源，无建筑物，环境好（图5-26）。目前该水源仅供下游居民饮用和灌溉用水。

图5-26 马踩水泉点

水源点属长江流域，为灰岩岩溶泉。水质清澈透明，口感较好。日产水量$240m^3$，雨后水质不浑。

经检验，泉点所检项目中肉眼可见物一项不符合《生活饮用水卫生标准》要求，其余所检项目符合《生活饮用水卫生标准》要求。该泉点属钟山区规划的4A级景区内，根据规划，景区范围内全部用水将由城镇自来水统一供给，该水源可以扩大开发利用。

（四）坞家寨大桥山泉

坞家寨大桥山泉位于大湾镇安乐村境内，距大湾镇镇政府驻地约6.5km。泉点四周为山崖灌木，无污染源，无建筑物，环境较好（图5-27）。目前该水源少部分用于大湾镇供城镇用水。

图5-27 坞家寨大桥山泉

水源点属长江流域，为一岩溶裂隙地下水，水质清澈透明，口感较好。日产水量$210m^3$，雨后水质不浑浊。

经检验，所检项目中肉眼可见物不符合《生活饮用水卫生标准》要求，浑浊度仅符合集中式供水和分散式供水限值要求，其余项目符合《生活饮用水卫生标准》要求。该水源除部分供城镇用水外富余水量$140m^3/d$，可以扩大开发利用。

第二节　凉都井水

一、一街官井

　　一街官井始建于明洪武年间，为专供官府人员生活、饮水而砌筑的吊井（图5-28）。该井深1.6m、宽1.7m、长2m。在这口水井上，根据地形，专修一栋歇山顶单层木结构房屋，有正房、偏厦各1间，供守护水井之用。正房进深7.7m、阔3.9m、高5m，偏厦修在旁边水沟上，进深5.9m、阔2.8m、高3m。正房楼板距井面高1.8m，距井外沿1.2m、高1.4m，整个建筑结构牢固，取水方便，至今该井一直是周围居民生活、饮用的主要水源之一。

图 5-28　一街官井

　　2004年11月，盘县政府将一街官井纳为盘县文物保护单位，并于2006年12月立保护碑坊。

二、普安州文庙古井

　　普安州文庙，依山势而建，总占地面积约3900m²。主要建筑物沿中轴线自下而上依次为：礼、仪二门；泮池及池上状元桥，棂星门及左右的忠义祠和节孝祠，戟门，大成殿及其两配殿，最后为启圣宫。曾是"文武官员到此卸马下轿"的地方，文庙前古井里的水，古时为文武官员在此茶饮提供了好水（图5-29）。

　　普安州文庙，位于盘县人民北路营盘山东麓（今盘州市老城区）。始建于明永乐十五年（1417

图 5-29　普安州文庙古井

年），明万历十六年（1588年）修葺，后毁于兵。清康熙七年（1668年）重修，再毁，后又多次维修。清道光二十八年（1848年）再修。1996年维修。坐西向东，占地面积3397m²，建筑面积824m²。现存大成门、大成殿、配殿及部分甬墙。礼门、义路、泮池、状元桥、节孝祠、忠义祠、棂星门、崇圣祠遗址尚存。

文庙1958年曾作精神病院用房，后为盐仓。1990年六盘水市政府公布为市级文物保护单位，现为省级文物保护单位。2001年对大成殿、大成门及两厢进行维修，2002年完成孔子塑像及先贤牌。

三、真龙井传说

水城县龙场乡不仅有万亩连片茶园，而且还有适宜泡茶的好水源——真龙井。

真龙井不仅出好水，还有着一个有关生命源起的美丽传说。据说，远古时期，天地一片混沌，每逢冬季，真龙山便大雪封山，冰寒地冻，万物凋零，就连人也会出现逆生长，人丁凋零。女娲看着受苦的人类，便向玉帝汇报，解决人丁不兴的问题。玉帝采纳了女娲娘娘的建议，便命雷工与电母在真龙山下辟出了两个洞。同时命龙王从东海调来两股清泉灌入雷公与电母开辟的两个洞内，形成了两股冬暖夏凉的清泉。

附近村寨有一老汉，结婚30余年未得一子，寻遍十里八乡名医，用药无数，都无法怀上孩子。后来女娲娘娘用补天石画了一张符咒投出泉眼。托梦给当时的寨老，"勤劳的人，应薪火相传，你速命村东头的老汉向西走两里，有两股水，你让他各取一瓢回来与妻子共同饮下，便可得子"。果然，这一饮，老汉之妻子不久便怀上了龙凤胎。瞬间，老人喜怀龙凤胎的事传遍整个山寨，寨民争相效仿。寨内也先后产下了很多双胞胎，原本凋零的村寨，没几年时间就变得人丁兴旺。寨民们为了感谢女娲娘娘的恩宠，便杀猪宰羊进行祭拜，因饮过这水的，不管是人，还有牛、羊大多都能产下双胞胎，经寨里的老人商量，取名为"真龙井"。

随着生产力的提高，约400年前，村民家中有了余粮，发明了以108味中药为酒曲的土法酿酒技术，经过200多年的技术改良与提炼，龙场白酒的酿造技术最终稳定了下来，如今，龙场白酒也有400多年的历史，由于发堤村"真龙井"特殊的水质与环境，其他地方无法复制，为世人酿造号称"贵州小茅台"的人间佳酿——龙场白酒。

真龙井不仅井水冬暖夏凉，清澈见底，如同镶嵌在大地上的一面明镜，映衬着蓝天白云，皓月繁星。水井给人们的馈赠是厚重的，井边人家，世代与井相依相伴，井水已经陪着他们走过了漫长的岁月。每日晨光熹微，人们便会来到井边，打上一桶干净的井水，以备一天煮饭烧菜之用。

如今，随着龙场乡万亩茶园的建成，出自真龙井的好水更成为与生于斯长于斯的水城春茶相映生辉，用生长于些地的早春茶和出于此地的真龙井好水泡一壶好茶，岂不妙哉？

第三节 凉都好水

一、神奇的乌蒙竹根水

乌蒙竹根水产地位于盘州市竹海镇（原老厂镇）万亩竹海风景区（图5-30~图5-33），海拔2000~2400m，区内有4.5万亩成片竹林覆盖（约19.2km²），气候温和（年平均温度15.5℃），雨量充沛（年平均降水量1400mm），属亚热带季风区。

图 5-30 竹海里的潺潺溪流

图 5-31 大洞竹海景区一瞥

图 5-32 竹根水产区竹笋长势良好

图 5-33 竹荪

竹海镇竹林区主要出露地层为上二迭玄武岩，竹林片区位于南北盘江支流的分水岭地带，4.5万亩成片竹林形势浩瀚，宛若一片绿色的海洋，林间长年溪水潺潺，清澈如镜，并与原石、土壤及竹林茂密发育的根部进行充分交换，经竹根充分净化的竹根水，温度适宜，饮后清甜爽口，华润解渴，形成具有良好口感和水质指标的天然级软水，可以作为极低矿化度的天然优质饮料水进行开发，有着非常好的市场发展前景。

1992年12月，六盘水市政府委托中国科学院地球化学研究所及非金属矿产研究中心对老厂镇竹根水进行环境、地质、气候、土壤、地理的调查研究。在完成现场水文地质勘查，并完成9个采样点水样的水质全分析、卫生学、病毒学、放射性指标检测、17种氨基酸、8种有机成分的分析及竹根、竹荪、竹叶、白豆、玉米等生物样品及岩土样品的分析之后，1993年9月，中国科学院地球化学研究所与非金属矿产研究中心共同提交了"盘县老厂镇区域竹根水环境地球化学调查和水质评价研究"报告。

1994年1月5日，六盘水市盘县老厂镇区域竹根水环境地球化学调查和水质评价研究鉴定会在贵阳举行。由全国和省知名专家组成的评审委员会对中国科学院地球化学研究所与非金属矿产研究中心对该环境地球化学调查和水质评价研究进行了认真讨论，给予了高度的评价。

该研究认为，老厂竹根水产地区域地质结构为上二迭统峨眉山玄武岩，是在特殊的水文地质和生态环境下形成的，水质综合指标优于天然矿泉水的标准，完全符合纯净水的要求，这种中性、极低矿化度、极低矿硬度、超低钠优质极软水，口感清凉滑润解渴，有益健康长寿，是安全、卫生、多功能高效保健的水资源。专家组认为竹根水项目研究成果不但水平高且具有特色，达到了国际同类研究先进水平，还认定竹根水属"国际首次发现"。

二、"夜郎山"山泉水

"夜郎山"山泉，水源来自珠江与乌江分水岭的崇山峻岭之中，水源点位于贵州省六枝特区落别乡苦竹林，山势十分险峻，植被繁密覆盖率占100%，即无人户居住、也无放牧和耕种，水质得到得天独厚的天然保护屏障，酝酿出岩层中无污染的优质矿泉水资源。水流量比较稳定，不受汛期或枯水季节的影响，四季清澈、恒温，透明度极高，饮用清冽爽口，实为家居泡茶的名泉之水。

图 5-34 "夜郎山"桶装矿泉水

水质经贵州省卫生厅13位高级工程师及专家组成的团队鉴定："夜郎山"山泉水质为低钠、富锶、弱碱、高钙，符合优质天然矿泉水标准，长期饮用能促进人体的新陈代谢（图5-34）。

三、白马洞山泉水

白马洞山泉水，为深层地下水，有耐水层的保护，污染少、水质洁净、水质甘美，是泡茶好水。白马洞山泉水还富含硒、锶等人体所需微量元素，水质为一类水，每天涌出约10000m³山泉水，泉眼水源为六盘水市中心城区供水水源之一。

坐落在水黄公路以朵片区的贵州水城聚康源饮业有限公司，立足白马洞山泉水资源，开发出"冰点""白马洞"系列桶装水、"深度"品牌苏打水及偏硅酸水等品牌饮用水，且现已全部上市销售。

贵州水城聚康源饮业有限公司隶属贵州水城水务投资有限责任公司，是水城县白马洞水资源综合开发利用"脱贫贷"项目主体。项目总投资2.2亿元，是集生产、观光、休闲等为一体的综合水资源项目。项目通过以"脱贫贷"资金入股，直接带动3458户建档立卡贫困户参与，有效促进了当地经济发展，助推脱贫攻坚。

公司现有3条生产线和1套先进的水处理系统，建成"吹、灌、旋"三位一体的全自动化生产线，实现瓶装水设计年产能300万件，桶装水设计年产能360万桶。其中瓶装水生产线每小时可产24000瓶，桶装水生产线每小时生产1500桶，尤其是高端桶装水生产线引进的是日本一次性一步法的国际先进工艺理念，深受市场好评。现在，公司已在市中心城区建立了200余家一级销售网点，

图5-35 白马洞山泉水产品

基本实现了市中心区桶装水销售网络化全覆盖，每天销量可达6000桶左右。随着市场销售量和消费者美誉度的不断提高，现已销售至云南、四川等地（图5-35）。

公司还将投资生产天然含锶矿泉水厂，引进国外2条每小时可产4.8万瓶的小瓶水生产线，1条每小时可产3000桶的一次性桶装水生产线，将解决贫困户80余人的就业问题，积极打造"黔水出山"名片。

茶器篇

第六章

"器为茶之父"，对器的强调和要求正凸显了茶人对品茗的完美追求。六盘水市境内许多茶器从形式到制作都充满了美的欣赏与追求，闪耀着劳动人民的智慧之光。人们在满足其实用功能的同时，也追求更高层次的艺术之美和文化内涵，将实用与美学紧密结合，创造了特有的工艺和美术价值。

古代，六盘水市境内茶器有铜器、铁器、陶器、瓷器，如汉代的釜、北宋时期的茶盏等。

近代，六盘水市境内茶器多以铜器、陶器为主。比如六枝特区郎岱镇驿陇多色釉陶红釉酱钵与菩萨缺罐，盘县彝族祖传圆盖短嘴带柄铜茶壶和清代茶壶，水城县龙场乡早期土墨釉子浆绘制烧成土陶碗。

现代，六盘水茶器种类丰富多样，取材也不拘一格。除了常规茶器外，还有来自盘州市"大洞竹海"风景名胜区的竹制茶杯，少数民族地区煨罐罐茶用的土砂罐，"中国农民画之乡"的水城农民画主题茶器、歪梳苗文化主题茶器、凉都苗族芦笙舞文化主题茶器等，除了竹器、瓷器、玻璃、陶器等民间茶器外，"三线茶器"则最能代表六盘水茶器文化。

第一节　器为茶之父

广义上的茶器是指完成茶叶冲泡、品饮全过程所需要的设备、器具及茶室用品；狭义的茶器主要是指泡茶和饮茶的用具，即以茶杯、茶壶为重点的茶具，也是目前常说的茶器。茶器的产生和种类发展同饮茶方式的转变、饮茶的普及程度以及不同材质水具、酒具等混用，材质以陶、木、金属等为主。随着茶叶引用方式的演变，茶具成为了专门的器具，茶具种类也逐渐得到丰富，陶器和瓷器随之出现，且茶器也变得考究、精巧起来。

"美食不如美器"历来是中国人的器用之道。从粗放式羹饮发展到细啜慢品式饮用，人类的饮茶方式经历了一定的历史阶段。不同的品饮方式，自然产生了相应的茶具，茶具是茶文化历史发展长河中最重要的载体。

古书记载最早的茶具为"椀"，在魏晋南北朝古墓中也发现木质的"椀"。现在一些少数民族仍用木碗饮茶，古风犹存。春秋战国，主要用锅煮茶，用碗饮茶，用罐贮茶。从秦汉到唐代，饮茶之风盛行，随着瓷器的出现，茶具也日趋精巧，出现了精美的小型杯、盏。但在隋唐以前，茶具和酒具等食具之间区分并不严格，多为共用。唐代以前人们饮的主要是茶饼，茶具包括贮茶、炙茶、碾茶、罗茶、煮茶、饮茶等器具。到了唐代，茶已成为国人的日常饮料，饮茶时更讲究情趣，茶具配套齐全，材质丰富。陆羽所著的《茶经·四之器》中，把采茶、制茶的工具称为"具"，把煮茶、饮茶的工具称为"器"。

宋代以后茶具茶器合称为茶具。现代茶具多指煎茶、品饮茶的各式器具。

宋人崇尚点茶，与此相应的则有碾茶、罗茶、候汤、点茶、品茶的器具。元代茶瓶的变化主要在于瓶（壶）的流子（嘴），宋代多在肩部，元代移至腹部。明代点茶法已为瀹茶法所代替，茶碾、茶罗等均被扬弃。明代的茶以青翠为胜，用雪白的茶盏来衬托青翠的茶叶，清雅至极。明清茶具，壶和盏得到较大的发展。以"景瓷""宜陶"为珍。

茶具发展至今，有金属、玻璃、搪瓷、瓷、紫砂、漆、竹、木、石等材质，种类繁多，质地各异。茶具的材质、品种、造型和样式的演变，与时代特征、民族风俗以及审美情趣有着密切的关系，在某种程度上，茶具从一个侧面反映了一个时代的文化。

第二节　古时茶器

六盘水古时候是否生产茶器已无从考究，但是目前发现最早的有实物、可确认的茶具可追溯到汉代。六盘水市境内古时茶器多为铜器、铁器、陶器、瓷器，如汉时的釜、北宋时期的茶盏等（图6-1~图6-4）。

图6-1 六盘水发现的古代敞口双耳三足铜碗和汉代时期釜　　图6-2 六盘水发现的
古代单柄宽口古陶釜

图6-3 六盘水发现的
疑为北宋时期茶器

图6-4 六盘水发现的北宋时期的茶器

《中国茶典》载：釜锅，生铁制成。现在搞冶炼的有所谓"急铁"的，以坏了的农具，炼铸成锅。内抹土外抹砂。抹土光滑，锅内面易于磨洗；外方因砂而粗糙，易吸热。锅的耳方形，使端正；锅边要宽，使伸展开；锅脐要长，使在中心。脐长，则水在锅正中沸腾，水沫易于上升，水味可醇正。

唐宋时期，饮茶之风盛行，在一定程度上促进了六盘水茶器朝精致化方向发展。六盘水发现了北宋时期制作工艺精致的茶盏。

第三节　清代和近代茶器

清代和近代，六盘水茶器以陶器、铁器、铜器为主。比如北盘江畔水城县龙场乡早期土墨釉子浆绘制烧成的土陶碗，盘州市境内的彝族祖传圆盖短嘴带柄铜茶壶、民间常用的铁茶壶等（图6-5~图6-9）。

图 6-5　清代铜茶壶

图 6-6 六盘水民间用六面刻花
带提梁铜茶壶

图 6-7 驿陇多色釉陶红釉酱钵与菩萨缺罐

图 6-8 四耳鼎罐

图 6-9 水城县龙场乡早期土墨釉子浆
绘制烧成土陶碗

陶器是人们自古以来就离不开的日常生活用品，它催生着人类发展的文明史，具有比其他工艺更为原始古老的传统特色，六盘水各地都有传承久远的土陶生产作坊存在。瓷器则多为外地传入，盘县城关南门仓库工地及象鼻岭明墓中曾出土过青花人物瓷碗、酱色釉梅花碗等瓷器数十件。其他比较有代表性的土陶器艺在六盘水民间历史悠久。六枝桃花洞新石器时代人类文化遗址浅层就出土有实用的陶纺轮，以及纹饰较为复杂的陶器残片，六枝特区老坡底新石器时期遗址出土的席纹陶片、残陶支座，水城董地彭家岩洞战国时期遗址出土的陶片及残石环，盘县旧营吴足戛战国时期遗址、六盘水市中心城区黄土坡汉代灰坑遗址、钟山区麒麟山遗址、六枝月亮洞及盘县双锁山古城垣遗址等就出土过以不同图纹装饰的古老残陶碎片、陶釜、陶罐等。明清时期，六盘水市境内就沿袭用大量陶瓷碗钵拱扣墓室的习俗。盘县城关象鼻岭明墓中曾出土过釉陶罐、釉陶碗、青花瓷碗、酱色釉碗等。盘县珠东乡窑上村明代就建有陶窑多个，成批烧制碗、罐、钵、盆、灯具、香炉等土陶制品出售。沿袭至今的马坡坛罐窑生产坛罐已有几百年的历史。六盘水传承下来的老地名中，就有"碗厂""旧窑""砂锅寨""上锅寨""下锅寨""靛缸寨"等众多称呼与土陶制作生产紧密相关。

清代中后期，水城龙场碗厂村就开始了土瓷器物的烧制。龙场碗厂土瓷产品吸收外来型体，造型圆润多变，釉色自然清新，其绘画器物具有早期青花的雏形。

水城龙场碗厂土瓷（又称"瓷陶"或"粗瓷"）。最早为蒋、周两姓师傅从云南迁来传承。民国时期，江西艺人李文才迁来后教做花瓶，使当地土陶工艺得以改进。产品以碗为主，兼有茶杯、茶壶、花瓶、盐罐、菜坛、酒壶、碟、钵等。全村家家会做，最多时有120多架车盘转运，6支窑子同时开火，产品销往宣威、宝山、盘县、晴隆、普安等地，每天有100多人前来背碗，"龙场碗厂"因此而著名。龙场碗厂土瓷用料为当地所产岩泥。岩泥黄、白色为多，乌、黑色较少，其中以黑色最好，可烧出纯度较高的优质白色瓷陶物件。岩泥采来后要经日晒雨淋自然碎化，经春细用水搅拌沉淀除杂。浆泥干后再经水打粘捶糯堆集成所需料泥。车盘为木质，做碗先拉圆坯，略干后再翻过来做碗底起圈，有简易木模。釉浆（俗称"釉子"）用釉灰和釉泥（胶泥浆）按1:2比例配制。釉灰用熟石灰1份和谷糠5份混合，再用烧红的石头放入锻烧成灰，冷却后略加水拌润春细，水洗过滤成浆沉淀即成釉浆浓度以能粘手不开不挂为宜。釉色为白色半透明状，俗称"碗釉"。若需红色，可在碗釉"釉子"中添加红矿土，龙场碗厂瓷陶坯上好釉浆后一般都要画花，画图多以菊花、兰花等植物花卉为主。花釉由土墨（当地产的一种黑色颗粒状矿物）春细，研磨过滤成墨浆和碗釉"釉子"按1:2比例兑成，烧成后呈深蓝色青花。若用外地购入的洋墨磨浆兑碗釉"釉子"则为1:10，烧成后的青花鲜艳明亮，故后人多用洋墨配花釉。烧窑为5~6格爬坡格子窑，一格可装碗2000多个，从下向上分格"撵烧"。装窑时要供饭烧纸，开火前要杀鸡祭窑，每年农历五月十六要杀猪祭窑神火爷先师和金火娘娘。

第四节　当代茶器

当代，六盘水市面可见茶器品种丰富多样，特色鲜明，有来自盘州市"大洞竹海"风景名胜区的竹制茶杯，有少数有民族地区煨罐罐茶用的土砂罐，有"中国农民画之乡"的水城农民画主题茶器、歪梳苗文化主题茶器、凉都苗族芦笙舞文化主题茶器等。除了铜器、竹器、瓷器、玻璃、陶器等民族民间茶器外，"三线茶器"则成为最能代表六盘水茶器文化和城市特色文化符号的茶器。

一、民族民间茶器

六盘水是一个以彝族、苗族、布依族、白族、回族等多民族聚居的地区，各民族在

图 6-10 少数民族地区煨罐罐茶用的土砂罐

图 6-11 铁制茶壶　　　　图 6-12 六盘水铁制茶壶　　　　图 6-13 盘州市竹制茶杯

图 6-14 水城农民画主题文化茶具

图 6-15 凉都歪梳苗文化主题茶器　　　　图 6-16 凉都苗族芦笙舞文化主题茶器

漫长的历史发展进程中孕育了多姿多彩的民族民间茶器文化，丰富了六盘水茶器种类，并形成了独具凉都特色的民族民间茶器（图6-10~图6-16）。

六盘水少数民族地区煨罐罐茶用的土砂罐来自砂陶制作工艺。砂陶制作是陶瓷技艺中最为原始古老的生产工艺，在六盘水各地均有分布，主要产品为炊具，有茶罐、砂锅、瓢锅、鼎罐、烙锅等，具有透气不透水、加工食品不变质不变味、耐烧保温适于蒸煮等特点，以盘州市雨谷砂陶最为著名。原盘县雨谷乡坪地村人李恩贤从1982年起开始制作工艺砂陶，他以制砂锅的泥土捏刻塑造各种人型脸谱而烧制万种不同类的砂陶器物，烧制的脸谱器具等变形奇特、粗犷原始，深受艺术界人士称誉，曾销往昆明、贵阳、广州等地，并参加过省、市工艺美术作品展。

雨谷砂陶以当地俗称"瓦泥"的黏土为原料，配以当地低硫煤所烧焦炭舂细的煤灰，通过碾末搅拌、捏塑制坯、干燥浆面、烧铸成型、熏焖取色等工序制成。烧窑尾简易的双坑连接覆盖式地炉，以碎煤为燃料，风箱鼓风助燃。烧铸火候全凭经验把握，烧制过程5~10min。熏焖取色需在地炉旁另备两处较浅的"焖坑"，上撒锯末创花或松杉枝叶等特选植物为燃料，随即用特制的砂泥罩子盖严"熏焖"，整个过程约5min。熏焖后的器物颜色由白转青，叩之有金属声。

雨谷砂陶分上釉和不上釉2种。上釉器物需在陶坯干燥浆面时用特制的釉泥"刷釉浆"，烧制熏焖后釉色呈银亮般的金属光泽。不上釉的器物呈瓦灰色，无光泽，泥土气息较强。李恩贤烧制的脸谱器具等多不上釉，且多采用高浮雕式或半圆雕局部抠空装饰造型。捏塑制坯就物赋形，手随意到，或捏或刻，或印或塑，不过分雕饰，千物万面，具有一种更为原始古朴的自然特色。

20世纪70—80年代，六枝特区的郎岱，盘县的城关、水塘，水城县的龙场、万全等地曾一度建立起规模不等的陶瓷厂、坛罐厂、碗厂等，生产过茶杯、茶壶、茶碗、中级瓷碗、花瓶、笔筒等工艺产品，后因成本造价高而先后停产。至今，大部分地方窑厂已停业，少数转为个体作坊生产。这一时期的六盘水民间茶器，除了砂陶、土陶茶器外，铁制、铜制茶器也成为大众化的茶器，尤以铁茶壶、铜茶壶居多。

好水好器泡好茶。在凉都，不仅有与薪尽火传的砂陶古法制作工艺紧密相连的砂陶茶器，承载着民间传统饮茶习俗的铜制茶器，更有与时代同频共振、创新制作的新时代茶器。盘州市不仅有大洞竹海景区里茂林深篁的万亩竹海，有宜于泡茶的极度软水——竹根水，还有融合了茶香与竹香自然气息于一体的竹制茶杯，让凉都好茶在竹器中散发出不一样的自然芳香。

二、凉都特色文化主题茶具

在水城县陡箐镇"东关e寨"易地扶贫搬迁安置点，水城农民画画家熊师提的画室里放置着凉都苗族芦笙舞文化主题茶器、凉都歪梳苗文化主题茶器、水城农民画文化主题茶器。

凉都歪梳苗同胞也同其他苗族支系一样能歌善舞，芦笙歌舞，悠扬动听，别具风味。歪梳苗妇女头戴一把长20cm的木梳，斜缠长发盘于头顶，衣饰颜色大多为黑色和深蓝色，有自己崇拜的图腾图案。凉都歪梳苗同胞不仅勤劳聪慧、能歌善舞，还在世代传承的蜡染、刺绣手工艺术基础上形成了独特的绘画风格，其中，以熊师提家乡——水城县陡箐镇猴儿关的水城农民画最为著名。

六盘水将凉都歪梳苗文化、苗族芦笙歌舞文化、水城农民画文化等民族民间文化与最适宜饮茶的玻璃、陶瓷等不同材质的茶器结合起来，分别打造出极具凉都民族文化特色的凉都歪梳苗文化主题茶器、凉都苗族芦笙歌舞文化主题茶器、水城农民画茶器等，并将这些茶器作为水城县陡箐镇"东关e寨"易地扶贫搬迁安置点的旅游商品，为助力易地扶贫搬迁安置点群众实现"搬得进、稳得住、有收益"的目标发挥了积极作用。

三、贵州三线建设博物馆与"三线"茶器

在六盘水"三线建设"时期，来自五湖四海的人汇聚六盘水，披星戴月、披荆斩棘、开山劈水，困了累了就地小憩，饿了吃大锅饭，渴了就取下随身携带的军用水壶喝茶水解渴，以战天斗地精神投身"三线建设"。这一时期，六盘水茶器主要以搪瓷缸、瓷器、铜茶壶为主，具有当时"为人民服务""无私无畏""敢为人先"的时代特色。如今，在贵州三线建设博物馆，仍可以看到这些"三线建设"时期的茶器（图6-17~图6-25）。

六盘水市是一个新兴的重工业城市，它是随着20世纪60年代中期"三线建设"对贵州西部煤炭资源大规模开发和国家重点建设而兴起的。

图 6-17 六盘水"三线建设"时期的茶具

图 6-18 搪瓷缸　　　　　　　　　　图 6-19 喜庆类茶具

图 6-20 茶壶　　　　　　　　　　　图 6-21 瓷碗

图 6-22 纪念类搪瓷缸　　　　　　　图 6-23 军用水壶

图 6-24 "三线"时期用的搪瓷茶壶　　图 6-25 搪瓷茶缸成为"三线"人的必备之物

这是一座"火车拉来的城市",是一座朝气蓬勃的城市。

新中国成立后,1949年12月至1950年2月,六盘水市境内的盘县、郎岱县、水城县相继解放。紧接着就顺利地完成了"清匪、反霸、征粮、减租、退押"的五大任务,并用2年左右的时间完成了土地改革。

到1956年基本完成了"农业、手工业、工商业"的社会主义改造,社会主义制度得以建立。1964年5月,中共中央作出关于建设"大三线"的战略决策,"好人、好马、上三线"的支援建设大军浩浩荡荡地出发了。

1978年12月18日,也就是中共中央十一届三中全会召开的当天,国务院批准,六盘水地区改设为六盘水市(省辖市),下辖六枝特区、盘县特区、水城特区。

从此,六盘水市像一颗璀璨的新星,从磅礴的乌蒙群山中冉冉升起。昔日从"三线建设""备战备荒"的需要出发,在荒山野岭中建设的六盘水矿区,沐浴着改革开放的阳光雨露,唱着春天的故事,由小变大、由弱变强,崛起为以煤炭、钢铁、电力、建材为重要支柱的现代化能源原材料工业新城。

没有"三线建设",就没有今日的"中国凉都"。在历时17年的"大三线建设"中,数百万建设者齐心协力、艰苦奋斗,取得了巨大成就,初步建成我国的战略后方基地。在"三线建设"过程中,形成了独特的"自力更生,艰苦奋斗,大力协同,无私奉献"的"三线精神"和价值追求。"革命友谊深过海,五湖四海奔拢来。为了革命同目标,人亲难比阶级爱。"正是当时"三线建设"豪情万丈的真实写照。意义深远的"三线建设",是一首气吞山河、感天动地的伟大历史史诗,是一曲改天换地、慷慨激昂的宏伟乐章,对中国西部,乃至全中国都产生了极其深刻而久远的影响。

"三线建设",催生了"江南煤都",孕育了"十里钢城",不仅给六盘水市确立了四大支柱产业,开启了六盘水工业文明新时代,创造了巨大物质财富,而且给六盘水留下了一笔宝贵的精神财富,就是"艰苦创业、勇于创新、团结协作、无私奉献"的"三线精神",在"三线精神"的基础上,六盘水提出了以"奉献、包容、创新、超越"为核心的新时期"六盘水精神"。

2013年8月17日,贵州三线建设博物馆在六盘水落成并开馆,成为当时全国唯一以"三线建设"为主题的博物馆。

为真正把"三线精神"铸造成闪亮的核心价值品牌,构筑六盘水"精神高地",六盘水组建"三线"志愿义务宣传队,所有成员都是"三线"亲历者与建设者,通过他们的宣讲宣传,再现当年开发建设六盘水的那股披星戴月、披荆斩棘、开山劈水的劲、那种为党为人民的责任与力量,用言传身教教育、影响和激励广大干部群众坚定热爱六盘水、建设六盘水的信心和决心，让"三线精神"在新的历史条件下得以传承和发扬，为六盘水经济社会发展注入强大的精神动力。2014年4月12日，在钟山区红岩街道，一支最大年龄90岁、最小年龄76岁的"三线"亲历者扛起老年义务宣讲团大旗，通过言传身教，讲述"三线历史"、宣传"三线精神"，弘扬新时期六盘水精神，再现"三线那股劲"。一个帆布包、一个茶缸、一块白毛巾，成为这支队伍每名队员的"标配"。

四、盘州市三线文化园与"三线"茶器

盘州市（原盘县）是"三线建设"西南地区的主战场之一，是我国"三线建设"中主要的能源基地之一。

20世纪60年代，党中央提出加快"三线建设"的战略部署。中国抚顺11厂由辽宁省迁入盘县火铺并更名为671厂，是国家重点民爆企业。"三线建设"时期为解决西南地区矿山开采和公路、铁路建设提供所需火工产品，为国家能源事业作出了巨大贡献（图6-26~图6-29）。

图 6-26 "三线"场景再现

图 6-27 盘州市 671 "三线"文化园主题 "三线"时期瓷器类茶具

图 6-28 "三线"时期茶盒　　　　图 6-29 "三线"时期泡茶用的保温瓶和茶杯

　　671 "三线"文化园："三线"文化展示区占地 12900m²。"备战、备荒、为人民""好人、好马、上三线"，400 多万干部、知识分子、解放军官兵和民工建设者从全国各地奔赴西南、中南、西北 13 个省份，投入到火热的大会战中，其中六盘水矿区就有 10 多万人。为了铭记"三线历史"，弘扬"三线精神"，传承"三线文化"。盘州市将原火铺 671 厂旧址，按照"修旧如旧"的手法，采取老建筑修复和局部新建的方式，建设成"三线"文化主题园，打造成为"三线"文化传承基地、学习交流平台和旅游文化产业的新亮点。

第七章 茶人篇

近代，龙天佑是六盘水广为人知的茶人。据传，清康熙年间，彝族世袭土司龙天佑喜茶，常以茶为待客之物，并在府上形成了"敬三道茶"的茶礼。在居住地"簸箕营"（今盘州市保基乡）开辟茶山以供日常饮用，剩下的茶则卖到外地以补给开支。在他的影响下，周边百姓也开始自种茶叶，并形成了"敬三道茶"礼俗。

当代，随着六盘水茶产业的发展，各界致力于推动茶产业发展，不断探索创新制茶工艺、极度关心茶文化保护和全力推动茶文化传播的茶人不断涌现，比如致力于制茶工艺改进和制茶机械创新发明的寋清卯、带领导茶农抱团发展的王健、引领凉都茶科研发展的刘彦，这些茶人的共同努力形成推动六盘水茶产业发展的合力，并汇入到六盘水市农业产业结构调整中来，最终汇集到群众致富的磅礴力量中，共同助推全市脱贫攻坚工作。

第一节　近代名人与六盘水茶

一、保基茶文化"鼻祖"——龙天佑

龙天佑，彝族世袭土司，生于清顺治元年（1644年）。殁于清康熙二十九年（1690年）。

明末清初，吴三桂攻打水西时，为了避其锋芒，保存实力，不与吴三桂硬碰硬，以便时机成熟东山再起以利再战。龙天佑从善得营（今旧营白族彝族苗族乡）搬迁簸箕营，善得营不复存在，故名"旧营"。

清康熙十二年（1673年），吴三桂反清，清康熙十九年（1680年）清军南下进入贵州，普安州的龙天佑和永宁州的沙启龙带领兵丁在北盘江搭浮桥渡清军过江，龙天佑又带领族人陇安仁、陇安清配合清军攻打吴三桂有功，朝廷封龙天佑为总兵，死后第二年追封龙天佑为"光禄大夫左都督"享正一品衔，墓葬保基乡垤蜡村天桥。

据今保基乡当地人讲，龙天佑家来到簸箕营，由于远离州城和驿道，偏僻闭塞，交通不便。家人、兵丁的粮食、蔬菜、肉食、食油、照明点灯用油、战马、耕牛都要靠自给自足来解决。龙天佑就在自己管辖之地建"专业村"，根据各地的不同特点，也就是现在的"一村一品""一品一特"，组建"养马寨""养牛冲""养猪冲""菜子冲"等。粮食依靠旧营、羊场、淤泥河、格所的稻米，又在八大山脚的嘿白、长山箐脚的簸箕营一带大量地垦荒种地，种植苞谷、洋芋、荞麦和豆类来解决众多兵丁、下人的食粮和菜蔬以及战马、耕牛的饲料。在此基础上，龙天佑还从云南引进茶种，在簸箕营种植大量茶树，并从云南请来了师傅指导种茶、采摘茶叶和加工制茶。茶叶不但满足了当地需求，制作后的干茶叶还出售外地，以解决所养兵丁和当地住户经济开支。簸箕营张姓老人讲，清康熙年间，簸箕营原张家和王家第一代始祖王凤祥公随同龙天佑带着兵丁从云南昆明来到旧营（善德营），成了龙天佑的部下，后随着龙天佑来到簸箕营定居。居住地王家寨离今"龙天佑故居"300m多，凤祥公葬地在簸箕营老石厂，碑立于清康熙四十年（1701年）。因此在保基，簸箕营原张家和王家家族与龙天佑家族（当地老百姓称为"官家"）从历史上的清代直至民国末年都有往来。龙宇霈（龙天佑的第九代孙）在民国当乡长时，每到过年，要把簸箕营有名望的一些人通知到他家吃饭。当时王家寨张正清（曾当过保长，后孙女成了龙宇霈的长媳）和王子清有幸参加。到龙天佑家吃饭前就要喝茶（"茶道"就是现在说的茶文化），很讲究，也很烦琐，这是龙天佑从善德营来到簸箕营时就形成的饮茶习俗。龙天佑家用的一套茶具就价值小洋（银元）万余元。烧开水的壶是银的，泡茶用的壶是下江人（江、浙一带）官窑烧制的紫砂壶，非常名贵。端茶水用的茶盘和贮藏茶叶的盒罐是水西（今大方）产的漆器彩色花纹，工艺很精致、漂亮。说茶盘用漆器不生锈、不漏水，漆器茶盒罐贮藏茶叶干燥，不易受潮也不会串味。喝茶用的杯子一律用江西景德镇的青花瓷器杯，美观高雅。当然，这只是待客使用的茶具。龙天佑家的太爷和太太们用的茶具更名贵。

龙天佑家喝茶的礼节是很多的。客人进家上坐后，家奴（一般是年轻的姑娘，也称"侍者"）先用茶壶把水烧开备用，然后用精致的茶匙从贮藏罐里将茶叶取出放入泡壶中，将备用的开水倒入泡壶中冲泡，茶叶在壶中浸泡一会儿后茶香四溢。这时将泡好的茶水倒入茶杯中，不能倒满，只能倒七八分，俗话说"酒满敬人，茶满欺人"。然后才用茶盘分别将茶水端到各位客人面前的茶几或餐桌上，而客人这时不能马上喝，而是让茶水稍微冷却后再喝。喝茶时也不能一饮而尽或两三口喝光，要边说话边喝，一小口一小口的品尝，并享受着茶叶的美味和闲情逸致的交谈所带来的快乐。这时"侍者"不能远离，而是在众客人附近站立等候。待客人的茶水喝到只剩二三分时，给客人斟上茶水，叫"敬二道茶"，待三道茶敬完后，"侍者"离开。这时主人就会安排她们摆上饮酒吃饭的餐具，厨子们就会送来喝酒的菜肴，酒过三巡，才上汤菜，不胜酒力的人可以先吃饭。

由于旧时龙天佑管理有方，百姓安居乐业，正如他的墓碑上所写的："数年以来，汉彝安堵，商贾通行。共乐敉宁，夜不闭户"。在这种大好形势下，农户不但能如期交纳粮食、蔬菜，还能上贡茶叶。每年春天，他们将采摘到的新鲜好茶作为贡品上交龙天佑家，"官家"组织制作加工后，除留足自用部分外，还远销云南、四川和广西。据保基乡当地人说，现在距龙天佑故居不远处的八大山上，还有少量龙天佑时期种下的茶树。经有关部门考证，这些古树茶有300多年树龄，大的两棵胸径分别达26cm和22cm。

二、六盘水茶科研的奠基者——龙幼安

新中国成立初期，从日本早稻田大学农学系留学归来的郎岱县人龙幼安，曾在洒志农场种茶，并带领科研小组引种栽培出第一代洒志茶叶，为推动六盘水茶科研奠定了基础（图7-1）。

龙幼安（1895—1970年），又名继平，出生于贵州省郎岱县（今六枝特区）岩脚镇，12岁时考取省立达德中学，为黄齐生先生（近代教育家，爱国民主人士）门生，1910年跟随姐夫袁怡仁（同盟会元老）东渡日本，第二年考取早稻田大学农学系，1914年又进入东京帝国大学学习深造。

图7-1 龙幼安返乡后修建的日式楼房

1920年，龙幼安获东京帝国大学农学士学位证书。回国后，先到江苏省农技厅任技师，后历任贵州省立职业学校校长，贵州省农业学校校长。1934年，贵州省组织"实业教育考察团"赴广东、广西考察，龙幼安任团长。1946年3月，任岩脚农会主任。1946年当选为郎岱县国大代表。

1952年，龙幼安带领科研小组嫁接果树，种茶、改良蔬菜，培育出苹果梨、白花桃等优质水果和引种栽培出第一代洒志茶叶，期间，他撰写了《实用土壤学》《怎样饲养家蚕、山蚕、麻蚕》等著作，翻译了日本理学博士白景光太郎的《植物病理学》《果树原理学》《实用总论》，还写了不少论文在《贵州日报》《贵州劳改报》上发表。

龙幼安留学归来，在家乡种植、烘烤烤烟、嫁接果树、改良蔬菜品种等事迹很多。龙幼安写的《劝同胞生产歌》，是他热爱农林事业，致力于改变家乡穷困面貌的真实写照，也是他结合当地的地理条件，发展经济林木的科学总结，概括了他一生的追求和向往。

1970年龙幼安因病逝世；1980年11月5日，恢复政治名誉。

劝同胞生产歌

"本人对农业，研究有多年，出国历十载，归来事田园。兹对我邑人，竭诚奉忠言，努力谋生产，始能解倒悬。快种桐子树，致富大利源，其次种漆茶，也可赚大钱。'毛口'出甘蔗，又宜种桔棉，'同化'植松杉，建筑材料全。'六合'产蓝靛，得利已在先，'时合'多生木，造纸成本廉。不论各乡镇，均皆有富源。同胞齐努力，土内有金钱。我特来劝导，勿视为空言。此次国代表，我有竞选权。各界如不弃，鼎力赖群贤"。

第二节 产业界

一、推动凉都茶产业转折性发展的挂职干部——柳荣祥

柳荣祥，男，1963年生，浙江绍兴人。副研究员，农业部有突出贡献中青年专家，国家一级评茶师，国家有机产品认证高级检查员。

柳荣祥于1985年7月毕业于浙江农业大学茶学系（现浙江大学茶学系），毕业后分配到中国农业科学院茶叶研究所工作，从事茶叶科学研究与技术推广工作。曾获国家发明奖四等奖1项，农业部科技进步奖二等奖2项，浙江省科技进步三等奖1项。其中，1997年6月至1999年7月到贵州省六盘水市挂职，任市长助理。

到任后，在六盘水市委、市政府等各级领导的关心下，柳荣祥为尽快转换角色、适应新的工作环境，广泛地查阅、学习相关文件、资料，深入实际开展调查研究，明确主要工作目标和方向，并充分利用自己的专业特长选准工作突破口，结合实际开展工作。在六盘水挂职期间，着重在培育和发展茶叶产业、农业综合开发以及发展绿色产业和推进农业产业化进程等方面开展工作，在推动凉都茶产业实现转折性发展方面作出了积极贡献。

为掌握全市茶叶生产现状的第一手材料，深入县（区）及乡镇对全市4个县（区）的茶叶生产情况作实地调查考察，摸清基本情况，找出存在的问题。通过调查发现，虽然种茶历史悠久，并有一定规模，但总体上看多数茶园建园标准低，栽培管理较粗放，产量低，加工技术落后，产品档次低，经济效益不高。同时也发现全市茶叶生产的资源优势明显，发展潜力巨大。认真分析国内外茶叶产业形势和发展趋势，及时提出了全市茶叶产业培育和发展的基本思路。

在进一步调查研究全市生产现状和存在问题的基础上，柳荣祥分析全市茶叶产业建设的基础条件和资源优势，结合国内外茶叶市场前景，主持编制《六盘水市1998年至2010年茶叶产业建设规划》。规划经有关专家领导论证通过后，由六盘水市政府下发组织实施。在明确茶叶产业的牵头部门后，促成茶叶产业组织管理机构的建立、茶叶生产技术服务体系的健全和茶叶产业化经营的龙头企业——六枝、盘县、水城茶叶公司的分别组建和启动运作，使茶叶产业按照市场经济和农业产业化经营的要求开发与建设。

柳荣祥依托派出单位的技术后盾，促成中国农业科学院茶叶研究所与六盘水市科委签订帮扶协议，将市科技实验茶场作为定点帮扶茶场，提供技术服务，建立一个对全市

有科技辐射作用的示范点。采用理论培训和实践操作相结合，请进来与派出去相结合等多种形式开展技术培训。紧紧抓住生产季节，对各县（区）做现场技术指导，上茶山进茶厂，指导茶树培育、鲜叶采摘和茶叶加工。利用生产淡季进行理论知识培训，举办2期实用技术培训班，培训生产技术骨干60多人。邀请专家教授实地考察指导，先后2次共5位专家教授来六盘水。1998—1999年连续2年共聘请4位炒茶技师分别到六枝、盘县和水城传授茶叶加工技术，选派12位生产技术人员到中国农业科学院茶叶研究所接受为期2个月的茶园栽培技术、茶叶加工技艺和茶叶生产管理等系统培训。通过广泛的技术培训，培养了一批生产技术骨干，大大提高了茶叶生产的科技含量，茶叶质量和档次有明显的提高。

1998年，在柳荣祥的促进下，六盘水通过茶叶加工技术培训，引进和消化吸收西湖龙井茶的加工技艺，成功地开发了2个具有地方特色的名优茶。六枝特区茶叶开发公司生产的"乌蒙"牌乌蒙剑和六盘水市科技实验茶场生产的"金福"牌富硒银剑，经农业部茶叶质量监督检验测试中心对感官品质、理化成分和卫生指标的检验测试，2个茶叶均感官品质良好，理化成分正常，卫生指标合格，具有名优茶风格，双双获得名优茶认证。1999年在巩固提高2个扁形类名优茶生产的基础上，又开发出"乌蒙"牌郎山峰和"金福"牌乌蒙春硒毫2个毛峰类名优茶。同时，将名优茶开发工作从六枝、水城扩展到盘县，开发出"信友"牌碧云剑。2年内共开发出5个名优茶，均送样到中国茶叶学会参加第三届"中茶杯"全国名优茶评比。通过名优茶的开发生产，提高了产品附加值，优化了茶类结构，大大提高了茶叶生产经济效益。2年内帮助建立名优茶加工基地8个，实行"公司＋基地＋农户"的模式运作，推动了茶叶产业化经营。通过加工基地建设和名优茶的开发，茶农取得实惠，公司得到效益，为茶叶产业化经营提供有益的经验。如六枝特区茶叶开发公司1998年在大用镇岱港村和毛坡村建立了名优茶加工基地，使2个村400多农户的户均茶叶收入（春茶）达到180元。13户重点产茶户的户均春茶收入达693元，较1997年的户均273元增加420元，增长154%。其中种茶大户李帮顺，1998年春茶收入1120元，较1997年的350元增加770元，增长220%。1999年3—5月六枝特区茶叶开发公司在大用镇大煤山茶场建立加工基地后，共生产名优茶350斤，大宗茶2000斤，创产值5万元以上，较1997年仅创5000元左右的产值相比，增幅达10倍。

为开发全市茶叶生产的资源优势，发展茶叶产业，协助市、县有关部门积极争取项目和资金。1998年度全市争取到3个茶叶项目，总资金890万元（其中：六枝特区的"富硒名优茶加工"扶贫项目资金600万元，"富硒名优茶精制厂"农业综合开发项目资金90万元；水城县的"名优茶基地扩建及加工"农业综合开发项目资金200万元），通过项目的实施，加快了全市茶叶产业发展进程。同时，为更好地实施茶叶生产"两高一优"，在茶园基地建设项目实施过程中积极推进茶树良种化。从外省引进龙井43、迎霜、乌牛早和福云6号4个优良茶树品种，为丰富茶类，优化茶类结构，实施品牌战略奠定基础。此外，他还主持编制了1998年度农发项目"富硒名优茶精制厂"和"名优茶基地扩建及加工"的项目可研报告和扩初设计。

二、六枝茶产业规模化发展的"领跑人"——王兴华

短短的6年时间，六枝特区茶叶种植面积从原来的4万亩存量骤然发展到如今新建的10万亩，六枝茶产业在规模化发展道路上仅用6年时间实现了历史性飞跃。

六枝茶产业的快速发展，除了得益于六盘水市委、市政府对茶叶产业的高度重视和各级各相关部门的关心和帮助外，还离不开一个人，那就是被大家戏称为六枝茶产业规模化发展的"领跑人"——王兴华。

（一）定方向：解决如何种的问题

1988年，王兴华毕业于贵州农学院农学系。毕业后，他进入六枝特区农业部门工作至今。

2013年8月，根据组织安排，王兴华任六枝特区农业局（现六枝特区农业农村局）党组成员、科技事业局局长，其时，他开始负责茶产业发展工作。从这个时候开始，王兴华开始接触茶叶，并提出茶叶产业发展要标准化、规模化（图7-2）。

王兴华改变了以往主管部门大包大揽的做法，比如茶苗由国家购买等，将茶叶

图7-2 时时牵挂茶园长势

种苗采购权交给经营主体，让经营主体用国家奖励产业的钱办自己的事，主管部门只是在规模、技术和标准上进行统一指导，全面提升农民的组织化程度。

作为首次"家庭农场式"规模化种植，曾有人对"扶大户、扶企业"的做法持怀疑态度，有偏见，甚至不同意这种做法。王兴华便直接找到特区领导汇报，领导经研究拍板同意了他发展茶叶的思路。

2013年冬季，六枝特区终于种下了首批面积为19539亩的茶苗。

茶产业规模化发展，对六枝来说是个全新的课题，没有现成的经验可供借鉴。茶叶种下后，如何验收，成为摆在大家面前的难题。为结合六枝特区实际制定切实可行的茶园验

收办法，王兴华到六盘水市林业部门请来专家，利用图斑精细化管理办法，运用卫星监控，种一块定一块，一块一块地勾，第一年验收工作用时85天。

将土地流转权、茶苗采购权、品种选择权等全部下放给经营主体，"扶大户、扶企业"的茶产业发展改革试了一年，各种优势开始逐渐凸显出来（图7-3）。

图7-3 茶叶加工指导

仅从种植成本看，充分放权给经营主体的做法大大降低了茶苗采购成本。2012年，采购权未下放给经营主体前，一株茶苗成本为2角7分钱。到2013年充分放权以后，经营主体按市场规律采购茶苗，每株茶苗仅为1角1分。2014年以后，仅为8~9分。2015年，每株茶苗价格甚至降至6分。

2013年，六枝特区新建茶园保存率达100%。在随后几年的茶叶种植中，六枝特区的茶园保存率均在85%以上。

自2013年开始的茶叶产业发展多项改革措施的推行，六枝特区茶园建园成本大幅降低，这极大地激励了市场经营主体参与茶产业发展的积极性。2014—2015年，六枝特区按相同的模式进一步扩大茶叶种植规模。2014年新增茶叶种植面积37843亩，2015年新增茶叶种植面积34012亩（图7-4）。

图7-4 六枝九层山茶场

（二）讲原则：解决如何生产加工的问题

随着茶叶种植面积的不断扩展，茶叶生产加工、品牌打造及市场销售等问题接踵而至。

为进一步了解茶青、茶叶市场，了解外地茶叶加工、销售等情况，王兴华先后到省内的产茶大县和四川等产茶大省深入考察、学习。考察中，王兴华发现，外地的茶叶加工呈现连续化，茶青不落地。六枝要走好标准化、规模化、市场化、品牌化的全产业链发展路子，茶叶加工厂的建设迫在眉睫。

考察回来后，王兴华提出了茶叶加工厂"六化"建设目标，即茶叶加工厂内部全程机械化、茶叶加工连续化、茶叶生产加工清洁化、加工厂厂区园林化、工厂管理科学化、加工工艺标准化，并提出要按4000~5000亩茶园建一个加工厂的建议。

为了让更多的市场经营主体参与到茶叶生产加工中来，六枝特区出台了一项奖励性政策：建1000m²茶叶加工厂，经验收合格，一次性奖励20万元；建2000m²茶叶加工厂，经验收合格，一次性奖励50万元；建3000m²茶叶加工厂，经验收合格，一次性奖励100万元；建5000m²茶叶加工厂，经验收合格，一次性奖励200万元。政策出台后，六枝特区茶叶加工厂如雨后春笋般迅速崛起。王兴华正是这份奖励性政策文件的起草、参与执行人之一。

通过解决了茶叶种植、加工的问题后，六枝特区茶产业发展所带来的直观效益可触可感：六枝特区茶叶从"好喝但贵、没有产量"迈向了"好喝不贵、产量高"的新阶段。

2012年，六枝特区产出干茶仅有3000斤；2015年，六枝特区产出干茶为1万斤；2016年，六枝特区产出干茶达10万斤。这一年，只是2013年种的茶叶下树之年，当年干茶产量居然是2015年的10倍之多；2017年，六枝特区产出干茶达20万斤；2018年，六枝特区产出干茶44万斤；2019年，估算60万斤。

茶叶种植面积的不断扩展，茶叶加工厂的不断建成，茶叶的高产量把茶叶从价格"神龛"上"拉了下来"。

在六枝，以前3000元都买不到一斤好茶，现在茶叶价格大幅下降到600~800元一斤。2013年好一点的茶至少在2000元以上一斤，2014年，六枝特区茶叶价格有点降幅。2015年，茶叶价格大幅下跌，降到每斤600~800元。名优茶进入大众消费市场，成为普通群众买得起喝得上的干净茶、放心茶。

在推进茶产业发展中，在王兴华的努力推动下，六枝特区还积极支持茶叶企业推进茶叶品牌建设，帮助市级、省级龙头企业申请专利。由农业部门统一在全区推行无公害产地环境认证，督促完成茶产地环境认证，统一为六枝特区打造优质茶产品提供有力的源头性支撑。

（三）谈愿景：整合品牌抱团出山

"种得最多的时候有30多家合作社，随着时间的推移，有的茶叶种植经营主体逐渐被市场淘汰，退出历史舞台"，王兴华说，目前，六枝特区目前现有10万亩茶主要为鸿森、九层山、多彩黔情、合力、元昇5家企业。

"只有以市场为导向，整合力量，抱团出山，才是应市场发展规律谋求更好发展的出路。但政府又不能强拿榔头，强扭的瓜不甜"，王兴华用风趣的语言描述了当前茶叶产品、茶叶企业、茶叶品牌整合的重要性。

据悉，六枝特区目前共有各类茶叶品牌21个。如何让当前的茶叶企业强化合作，将茶企业的松散型合作转向深入型合作，统一标准、统一品牌、统一营销，这成为六枝特区茶产业发展道路需要解答的新命题。

"茶产业要腾飞，一是建议政府配套建设茶园基础设施，尤其是水电路讯；二是茶叶企业的融资环境，尤其是在企业建设初期给予一定支持"，王兴华说，水是茶叶产业发展基础环节中的命脉，要种茶、种出好茶，没有水不行。没有电，水抽不上去，也不行。在茶山上，电话没信号，谈不了生意、做不了电商，更不行。而作为农业企业，茶企在贷款时因为要支付担保费而导致成本过高，建议政府在茶园建设初期在茶企贷款时给予一定的贴息。

"我的理想是将六枝特区茶产业打造成一个产茶 100 万斤、产值 10 亿元的产业！"对六枝特区未来茶产业的发展，王兴华信心满满。在他眼中，六枝特区茶产业未来不仅将会成为政府财税收入来源的农业产业，还将是以人才为核心，融合茶叶历史文化、茶叶种植文化、茶叶销售文化为一体的文化产业，还将是茶旅一体化发展的高端农旅产业（图 7-5）。

图 7-5 生产、疫控两不误

三、从"为生计"到"为使命"的"茶界女超人"——叶芳

"自家走的路，从哪里都可以聊得起！"从落别乡的一个普通农家女子，凤凰涅槃成为六盘水市闪耀的创业致富明星，她的成功让人钦佩与羡慕，但她的茶故事更令人动容。说到做茶的经历，叶芳尽管眼眶红红的，但她的脸上却一如既往地挂满笑容。

2010 年，叶芳在外工作多年后返乡，几经周折将落别乡红星茶场的 200 亩茶园承包过来，从那时起到如今，经历了太多的坎坷"茶路"，她从一名"为生计"做茶的普通人转变为一名"为使命"做茶的"茶界女超人"。

（一）梦起武夷，情归故里

1998 年，年仅 21 岁的叶芳完成学业后，原本可以考个工作，但不甘平庸的她，怀揣着创业的梦想只身外出打拼，人生的首站选择了素有"丹山碧水"和"茶树品种王国"美誉的福建省武夷山。在这里，大红袍、肉桂等知名茶叶畅销海内外，利润十分可观。想到家乡的绿水青山、气候土壤适宜茶树种植，叶芳萌发了发展茶叶种植致富的念头。为此，学茶艺、奠基础、谋发展成了叶芳的事业发展规划（图 7-6）。但令叶芳没有想到的是，当时武夷山的一些小茶坊招工不授艺，半年不出师，让人难以看到希望。凤凰觅巢，无枝可筑另高飞，皇天不负苦心人，兜兜转转10家茶叶加工厂以后，同年12月，叶芳终于找到了拜师学艺的筑梦之所——武夷山芳茂茶厂。

图 7-6 茶艺展示

叶芳苦练基本功，从最苦最累的杂活开始做起，先后学习了泡茶技术和制茶工艺。通过6年刻苦学习，叶芳熟练掌握了泡茶、制茶工艺后，毅然选择了返乡创业。

2004年，六盘水开发建设给她带来了又一个新机遇。在朋友的介绍下，叶芳利用自己打工积攒下来的10万块钱，同时用落别乡老家的房子抵押贷款10万元，与朋友合资在水城开办了砂石厂，经过4年辛苦的打拼和积累，她掘到了人生创业的第一桶金。

一次同学聚会茶山行，当时叶芳深入牛角村知青茶园内，满园的杂草胜却茶树的长势，叶芳看在眼里，惜在心里。聚会结束的第二天，叶芳探寻到了该茶园的归属管理方，经过多方的努力，这片荒遗的知青茶园终于迎来焕发生机的春天。

"只想着把200亩茶园的茶做好，卖出去，养活家人！"叶芳做茶的初心是简单而朴素的。经过前后近2年时间马拉松式的"商谈"，叶芳终于如愿以偿，投入数万元承包了位于牛角村荒于管理的200亩知青茶园，后期又投入15万元改造茶园，叶芳从此走上"茶路"。

（二）勃发"茶"初心，抢抓政策机遇扩充事业版图

天时地利人和，叶芳接管知青茶园的第一年，由于以前学习打下的基础，茶树长势喜人，当年实现了即管即收的丰收盛景，茶叶产销利润高达20万元。而在当时，六枝的茶叶面积不大，茶叶品牌商标注册更是屈指可数，看到这一势头，叶芳萌生了与群众抱团发展的念头。

2010年9月，叶芳成立了六枝特区高山种养殖农民专业合作社，并一次性投入200万元，在原折溪乡木伐田村、落别乡周边等地扩种茶叶1400亩，有效带动上万人次实现就业。于2011年10月成立贵州鸿森茶业发展有限公司，并在原有的茶叶规模基础上，经过深思熟虑之后，在原折溪乡直溜村、六堡、刘家屋基、大溪寨，中寨乡等地，扩种茶叶1万亩，在当时很多人看来，叶芳这一举动收益与风险并存。可在她看来，茶叶的发展机遇贵在"绿"，贵在生态，绿水青山要变成金山银山，与标准化、规模化、生态化的农业发展密不可分。如今，叶芳坚持换来的是满园的茶香，尽管前期投入的资金高达上千万元，但走进郁郁葱葱的茶园，青山苍翠，嫩芽勃发，丰收在望，怎一个喜字了得。

（三）"为生计"到"为使命"，弱女子变身"女超人"

"着火烧，乡里不敢通知我，怕我坐在地里哭"，就在叶芳的茶园刚刚可以采茶的时候，被火烧了1000多亩，损失了500多万元。

2013年，叶芳的公司在中寨乡境内种下了1300多亩茶叶。茶苗种下后，遇到连续3年干旱。茶苗因缺水不断干死。干死了又栽，反复补栽了3年……

"刚种下，转个背就被（冰雹）打完了！"2017年4月30日，当年3月份刚种下的200多亩石斛和茶园新种的1700多亩茶树，被一场突如其来的冰雹打得精光。

"看到第一批种茶的乡亲都变成了老人，有的甚至已经不在人世。一定不能做垮，不然对不起这帮风雨中陪伴我起步的乡亲们！"接踵而至的打击，并没有压垮这个看似弱小的女子，反而让她更加坚强。

"当产值与投入不成正比时，心里就痛苦了。种茶的乡亲大都五六十岁了，不能欠人家的钱。要丢一片基地简单，但你丢下的是一群人的付出"，叶芳说，企业的成长壮大，除了乡亲们的支持，还有30多名一直跟随企业成长的员工的坚持，无论如何，要坚持走下去。

"要砸就砸得彻底，要输就输得痛快。"创业中，叶芳的茶叶在面临困难时，她不听家人的劝解，毅然选择为了继续发展茶叶将她多年在六盘水及六枝城区购买的房子和门面全部变卖，并将变卖所得的全部钱"砸"在茶叶基地的扩建上。看到叶芳近乎"倾其所有"的举动，有人劝她"与其这么操心，还不如把茶叶基地的股份转让出去，随便卖个一两千万，买十几套房子和门面，每月收一收房租，自己不但不操心，反而生活得自在、悠闲、不操心"。但叶芳认为却说宁愿要茶叶，也不要房子和门面，安享其成，没有挑战性，叶芳说，自己如今没有一套住房，任何人都不会相信。

以"把茶叶做大、做强、做出品牌"为初心，叶芳选择"拼了"。功夫不负有心人，叶芳不顾一切地付出开始有了收获，她的茶叶卖到几万元一斤，铁皮石斛茶也卖到每斤一万多元的高价。如今，经专家评估，叶芳的茶叶基地及茶叶品牌价值上千万元。这位曾经从山区走出只是"为生计"做茶的女子，转身成"为使命"做茶的千万富翁（图7-7）。

图7-7 控生产质量

多年来，叶芳先后获得农村致富带头人称号、贵州省创业之星、全国创业之星等荣誉，公司被评为市级和省级重点龙头企业、优秀农业企业等。

"爱笑的女孩运气不会差"，尽管眼里已噙满泪水，叶芳也从未忘记过要微笑。也许，这种微笑，为她成为"茶界女超人"的提供了"能量源"。

四、充分运用大数据种茶——陈燕青

将时光退回到刚毕业时，陈燕青还是一名对茶知之甚少的"行外人"。2009年，陈燕青毕业于郑州电力高等专科学校供用电技术专业，毕业后曾在3家私营企业供职过。在浙江期间，陈燕青认识了当时做茶的老公。之后，老公在来到自己的家乡——六枝特区月亮河乡时，看到大山重峦叠嶂、河流里鱼虾戏水的月亮河时，陈燕青老公当即决定留下，充分利用月亮河良好的种植条件发展茶叶种植。

六枝特区月亮河乡距六枝城区约30km，南临水黄高等级公路15km，距闻名世界的"黄果树瀑布"47km，平均海拔约1200m，具备优越的茶叶种植优势。

"我出生在月亮河，如果做不好茶产业，就不能更好地带动乡亲们致富，就对不住脚下这片土地！"1986年，陈燕青出生在六枝特区月亮河彝族布依族苗族乡（图7-8）。用她自己的话说"自己是一个不善歌也不善舞的苗家姑娘"，作为土生土长的月亮河人，自决定发展茶产业时起，她与家人一致决定要在产业发展初期就让当地群众享受到茶产业发展的红利。

图7-8 布依女孩

从种植初期，陈燕青充分尊重乡亲们的意愿，所有土地都是全部完善了相关手续后才开始种茶的，并且，在开种前，就全部兑现了群众以土地入股应该得到的分红。当然，在发展初期，也不是所有乡亲都理解和支持她种茶的举动，甚至有的乡亲持质疑态度，认为她"一个小姑娘能干成什么大事？"为了争取一名乡亲的支持，说服他以土地入股茶园，陈燕青带上瓜子、花生，用了5天的时间，与乡亲摆龙门阵、聊天，最后，她的真诚打动了这户人家，同意将土地入股茶园。

"种植前的土地流转是一件艰巨的难题，同时也是我坚定要继续走下去的理由。我们选址附近的农户从未听说过什么叫土地流转，什么叫农业产业化，更不相信一个毛头小孩能在他们的土地上做出什么花样来，当时，乡里的领导亲自带队组织农户集体商议，一次通不过再来第二次。经过几个月的调解，大家终于同意将土地流转搞茶叶种植，土地流转合同签订到徐家寨一名刘姓老人家的时候，他的一席话，让我觉得这个事业不是我一个人的事业，更是一种社会责任"，陈燕青说，当时，这名刘姓老人家说："姑娘啊，我们上邻下寨的这点荒山在手头上虽然每年也就是砍点柴火用，但那是我们农民的根基啊，现在你来承包做事，期望你能够利用好它，让我们有生之年能看到它带来的变化。"这让她心存感激的同时，也倍感责任之重。

2013年5月份，陈燕青的茶园开始真正进入项目调研阶段。项目调研完成后，陈燕青对茶叶的种植管理加工及销售，传统渠道的建立维护完善等有了初步的认识。她结合自己的土地资源、自然生态资源、渠道资源和人力物力资源，最终选择了结缘白茶一号和黄金芽2个品种。

"带着家人的忧虑，2013年11月，跟三妹一同成立贵州多彩黔情生态农业有限公司，新建茶园（虞青茶园）1000余亩（图7-9）。听着貌似一气呵成就完成了一样，其中的艰苦和欢乐我想每一个创业者都经历过。"陈燕青说，她将铭记2013年寒冬那个早晨，白霜将土撑起了四五厘米高，许家寨的一名刘姓老人弓着背跟大家一起在种茶，

图7-9 虞青茶园云雾缭绕

显然老人动作缓慢了很多，但她努力地在紧跟大家的节奏。这一片茶山并没有她家的土地，看到陈燕青走近，老人跟她说"哪个时候也把我们梁子上那一片也开发来种茶就好了"，陈燕青知道她只是一个留守老人，身体还有不便，每一次见到都劝说她回家休息不要来上工，给她工钱就好了，老人语重心长地对陈燕青说"姑娘啊，我腿脚都还动得了，你就让我来跟着做做工，挣点盐巴钱，你们今后做大了发财了，我们也就跟着享福了"，陈燕青说，尽管创业之路困难重重，但是有父老乡亲们如此这般的期许，她的创业有了一路的温暖。

得到了乡亲们的支持，陈燕青的茶园建设进行得相对吃香。第一批订购的茶苗到达茶山后，看着即将被剪掉20cm多的穗条就要这样被扔掉，心痛之余，陈燕青及时咨询本地涉茶人士寻求解决办法，同时在网上通过"百度"搜索，最终还是"度娘"给了她很多茶苗扦插的技术文章。依托网络，在-5℃的恶劣气候条件下，陈燕青和70多岁的爷爷自制工具，带着父老乡亲奋战了1个月，完成了初期茶苗种植。第二年冬季，虞青茶叶

苗圃基地拔地而起，收获了200万株茶苗（图7-10）。

陈燕青通过网络查询茶苗扦插技术，尝到网络解决的问题"甜头"后，陈燕青还借助专业的大数据工具开展茶叶加工技术实验，研发新的茶叶产品。

为找到更适宜的茶叶加工工艺，不断提升茶叶品质，2016年春，陈燕青带领她的技术团队，通过网络查询、收集了大量资料，每天变着参数做不同的技术实验，茶青、茶机、茶量、锅温、时间、人员等环环相扣，记录、实验，实验、记录……无数次的反复试验，虞青白茶、虞青黄金芽成功面世（图7-11）。在2017年、2018年、2019年的"黔茶杯"名优茶评比活动中，虞青白茶、虞青黄金芽分别获一等奖、二等奖殊荣。

图7-10 采摘黄金芽

图7-11 产品审评分析

从如何种茶、如何管护茶园、如何防病虫害、如何坚持绿色种植、如何提高产量、如何提升加工工艺、如何提升技术等，到如何突破技术壁垒、如何研发新品、如何建设销售渠道、如何建设自有品牌、如何解决资金困难、如何在茶园成长期企业自我造血、如何开展高端茶订单销售、如何做好茶产品源头溯源等一系列企业发展壮大过程中遇到的问题，陈燕青充分利用专业的大数据分析工具，在海量信息中一一筛选出自己所需要的答案。目前，她准备研发富含维生素C的"刺梨红"，立足市场需求，研发保健、康养的类茶产品。

"大数据告诉我，现在，袋泡茶、花果茶很受欢迎！如果说家人是我创业路上最最强健的后盾，那么，'度娘'是我创业路上最全面的老师！"陈燕青说。

除了要花大量时间和精力说服当地群众以土地入股茶园，陈燕青还在后期发展过程中遇到了资金瓶颈、加工技术、市场营销等困难，但在当地党委、政府和金融机构的关心支持下，在她与家人、合作伙伴的共同努力下，陈燕青的茶场顺利度过了资金瓶颈期，新建了规范化茶叶加工厂，成功打造出虞青白茶、虞青黄金芽等高端品牌，并探索出一条大众化的袋泡茶产业研发之路。

"运气好，总是遇到贵人！"陈燕青笑言，发展茶产业初期，她并不懂茶，她与茶的缘分，从她与老公相识的那一刻起便已注定，尽管在后来的茶路上并非顺风顺水，也曾遭遇过不少挫折和困难，但在平和而执着的陈燕青眼中，她将这些困难的解决归功于"贵人相助"和"大数据给力"。

正是一路往茶前行，陈燕青在创业路上勤学好问，以大数据为支撑，她和虞青茶园不断取得新的成绩：2016年2月荣获"2015年度大学生自主创业典型"；2016年9月取得贵州省职业技能鉴定考试指导中心颁布的"茶艺师三级"职业资格证书；2017年，虞青茶园先后荣获六枝特区妇女创业就业基地和六盘水市妇女创业就业基地称号；2019年9月，陈燕青荣获六盘水市"十佳种植能手"。

五、打铁关关隘上的茶人——张双文

图 7-12 张双文

从种植、加工到销售，再到品牌打造，打铁关翠芽的成名，离不开一名"关隘上的茶人"——张双文（图7-12）。

200多年前，张双文祖上沿着古驿道从湖南往云南做生意，途经打铁关时，发现这里山清水秀、人杰地灵，便在此定居下来，并在打铁关开茶馆，为过往的客商提供茶水和简餐服务。

据打铁关当地人口口相传，清道光年间，林则徐携随从路经打铁寨（今打铁关），在张双文祖上所开的茶馆歇息，茶馆主人用自制的芽茶冲泡茶水，众人饮之，顿觉口舌芬芳。有部分随从原感腹胀不适，在饮茶半个时辰腹胀三感全部消失。林则徐令下属向农户购得此茶，主政云南期间其皆饮此茶。

今六枝特区打铁关翠芽因这些历史文化而生辉，打铁关也作为六盘水10段茶马古道之一被纳入全国重点文物保护。

作为生于斯长于斯的打铁关人，张双文于1982年进军营当兵，1986年退伍。回到老家后，他开过小煤窑，当过村干部。1991年底，依托打铁关深厚的茶历史文化和打铁关良好的自然地理优势，组织村里

图 7-13 细仔观察茶叶长势

召开动员会，发动当地群众发展茶叶种植。1992年，张双文开始正式种植茶叶（图7-13）。

"浙江茶商来收购1芽1叶5元一斤，用背来的锅一炒就卖到几百元一斤。"种茶初期，张双文发现外地客商到本地以最低的价格收购茶青经加工后价格翻了数十倍。张双文心里很不是滋味，下决心一定要把炒茶技术学到手，把利益留在深山，让山区村民共享茶叶种植带来的红利。于是，善于琢磨茶叶的张双文一有空闲，就去浙江茶商那里"聊天"，偷偷学习炒茶技术。2008年，他成功掌握了炒茶技术，从此，茶园的茶青不再外卖，自己炒。

"'头春茶'，我们也叫'明前茶'，是一年中品质最好的茶叶。采回来的茶青要平摊晾放，充分蒸发水分，这叫晾青。晾青后通过杀青、揉捻、干燥、筛末、复火等加工程序，制成成品茶叶"，现在，张双文不仅是打铁关关隘的种茶"好手"，更是制茶的"好把式"。

随着茶叶种植规模的不断扩张，为了专职发展茶叶，张双文于2012年辞去村干部职务，从2013年起专职发展茶叶。随后，张双文又在打铁关周边种植茶叶4000余亩。

由于打铁关翠芽口感好，市场上供不应求，原有的茶叶基地远远不能满足广大消费者的需求。2012年6月，张双文注册了六枝特区双文种养殖农民专业合作社，决定继续发展壮大茶叶基地。

2013年，张双文在郎岱镇大云坡选择了无污染、适宜茶叶生长的坡耕地4300亩种植茶叶，使得茶叶基地规模达到4800余亩。他秉承要做优质茶叶的观点，在种植茶叶中坚决做到不施用农药、化肥，全部按照有机茶标准建设基地，精心的管理，使得茶叶基地的投入成本增加，每年除了要支付的土地租金达25万元外，人工投入也达150余万元。在大云坡茶叶未投产的前几年，打铁关茶叶基地的收入全部投入大云坡这片茶叶基地，此外张双文又向亲朋好友和银行进行了借贷，在债台高筑期间，他也从未放弃过要打造优质茶的初衷。

经过多年的苦心经营和管理，张双文的茶园开始有了收获。2017年，茶叶基地全部实现了开采。他的加工基地，也进行了"鸟枪换炮"，现建成占地12亩现代化富硒茶加工厂，建筑面积3100m²，茶叶加工生产线2条，日加工成品茶叶1000kg，年加工茶叶120t，年产值达1000余万元（图7-14）。

图7-14 标准化茶叶加工厂

如今，双文合作社已形成集茶叶种植、加工、销售为一体的茶叶产业，并创立了"打铁关翠芽"品牌。产品远销河南、浙江、福建等地。合作社在郎岱镇驿陇村和月亮河乡郭家寨村种植茶叶3200亩，加上原在上寨村打铁关的老茶园和田坝村的新茶园，茶叶种植面积5000余亩，产业覆盖39个村民组2200多户7200多人。据统计，在双文合作社常年务工人数达到160余人，临时务工人员累计达到6000多人次，为当地群众提供了脱贫增收的好渠道。

"在实现同步小康的路上一个都不能少"。一人富，不算富。发展茶叶产业，就是要带动更多的贫困户脱贫致富。张双文一直扛起脱贫攻坚这一责任，在他的茶叶基地里，贫困户优先务工，即使在资金最困难的日子，贫困户的工资从来都不拖欠。茶叶基地建设以来，共带动周边贫困户180户400余人脱贫致富。

"要做就做最好的茶叶"。多年来，张双文一直都致力于传承和发扬打铁关翠芽这个品牌，为此，他先后注册的"打铁关翠芽""岩疆锁钥""郎岱翠芽"等茶叶品牌商标。良好的种植环境，精心的种植管理，他生产出来的茶叶除了受到消费者的认可，也获得了有关部门的认可，原贵州省农业委员会经过专业的抽查检验后，先后为他颁发了"无公害农产品产地认定证书""有机产品认定证书"。此外，他注册的合作社还获得了贵州省级重点龙头企业、六盘水市重点龙头企业、六枝特区优秀农业企业等荣誉称号。2019年9月，张双文荣获六盘水市"十佳种植能手"。

六、放弃了"铁饭碗"的茶人——陈朝雍

从农牧站工作人员到桑果茶站站长，再到六枝特区茶叶开发公司的副经理，正值风华正茂、春风得意之时，他却主动放弃了这个令人羡慕的职务，当上一名真正意义上的茶人——贵州省六枝特区天香茶业有限公司董事长陈朝雍（图7-15）。

1993年，六枝特区龙场乡（现六枝特区龙河镇）建了50亩密植免耕茶园，但当

图 7-15 陈朝雍

时陈朝雍还在农牧站工作，并未接触到茶叶。陈朝雍真正接触茶叶，是从1994年开始的。当年，龙场乡新建了200亩茶叶基地，并设桑果茶站，陈朝雍任站长。作为桑果茶站站长，陈朝雍想法筹措资金，依托于1989年就已建成的民山茶场，新建50亩茶园，意欲打造六枝特区富硒茶试点。1995年，在陈朝雍的推动下，桑果茶站购进茶叶加工设备，开

始作坊式生产茶叶。因在桑果茶站任站长多年，具有一定的茶叶种植、管理及加工经验，1999年，陈朝雍调任六枝特区茶叶开发公司任职副经理，主要负责茶叶的品牌创建和市场营销工作。

"以'乌蒙'为商标的系列茶叶商品，对营销起到了巨大的积极促进作用"，陈朝雍说，在承包公司茶叶面向全国销售期间，由于当时产品匮乏，茶叶销售工作进展顺利。其时，六枝特区茶叶开发公司创建了"乌蒙"商标，开发了"乌蒙剑"等系列茶叶产品，"乌蒙剑"与盘县"碧云剑"、水城县"倚天剑"合称为六盘水"三剑客"，在贵州境内形成了一定影响力。因觉得在国企没有太多主导权，一心想做成一个茶叶企业的陈朝雍，在自己的仕途顺风顺水时毅然决然地做出一个决定：辞职！

2009年，陈朝雍离开六枝特区茶叶开发公司，与一起辞职出来的另两名同事共同投资成立贵州省六枝特区天香茶业有限公司，开始了走上了创业道路。

从最初承包400亩茶园做起，天香茶业公司逐年发展壮大。2012年，公司自建茶叶基地3000亩，自此，公司有了自己的"根据地"。基地建成后，陈朝雍与合伙人开始租用厂房生产茶叶。

2015年底，天香茶业公司投资800余万元，自建了一个3000m²多的厂房，逐步形成茶叶种植加工一体化发展模式。

"人生草木间，做茶如做人。作为一名茶人，除了要及时找到茶产品的闪光点外，还要做到诚信做人，以信誉谋发展"，多年来积累的茶叶种植管理、营销经验，使陈朝雍意识到商品品牌的重要性，通过努力，天香茶业公司注册了2个商标，其中"郎山春"被认定为贵州省著名商标。公司基地也通过了中国绿色食品发展中心认定为绿色食品基地。

"公司将继续围绕'建基地、建厂房、创品牌'的思路，以市场为导向、以科技为动力、以质量求生存，诚为本，稳步发展"，陈朝雍认为，发展茶叶有三大好处，一是从政治角度看扶贫效果好，茶叶种植企业属劳动力密集型企业，天香茶业公司共有农户以土地入股1000亩，带动农户54户；二是从生态效益角度看，将荒山野岭变成绿意盎然的茶山，很好地改善了生态环境；三是从经济效益角度看，企业也通过销售茶叶产品实现了赢利。

七、将革命传统精神融入茶业——陈朝华

他曾参加过越战，接受过战火的洗礼，在收服"老山松毛岭"战役中腿受伤残疾退伍专业回到家乡。这些经历，历练出他不畏艰难险阻、勇于担当的男儿本色，更铸就了他革命乐观主义、勇往直前的意志和迎难而上"新长征"精神。从部队退役后，他办过

煤矿、搞过工程，积累了一定财富，却自醒到"小煤窑"开采对生态环境带来的破坏。在政策的鼓励下，他最终选择关闭煤窑，走向深山开荒种茶，转型走上了一条绿色发展之路，继续带领乡亲们共同致富。他，就是六枝特区朝华农业科技有限公司负责人——陈朝华（图7-16）。

图7-16 陈朝华

"一人富不叫富，众人富才叫富"，陈朝华家住六枝特区落别乡落别村，从小生活在农村的他，深知乡亲们生活的不易，自懂事后便暗下决心，长大后一定要干出一番大事业，带领乡亲们一起致富。正是有了对故土的这片热爱，陈朝华放弃原本悠闲、富足的生活，于2013年开始在六枝特区境内种茶，从此，走上一条艰难的茶路。

当时，为了种茶，陈朝华向一片荒山进军。开荒的过程是艰辛的，当时这里杂草丛生，根本就找不到路，陈朝华便调来挖掘机开路，不仅开出一条进山种茶之路，还把一片片荒地翻耕得有模有样。荒山开出来了，陈朝华拖着原来在战争中受伤的腿翻山越岭，走遍茶园的每一个角落，使旧伤复发。吃苦受伤不说，种植茶园不仅需要投入大量的人力物力，还要协调各方关系流转土地，从开办煤矿到转型走茶路的陈朝华感到压力不小。

逢山开路、遇水搭桥，陈朝华以多年来积累下的经商经验和市场眼光种茶，初种茶时，陈朝华便遵循"绿色、无害"的理念，坚持不用农药。同时，结合市场需求、种植时间等因素分时段分批量种茶，种植有铁观音、金观音、红玉等品种，实现了高、中、低端茶叶品种的全覆盖。在管理方面，陈朝华事必躬亲，一丝不苟。种茶、采茶时，大部分时间都在山上住着。其他时间，便忙着营销。

2014年，陈朝华成立了六枝特区朝华农业科技有限公司。同年在落别乡流转6000亩土地种植茶叶，主要品种为福鼎大白、龙井43和名选131等。陈朝华采取"三变"模式，让农民以土地入股、向农民提供就业岗位等方式带动当地群众共同致富。在不断发展壮大公司的同时，他还不忘带动同行企业发展，2017年带领10家公司（合作社）共同注册成立了贵州合力茶业（集团）有限公司。形成多家茶叶企业资源共享、抱团发展的新格局，解决了茶叶销售难等问题。目前基地长期用工2000余人，茶季农忙时节用工人数愈4000人，茶青收购时每月发放劳务费500多万元。公司现有海拔1600m以上优质茶园基地8200亩，注册了深受消费者青睐的"凉都茗香"品牌。企业发展的过程中，陈朝华还通过"公司+基地+农户"的模式，将周边的村民变成了茶农，茶叶基地的发展壮大，提供了一个需求巨大的就业平台，持续助力当地脱贫攻坚，到茶园务工人员涉及两个乡镇，辐射带动周边农户2000余户。

"绿水青山就是金山银山"，陈朝华不断调整发展方向以适应现代高效农业经济健康发展。他依托六枝特区高山云雾的自然优势，遵循现代农业内涵概念，坚持以国内市场为导向，国际市场为视野，农业科技为载体，探索现代农业发展路径为重点，创设集现代农业、休闲旅游、养生养老、文化研究为一体的多功能型现代企业。准备依托茶园修建200栋小木屋，推进茶旅一体化发展。同时，他还准备在茶园内搞拓展训练营，让孩子们到这里体验生活，以军事化管理的方式，让孩子学会感恩，学会做人。

陈朝华说，农业产业虽然投资大、见效慢，但作为一名退役军人，他将不忘初心、牢记使命，继续发扬革命传统，以"新长征"精神把这条茶路坚持走下去，实现他从小就立志要实现的"让同村老百姓在家都有活干、有钱挣，为同村老百姓买养老保险"的梦想。

八、向世界推销凉都茶的茶人——柯昌甫

"赞！盘州茶亮相美国，连样品都被抢空！""六盘水市'盘州春茶'亮相'美国世界茶业博览会'"……

美国时间2019年6月11日，"美国世界茶业博览会"在拉斯维加斯国际会展中心LAS VEGAS C隆重开幕。贵州亿阳农业开发有限公司带着"盘州春"来到拉斯维加斯，让"盘州春"茶进入到美国人的视线，寻求与美国客商合作，打开盘州茶叶在美国的销售窗口。展会现场，往来客商对"盘州春"茶赞不绝口，展会最后"盘州春"茶销售一空，很多消费者和客商更是连样品都高价收入囊中，多家媒体发布了"盘州春"在美国世界茶业博览会上告捷的好消息。

是什么让盘州春茶走出大山、走出国门、甚至走向国际？

除了各级各相关部门对茶叶企业发展给予的大力扶持外，不得不说说做茶"有一套"的柯总。

（一）独辟蹊径的茶企运营管理理念

在业内，说到做茶"有一套"的柯总，大家都知道说的是贵州亿阳农业开发有限公司董事长柯昌甫（图7-17）。

"东西好，光自己讲好不行，要别人讲好才成；光别人讲好也不行，要卖出好价钱才成！"从事建筑行业的柯

图 7-17 柯昌甫

第七章 —茶人篇

169

昌甫，将前沿商业理念植入茶企业发展中，第一天、第二天他并不是急着卖茶，而是背着茶叶四处请客人品饮，同时制作一些茶叶小礼品到处赠送，这种主动出击的营销模式，最后不仅让"盘州春"茶在"美国世界茶业博览会"上全部售罄，还实现了样品茶卖到800美元每斤的不错单价（图7-18）。

图7-18 柯昌甫带着"盘州春"茶到美国参加
2019年世界茶业博览会

在销售上和种植管理环节，柯昌甫同样有自己的独特思考。首先坚持做高品质、绿色、纯天然的有机茶好产品自己会说话！选择适宜的茶树品种，严格有机管理提升茶叶品质，打造符合茶企目标客户群体定位的品牌。然后柯昌甫坚持限量生产，虽然茶叶价格高，市场却很走俏，目前远销山西、青岛、大连、江苏、浙江、福建等地，口碑极好。还出口到香港、马来西亚、欧洲等世界各地。

（二）割舍不掉的浓浓故土情

在承包茶山初期，身边的朋友曾问柯昌甫，在工程上做得风生水起，为啥还在冒着风险将钱撒到山上找罪受？柯昌甫只是笑笑，他知道，自己心里有一份无法割舍的浓浓故土情。

"曾祖父常喝茶，以此化痰，活到90多岁"，柯昌甫说，其曾祖父是清代跑马帮的"马哥头"，曾带着人马到缅甸贩卖过茶叶。祖父辈、父辈均喜茶，家里的神龛上、木柜里都存有坨坨茶和饼茶，正是受家庭的熏陶，柯昌甫从小与茶结下了不解之缘。

柯昌甫酷爱中国历史，曾当过人民教师，后转行从事建筑行业。直到2010年，他最终因为割舍不掉的浓浓桑梓情，回到家乡种起了茶叶。作为盘州春品牌的创始人，柯昌甫讲到，"我之前从事教育工作，当过人民教师，后来从商，几经波折，最后还是决定回家乡发展，带领乡亲们脱贫致富。我们当地茶叶很好，但是没有自己的品牌，农民们不知道销路，所以我决定创立'盘州春'，开启家乡种茶人的致富梦。"

"茶树，是致富树"，柯昌甫出生于盘州市羊场乡红花湾村，地处偏远，山高壑深，是羊场乡唯一一个深度贫困村。居住在这里的村民，除了种植玉米、洋芋等传统农作物获得微薄收入外，很难再从地里"刨出"一点有价值的东西。2011年，柯昌甫承包了这里几个山头的土地，成立了贵州亿阳农业开发有限公司，建起了茶场，种植高品质龙井茶叶1000余亩。说起当初建茶场，柯昌甫感慨不少，"为了建设这个茶厂，我付出了全部心力，就是为了建立一个属于我们盘州人自己的茶叶品牌，带领村民们富起来。"

打造好品牌的同时，亿阳农业一直走在扶贫的路上。因为海拔高，山高坡陡，交通不便，加之投入大。见效慢，柯昌甫笑言，这是他"做得最心惊肉跳的一个项目"。但是为了回报家乡，带动乡亲们增收致富，他还是咬牙坚持。哪怕是他在做项目最困难期间负债上千万元时，他仍未想过放弃茶山。7年来，这个当初被村民们认为"石头扔下去泡都不起一个"的项目，正慢慢地"显山露水"，而村民们也理解了柯昌甫反哺家乡的一片苦心。茶场建立起来后，需要人力采摘除草、修枝等，村民可就近务工，增加收入。"采一斤春茶50元，一天能采两三斤，能赚100多元。"村民张如芬说，有的村民为了多采茶，中午都不回家吃饭，茶场还给他们提供食物。"能得到他们的认可和支持，充分说明这个项目做得好，满足大家的需要，也说明了乡亲们的思想观念在转变，脱贫致富的主动性在增强。"柯昌甫说。在扶贫路上，不能丢下一个贫困家庭、不能丢下一个贫困群众，近年来，亿阳农业为周边500余户贫困户1000余人提供了就业机会。同时，通过采茶、除草、施肥、管护茶山和果园等管护，让周边村民在家门口就能实现就业。

2014年，为了带动更多群众致富，柯昌甫创建贵州亿阳农业红花湾生态观光园——花都溪谷。花都溪谷占地2000亩，种植有精品水果车厘子、杨梅、霜桃、樱桃、蓝莓、草莓等。公司以当地民族文化融入特色城镇、绿色生态、环保健康的理念、全力打造一个高品质的茶产业，综合农业开发，旅游观光、餐饮住宿、休闲采摘、养生度假为一体的生态旅游农业园区。2018年10月，柯昌甫将其投资近千万元承包流转的2000余亩花都溪谷项目无偿赠送给当地农户，其中投资近600万余元的果木均已挂果，这让农户得到了实实在在的收益。如今，望着生机盎然的茶园，柯昌甫真正实现了百姓富、生态美的有机统一，把绿水青山变成了金山银山。

对创业者来说，事业和家庭是永难平衡的天平两端。为了找寻高品质茶叶品种、学习全国各地的先进技术，短短几年时间，柯昌甫几乎跑遍全国各地所有茶山，有时一出差就是半个月之久，哪里有茶他都会跑去学习、交流。从无到有，从未知到慢慢熟悉。由于常年在外奔波，以至于父亲80岁寿宴他都没来得及赶回去。创业十几年来，不断投入大量资金到企业中，如今全家住的房子还是多年前的楼房。

说到这里，柯昌甫感慨万千。"我亏欠家人！""每次出差归来都感觉孩子变化很大，最扎心的是孩子眼睛里一瞬间闪过的陌生感。所以，每次和孩子们的团聚，我都必带他们去看一场电影。为他们打拼的时间一大把，陪他们长大的时光只有一小段。"

柯昌甫还说出了他一直以来的两个梦想，第一是亿阳坚持以"生态产业化，产业生态化"绿色发展为宗旨，让村寨实现百姓富、生态美的有机统一，真正把绿水青山变成了金山银山；第二个是让"盘州春"茶成为家乡脱贫攻坚的致富茶，努力打造好"盘州春"这个品牌，让"盘州春"深耕贵州走向世界！

九、用十年成就"保基绿茶"的坚守者——范德贵

10年时间，他硬是在别人都不看好的保基乡种出了品质优、口感好的"保基绿茶"；10年时间，他不仅种出好茶，还打出好品牌——"保基绿茶"荣获第十一届"中茶杯"评比"优质茶"，"保基绿茶"为品牌的绿茶获国家地理标志保护产品……

保基乡地势西高东低，海拔落差大，高海拔地区常年云雾缭绕，属典型的喀斯特地形地貌，具备良好的茶树种植条件。作为世袭土司龙天佑府衙所在地，这里不仅有着源远流长的种茶历史，还有着深厚的民俗文化和"敬三道茶"的茶历史文化。正是有了这些独特的优势，范德贵（图7-19）选择在保基种茶，从"孤军奋战"到成立合作社，他用10年时间的坚守，创造了"保基绿茶"品牌传奇。

图 7-19 范德贵

20世纪80年代中期，全国兴起一股"下海"浪潮，范德贵也琢磨着"找点儿事儿做"。机缘巧合下，1986年他去往武夷山学习种茶，这一去就是3年。3年学成归来后，他信心满满准备大干一场。

"当时确实没有这个条件，土地没有流转，也没有政策支持。"一时间，他难过却又无能为力。

"别灰心，总会有机会的，咱可以先做点儿别的。"妻子陶祝仙不断安慰着，范德贵也逐渐恢复过来。他心想着"茶叶是个好产业，自己学的知识肯定会有'用武之地'那一天"。

于是，他开始了打零工、做餐饮、开煤矿……在等待"时机"的这些日子，他攒下不少积蓄，为日后种茶打下坚实基础。

时间匆匆而过，一晃到了2010年。这一年，盘县出台了《关于加快盘县茶产业发展的意见》和《盘县茶产业发展长效激励机制实施意见》。保基乡也收到了300亩茶叶种植的定额任务。但在那个时候，乡里几乎没有懂茶的人，所以没有人主动"接招"。

"这么好的机会，我必须得把握住！"趁着这股种茶政策"东风"，唯一的"懂茶人"范德贵向政府申请承包流转300亩土地，并亲自去往曾经学茶的武夷山引进了福鼎大白、

金观音等茶苗进行试种。

种植过程中，范德贵因地制宜制定出了保基茶叶种植技术要求和标准，严格规范种植方法，实行精细管理，高标准严要求建园。一是在整地过程中定标准，根据种植规划，按等高线环绕山头地块开挖种植沟，沟深0.4m，回填肥土，沟宽0.5m，间距1.5m，并规划留有人行道等；二是在种植方式上定标准，购进优质品种的枝条扦插苗，每亩种植3500~4000株，每沟种植2行。种植时，每亩施农家肥2000kg、磷肥100kg、三元复合肥100kg。

种茶时，恰逢雨天，平时小工费每天35元，因为下雨增加到每天45~50元，7天完成茶苗栽种。茶苗种下后没几天，天晴了。没过多久，茶苗发芽了，且成活率达90%以上。

"成活率很高，很开心！"范德贵说，当时农业部门的领导也去看了，问需要什么帮助，他说不需要帮助，但有个请求，由政府出资派人出去学习。相关部门同意了他的请求，并带着当地种茶的茶农前往湄潭学习。

"茶长势很好！因为是用农家肥种的，一年就长了20cm多！300亩采了100多斤干茶，采出了自信！当年送人30多斤，有70多斤卖了"，范德贵说，2010年，他在保基试种的300亩茶叶，结果卖到近3000元一斤。

"盘县保基茶叶种植农民专业合作社"成立后，他又在冷风村采用土地流转和入股的形式种植茶叶1627亩。基地建设标准执行盘县茶叶产业办公室制定的《茶叶种植基地技术标准规程》。

"我们保基海拔高，茶苗不易存活，能在保基把茶苗养活，我可是有'秘密武器'。"范德贵回忆道，2010年1—3月，几乎都是晴天。这可"害苦"了它的茶苗，当所有人都以为这批幼苗肯定枯死的时候，范德贵却早有"打算"。

"保基属高山地带，所以我特意在种苗的时候多往地里插了10cm，这样保证它的水分充足，加上后续悉心呵护施有机肥，幼苗存活率达到95%以上。"之后，幼苗不仅存活，长出来的茶叶色绿片大，品相十分饱满。

2011年，他共制成270多斤茶叶，收入20余万元。2012年正正规规的采茶，合作社共收1200余斤，当年招加工茶叶技术工6人。2013年，他报了一个基础设施方面的项目，由财政投70万元、他本人投80万元，建了路、水池、冷库，虽然当时遇到了资金周转困难的瓶颈，但他没有妥协，四处想办法挺过了困难时期。

然而，才顶过经济困难不久，他的茶叶基地又遭遇了天灾。2015年，茶叶基地连续2次被霜打，导致没有收成。当年只制了200多斤茶。2016年，再次被霜打，又遭凝冻，当年只收入了近300斤干茶。2017年，茶叶基地不仅被霜打，还遇上了洪灾，当年经济损失达180余万元。

风止雨霁，从2010年成立合作社至今，范德贵挺过了一道又一道难关，终于迎来了"七彩阳光"。

如今，他共种植茶叶1927亩，专业合作社注册有"保基"牌茶叶商标。现有茶叶加工场60m^2，有小型优质茶叶加工机械设备9台（套），月加工生产能力50kg干茶。专业合作社有管理人员及员工78人（大专文化6人、高中以上文化16人），其中制茶师12人、会计人员2人、评茶师2人。

十、九村民"抱团"种茶的发起人——王剑

第一次碰头会，有26名村民表示愿意"抱团"种茶；等到出钱入股时，退出20人，只剩下6人。正式开园种茶一年多后，其中一名股东忍受不了茶山上的艰辛生活，提出"退股"，这时，"抱团"种茶的原始股只剩下了5个人；到了正式开沟种茶时，又有4名村民入股，至此，盘州市民主沁心生态茶叶种植农民专业合作社原始股东最后确定为9名。

"我的电话尾号是'2466'，等茶全部种完以后，一量面积，正好是2466亩"，王剑，正是盘州市民主沁心生态茶叶种植农民专业合作社的最早发起人，也是合作社理事长。茶场从最初的300亩茶园起步，历经9年发展，茶园规模扩大到目前的2466亩，建成年生产加工干茶360t的茶叶加工厂。截至目前，沁心茶场共吸纳320余农户土地入股茶场，安排建档立卡贫困户48户153人在茶园基地长期务工。仅2018年，合作社就发放务工工资246万多元。在沁心茶场的带动下，周边35个合作社种植茶叶，仅民主镇的20个村寨茶叶种植近3.7万亩。

（一）用"一背篓办法"克服了"一背篓难题"

为了能种成茶，他写了6次种茶申请；为做通一户村民思想工作，让他们以土地入股茶场建设并参与分红，他先后往这户村民家往返跑了20趟；没有没路没房，找马驮茶苗、驮干粮、驮锅碗瓢盆上山；种茶季节，他同8名股东、工人一道冒着严寒夜宿深山，直到次日醒来时发现"斧头帽"上全是六七公分长的冰柱……

盘州市民主沁心生态茶叶种植农民专业合作社坐落在盘南腹地的深山密林里，海拔最高处2324m。2010年之前，这里80%的土地被撂荒，藤蔓遍野、人迹罕至。

"办法总比困难多，沁心人想出了一背篓办法，解决了一背篓难题"，据王剑介绍，随着六盘水农业产业结构调整号角的吹响，2010年，在王剑的发起和带领下，最后确定

下的9名原始股东心往一处想、劲往一处使，大家明确职责分工，团结协作，以六盘水"三变"改革为引领，采取"基地＋农户＋合作社"的"小三变"模式建设沁心茶场，并开始在荒山野岭上劈荆棘、开新路，吃住在山上，最后成功完成了2466亩茶叶的种植。

"取名'沁心'，寓意合作社全体人员心心相连。而茶叶种植地名为'大箐头'，9名原始股东都誓言要将大箐变新。茶作为国饮，我们要让这里种出的茶沁人心脾！"王剑说，2011年2月16日，在盘县民主沁心生态茶叶种植农民专业合作社成立之初就定下"三步走"发展目标：第一步建生态茶场；第二步建生态农庄；第三步走茶旅融合发展道路。

"道虽艰，吾身不催；路虽难，吾志不灭"，沁心茶场在发展上面临的"一背篓"难题，在王剑和其他几名股东的努力下，一一迎刃而解。

（二）看了"一背篓书"拿了"一背篓奖"

"看了一背篓书"，起初，王剑作为茶行业的"门外汉"，尽管他急切地想做茶，但却缺乏相关知识。为了让自己及时走上"茶路"，王剑开始大量购书、读书，先后自学了《茶树栽培学》《茶经》《茶道》《茶叶加工》等茶专业书籍，这为他日后在茶行业发展奠定了坚定的理论基础。

在种茶初期，曾有同行问王剑："你种茶时行距咋留那么宽？"王剑则老实回答："我看过书，书上讲小行距五十公分、大行距一米一！"

在茶园病虫害防治上，王剑将专业书籍上的知识灵活运用到实践中。他买了5万多块黄板，用竹子绑好后插到茶园里。

当然，用这种"边学边用"的方法发展茶产业还是存在风险的。"有一次，我到外地参加培训，听老师介绍说如果要发展生态茶叶，千万不能打除草剂时，我吓得毛毛汗淌，赶紧以上洗手间为由出来打电话"，王剑说，早在外出培训之前，他就买来喷雾器，安排其侄子带工人准备用除草剂除去茶园里的杂草。按原来的工作安排，在培训的这个时候，工人应该已经快完成用除草剂除草的工作了。

侄子刚接到王剑的电话时，以为工作晚了，说第二天一早就去喷除草剂。王剑赶紧说"不能打了！"这才避免了一个生态茶园根本性毁灭的悲剧。

沁心茶场地处高海拔、低纬度，方圆几十里没有厂矿企业，周边植被生态良好，是一个不折不扣的大山深处的茶场。近年来，沁心茶场立足自然条件优势，采取人工除草，只施农家圈肥，不仅在种植上干净，在采摘、加工、包装程序上都严格按照相关标准进行，所生产的茶叶产品不含有对人体有害的物质。沁心茶场采取传统和现代管理方式相结合，致力打造符合现代消费理念的"绿色、健康、生态"的"干净茶"。茶场的产品是经过欧盟标准470项指标检测,"零污染""零农残"最高标准的"干净茶"。

"拿了一背篓奖!"王剑笑言道。目前,沁心茶场及其茶叶品质均得到了上级行业主管部门的认可。先后被农业部授予"无公害农产品"荣誉称号,被原贵州省农业委员会授予"无公害基地"荣誉称号。在2019年5月举行的"水城春杯"贵州省第三届古树茶斗茶大赛中获得"茶王"的殊荣。由于产品质量过硬,得到广大消费者的青睐。产品远销全国各大中城市,产值逐年递增,2019年产值突破300万元大关。沁心茶场采取"合作社+基地+农户"的运作模式,在发展的同时带动了当地和周边群众增收致富。

(三)沁心茶场成为凉都工匠场

"高海拔、低纬度、云雾多、少日照是沁心茶场的自然优势。茶叶采摘期,茶园里每天需200名采茶工,不仅绿了家乡,还能带富乡亲们。"王剑说。

为了让产业发展惠及更多村民,在王剑的努力下,沁心茶场在"凉都工匠场"创建过程中以强化培训为突破口,把采茶技能培训会搬到茶园,通过"传帮带",加快了茶产业发展,帮助村民实现就业增收。同时,王剑还设法争取相关部门支持,最后得到盘州市总工会的帮助,请来老师来给农户进行专业培训,每期培训60人,培训时间为15天。通过量身定做,安排课程,茶场省心得利,农户省力受益,可谓双赢(图7-20、图7-21)。

"那简直是天翻地覆的变化。"提及培训前后对比和变化,王剑说,以前大家拎着篮子就去采茶,拿回来的茶叶质量参差不齐,合格率只有30%,培训之后,合格率能达到95%;以前按80元一斤收购,一天采下来只有一斤合格,通过培训上岗后,只按60元一斤收购,但是农户采下来却能有二斤多合格,收入就是120元。

"'凉都工匠场'的创建,为我们补齐短板提供了平台,真正培养出了一批'有文化、懂技术、善经营、会管理'的新型农民。"王剑感激地说。

为了实现制茶工艺的改进和精益求精,沁心茶场通过"走出去",参加各种斗茶赛、

图7-20 耐心讲解茶青采摘标准

图7-21 茶园开采培训

炒茶赛；"请进来"，邀请专家进行种、管、采、加工等技术培训；同时细化奖励制度，使得采茶技术、制茶工艺、茶园管理、创新成果等各项工作齐头并进。

目前，"沁心茶场"凉都工匠场成员有12人。2018年，在技能大赛中，沁心茶场5人参赛4人获奖；贵州省第七届手工制茶技能大赛中，2人获三等奖……2019年，在第四届亚太茶茗大奖赛中，沁心茶场生产的"沁心绿宝石"荣获银奖。

"感谢工会给予信任，在我们这里建立'凉都工匠场'，我们一定要通过'传帮带'，通过现场理论实践相结合，传承工匠精神，把茶产业发展壮大，带动更多群众走上致富之路"，王剑信心满满地说。

第三节　学术界

一、凉都茶科研专家——刘彦

六盘水市农业科学研究院茶叶研究所所长刘彦，她是六盘水茶科研的领头人，一头连着茶科研前沿技术；同时她也是六盘水茶叶企业的贴心专家，一头连着茶山的种茶人。只要说到茶，刘彦脸上总是充满笑容，眼里闪烁着光芒。

（一）做茶才是一生热爱

刘彦很小的时候就与茶结缘。在她的记忆中，奶奶总是茶不离身，常常用大砂锅自炒茶叶再泡着喝，幼儿时刘彦任性，喜欢用酱油泡饭吃，父亲即宠爱又担心，便悄悄改用奶奶的茶叶冲泡后以茶汤泡饭给她吃，一直陪伴她上了小学才舍弃这个特殊爱好。就这样刘彦闻着茶香，吃着茶汤泡饭长大了。正因为有了儿时生活中那些有关茶的温馨记忆，上大学时，刘彦特地报考了茶学与贸易专业。毕业后，来到六盘水农业局土壤肥料站工作。

2014年，六盘水市农业科学研究院成立茶叶研究所，领导动员她来开展茶叶研究的相关工作。尽管喝茶爱茶已成生活中不可割舍的一部分，但刘彦觉得工作与喝茶完全是两码事，心里深感忐忑，不敢挑战这份工作。就在这个时候，刘彦遇到了人生中不能承受之痛——她的父亲因病离世！父亲离世前饱受病痛的折磨和对生活的不舍与留恋，并一再告诫她，人的一生一定要竭尽全力绝不可轻言放弃。父亲离世前面对病痛的坚强、对生命的依恋，深深地触动着刘彦，并让她下定决心要做自己喜欢的事。就这样，刘彦在心里暗下了决心迎接挑战，虽然青春已逝。

到茶叶研究所后，刘彦开始一切清零重新上路，从最初级的"翻茶青""端簸箕"做起，向武夷山的制茶师傅学红茶工艺，向台湾的老师学习烘焙技术，向贵州各地的制茶师傅学习绿茶工艺，向六盘水本地知名的制茶师傅学习本土工艺，通过各种在茶厂学、拜师求艺学、向书本学、向大学老师学等方式吸收知识和实践经验。同时，刘彦还四处搜罗各类茶叶、参加各类茶博会，不停地品尝鉴别学习各类茶，分析它们的特点和优势。为了品鉴各类茶的好坏，刘彦被茶"醉"过，也在三更半夜因茶而"醒"着（图7-22）。不论走到哪里，首先要找茶馆、找茶企、找懂茶的人，通过不停品鉴对比各种茶品质的优劣，成为刘彦的"职业病"。多年的学习和持续积累，让刘彦打下了辨别好茶和开展凉都

图 7-22 参加"黔茶杯"茶叶评审

茶科研的深厚功底，她成长为高级农艺师、国家二级评茶师和高级茶艺师。因为她明白，自己做不好茶，就不能带领大家做好凉都茶，自己不懂茶，就做不好茶相关的科研工作。刘彦不好意思地说："大家都戏称我是茶混混、茶疯子"。

（二）她想为大家奉上一杯凉都好茶

"我们六盘水的茶叶因为独特的气候和生态环境具有独特的魅力，但是在加工上却没有得到充分的发挥，使所产茶叶风格不独特，优势不突出，市场竞争力较弱，还有急需要解决夏秋茶的利用率太低，茶企利润没有实现最大化的问题"，刘彦说。

这5年，刘彦在全市各地的茶企，在茶叶研究所的加工室，星辰做伴度过了一个又一个的不眠之夜，不停地做茶样、分析茶样、调整加工工艺，无限循环。刘彦笑着说："还不能说取得了什么成绩，只能说大家看到了我的诚心和努力，愿意给我浪费茶青的机会。"

把学习到的知识消化在利用到生产实践中，是一个漫长的过程。2017年，在蟠龙科学茶场教学红茶的过程中，她发现蟠龙镇种植了一定面积的玫瑰花，针对六盘水市红茶甜、香，但滋味薄的问题，开始了利用玫瑰花与红茶相结合的生产加工创新研究，在科学茶场试制生产的玫瑰红茶很受消费者的喜爱，现在正申请国家发明专利，近两年一直在调整工艺参数，多家企业也表示渴望合作生产，希望能早日投入市场。在红茶发酵这个工序进行反复试验中，发明了一种便携式红茶发酵装置，2017年8月，申请获得实用新型专利证书"一种红茶发酵装置"。特别适宜红茶的少量加工，红茶加工教学示范以及茶叶科研单位（机构）的红茶生产试制，有效解决红茶发酵中控温、加湿、加氧的需求，并能及时观察记载，便于试验数据收集（图7-23）。

刘彦常说："想做一款好茶太不容易了"。2014年，在茶企生产时发现在六盘水的民

主、坪地、龙场等地的大山中都盛开着野生的含笑花，她就开始了含笑花茶的窨制试验，从隔窨法的创新想法到走回传统窨制，到连窨法到增湿连窨法，做了无数次生产试制，送样到中茶院、贵州省农业科学院茶叶研究所，听取老师们的意见，再结合实验室的数据分析，终于在2020年试制成功了"七泡留香"的含笑花茶。

图 7-23 试制

"我们会继续努力，对中端、低端的含笑花茶绿茶、含笑花红茶进行研发，丰富产品结构，等稳定加工工艺后进行示范推广"，刘彦说，现在正准备申请含笑花茶发明专利。

"六盘水有大面积的福鼎品种，再加上我们海拔高、生态好、夏秋连季，完全可以打造出高品质的高山生态白茶"，刘彦说，从2015年开始，白茶试制试验就没有停止过，现在凉都白茶加工工艺已经基本稳定，并取得一定的市场认可度，现在正与企业开展相关合作准备进行科研攻关后规模化生产。

（三）只要你想学，她会把她失败的经验都告诉你

"我没有老师傅的经验，但是我有较为系统的知识结构，最重要的是我有无数次失败的教训，我会把做茶的方法、自我分析自我矫正的方法分享给大家，让我们一起共同成长！"每次在茶叶生产车间、茶园、茶室，刘彦身边都会聚满好学的茶厂职工和茶农，刘彦也会毫无保留地把所学到的茶园栽培、茶叶加工、茶叶审评知识等分享给大家（图7-24）。

图 7-24 向茶农传授手工制茶技艺

（四）组建科研团队，发挥团队作用

"一个人的力量是有限的，一定要组建六盘水茶叶科研团队，才能最大限度地为茶产业发展保驾护航！"刘彦从当上茶叶研究所所长后，一边苦练本事，一边组建茶叶科研团队，在茶叶基础研究和技术推广方面做了大量工作，主持和参与各项茶叶研究项目，推进茶叶科研前沿技术在六盘水生根发芽，在《中国茶叶加工》《贵州茶叶》《农家科技》等国家和省级刊物发表论文多篇，还申请了多项专利发明。抱着边干边学，边学边建，大胆尝试的想法，努力营造浓厚的科研工作氛围。

刘彦带领团队进行"春茶提早提质课题研究——六盘水高山茶品质特征分析"项目。建立了茶树资源圃，顺利完成了"水城县蟠龙镇古茶树资源调查和利用研究"。一直在进行"茶叶加工技术引进、利用、转化的创新研究"等省、市级科技项目，科学技术分析总结六盘水高山茶的品质特征，收集挖掘利用优良茶树资源，提升加工工艺、开发特色茶产品、引导六盘水高山茶的好品牌定位、宣传，为做好茶产业"提质增效"提供科学技术支撑。

"目前，我们已经和贵州凉都水城春茶叶股份公司等多家茶企达合作意向，结合生产企业、销售企业培养、打造一个结构更加优化、专业程度更高的凉都茶科研团队，一定要把凉都气候优势、生态优势与凉都茶特征结合起来，把产于凉都的这杯好茶献给大家！"刘彦坚定地说。

二、凉都茶专业教学的领头人——曾军

从一次无意间参加的茶文化骨干教师培训，让六盘水职业技术学院老师曾军从生物工程系转入茶叶生产与加工专业，"误打误撞"从此与茶结下不解之缘，开启了她的茶意人生。

（一）与茶结缘

曾军是六盘水职业技术学院生物工程系的一名教师，毕业于贵州农学院农学系农业师资专业。1987年参加工作，已在六盘水职业技术学院耕耘了31个年头。

2013年，教育部下达了茶文化骨干教师国培项目指标，拟在福建漳州科技职业学院举行茶文化骨干教师国培班。恰巧曾军的女儿在福建读大学，她便顺理成章成为首选对象。学院领导的一番好意，就是让她在学习期间，还可以去看看女儿，她欣然接受了。

通过2个多月的学习，了解了茶的栽培技术和制作工艺，接触了博大精深的茶文化。从不懂茶，也不喝茶，对茶毫无概念的门外汉，不仅慢慢对茶产生了兴趣，还有了很大的触动，以至于后来喜欢茶、爱上茶。她说学习很开心，也很庆幸自己能有这么一次学习机会。用她的话来说，"就是这样误打误撞地与茶结缘了"。

学习期间，曾军感觉到，茶在悄悄改变着自己的精神世界与茶结缘，真是一件很幸福的事情，这才是自己应该去做的事。她说，那时就有一种强烈而又微妙的感觉，感觉终于找到自己喜欢的东西了，惊喜不已。

（二）苦乐情怀

参加茶文化骨干教师国培班回来后，当年，学院开设了茶树栽培与茶叶加工专业，开始招收茶学专业的学生。曾军便从此开始了与茶有关的专业教学（她之前教的是园艺

专业）。

曾军在教学中有了新的认识，自己不仅要教会学生专业知识，更重要的是，应当担起一份传承和复兴的责任，并要通过传统文化深切地教育和感染学生。毕竟中国五千年文明，传统文化十分深厚，继续学习深造刻不容缓。只要有时间，就努力学习和研究与茶相关知识和理论，不断提升自己对茶的认知、培育、制作以及其他相关理论水平，不断感悟茶理茶意。

2015年，她又被派出到浙江经贸职业技术学院学习。这一次，是在她有目的、有方向的情况下参与的，没有当初的茫然，可谓如鱼得水。2018年7月，她毅然决然自费到杭州一家茶道培训学校学习，这个机构的创始人，是中国茶艺师作为一种职业纳入职业大典的起草人。2018年12月，又参加了贵州省科技厅山区人才培

图 7-25 茶艺教学

训，属国家科技项目。功夫不负有心人，如今，她一身的茶武艺，早已光芒闪烁，带上一身的本领，一心"扑"在茶叶的教学中。她一方面注重结合六盘水茶产业的发展，切实做好理论与实践的结合。另一方面，她又很注重学生的德行（图7-25）。她说，学生的道德修养，人格品德方面，用传统文化来塑造，是一个有效途径。她曾对学生说："你们很幸福，学茶这个专业，其实也就是学传统文化。我们常说中国文化博大精深，那怎么博大精深呢，要说出中国元素，对你们来说，茶文化，茶就是中国元素，这就博大精深的具体体现。"

茶，可以说是从物质到精神的一种升华，学生们通过上茶艺课，慢慢地关注与茶有关的人、事、物以及诗文等。对茶叶进行品鉴，是对茶叶美的一种欣赏，和冲泡技艺的掌握。更是对人的改变，从外在的形象气质改变到内在的提升。在这样一种逆袭的过程中，她觉得这就是一种精神的提升。

当问她在教学过程中有没有辛酸和触动心底的事时，一下又把她带进了回忆中。

2014年春天，她带着2013级近20名学生到盘县火铺去实习。那里海拔高，风大，很冷，可以说环境比较恶劣。学生们年纪都小，又都是生活在当今物质条件比较优越的时代，从没吃过什么苦。刚出去实习，有的直接就坚持不住。尤其制作茶叶时，整个晚上都不能睡觉，要加班制作，很辛苦。但学生们还是坚持下来了，那一次对她的触动就很大。

2014年，学院有一片试验基地，刚开始种下茶苗。当时正值冬天，天气很冷。她带

着学生们种植茶树，种植过程，要用手去为茶苗培土，每个人的手都冻红了。看着学生们受冷，有些难以坚持，她便语重心长地对学生们说："我们还是坚持吧，把这片茶树种下，以后你们回到校园，这就成了一片美好的回忆了。"其实，她感觉自己都有些受不了，看到学生们那么小，冷得有些难以坚持，她很心疼。但她不能放弃，她要给学生们鼓劲。最后都坚持下来了，她很感动。那一次，对学生来说，是一次毅力的锻炼；对她来说，有很大的触动，从某种意义上来说，学生们的坚持，拨动了她的心弦，无形中又给了她很大的动力。

她说，这样的情况很多，但辛苦并快乐着。

（三）破茧成蝶

不断地努力，不断地钻研，不断地感悟。不知不觉中，她感觉自己已脱胎换骨。

在这样一个物欲横飞、人心浮躁的时代，安静是多么的不容易，可如今的她，恰恰就有了这样的境界。不仅有了品茗时的淡定，平时也一样安静从容。那些浮名淡利，早已被她抛之脑后，早已不会在意。茶会让人学会一种简朴，返璞归真，回归自然。茶是自然奉献给人类，我们要感恩和回馈自然，要低调，要内敛，要向茶学习，它不说话，但是一杯茶一泡出来，所有的东西就呈现给你了。

她自己写了不少关于茶诗词。有"识得古树千年韵，琼浆玉液呈华章。""不求华丽奢侈身，素颜简索在凡尘。""一杯茶/古乡的味道……茶已备齐/水也煮好/只等你来/品旧事时光"等诗句。

她常常给学生说：你们不要把茶仅作为物质的东西，为什么中国茶产业如此之大？它能和文化融在一起，那就是因为文人在茶中寻找到能表达自己情绪和思想的东西，所以它才能上升到文化的层次。

说到这里，她说："不光是我受茶的影响，我也想通过茶去影响我的学生。"

如今，她依然从事着茶的教学工作，她主要从事的教学课程有茶艺、茶叶审评和茶文化。她不仅是生物工程系"茶叶生产与加工"专业教学团队队长，专业带头人，还有了很多其他头衔，如副教授、高级茶艺师、评茶技师等（图7-26）。

图7-26 乌龙茶试制

一路走来，她斩获了不少奖项，如2013年被评为六盘水职业技术学院建院十周年"优秀教师"，2015年度学院教学评比竞赛活动"说课"比赛荣获三等奖，2017年度民主评议党员工作中被评为"优秀党员"，2019年"水城春杯"贵州省第二届评茶师职业技能大赛荣获三等奖，等等。

第四节　制茶界

一、凉都"茶顾问"——蹇清卯

为了不断学习、更新茶叶制作最新工艺和最前沿技术，他四处寻师、拜师，不断从"勤快的学徒"一步步成长为"善学的师傅"和凉都"茶顾问"（图7-27）。他还喜欢机械，将自己的机械爱好与专业的制茶工艺充分结合起来，自主研发或改造发明了滚筒式微波杀青烘焙多用器、热风杀青机、名优茶多功能机、曲形茶多用机等制茶机械设备，成为业内知名的茶叶设备"发明家""火腿"族中的凉都"茶名片"。

图7-27 和国内知名审评专家朱志业老师（左）
探讨茶叶审评

（一）乡俗茶礼熏陶下的"小茶人"

"每年要做上百斤茶，用大麻袋装好吊起来搁着。每到星期天赶场的时候，取点出来，用带四个耳的大砂罐煨茶，用一个竹勺子给客人添茶"，蹇清卯的父亲是乡场上的一名医生，每逢赶场，看病的人络绎不绝。在农村，不管是否熟悉，只要进了家都是客，给客人倒上一杯茶水，是农村人最基本的待客礼仪。

"老家住农村，有许多自然生产的茶树，小时候常爬到树上采茶，很小就会揉土茶了！"在蹇清卯的记忆中，他很小的时候就开始给客人泡茶、倒茶，并且学会了揉土茶的技术。

1988年，水城县米箩茶场恢复种植，将以前生产队的茶场承包给私人种植管理。受朋友之托，蹇清卯来到米箩茶场，帮助朋友重新修剪、改造茶园。

"当时没有名优茶的概念！"蹇清卯说，那个时候，一年到头，只会做绿茶的炒青、烘青。1989年，米箩茶场开始生产加工茶叶，一年生产1~2次。

1998年，蹇清卯进入水城县茶叶发展有限公司工作。"开始建基地，当时实有面积880亩。公司有5个人负责杨梅茶场的建设和茶叶生产加工工作"，自1998年开始，蹇清卯便将茶叶工作作为自己的专职工作，直到退休。

（二）善学的"实干家"

"先把贵州农学院的教科书读了一遍，再把安徽农业大学的教材读了一遍！"由于以前没有系统学过，也没有专门干过专职茶叶的工作，蹇清卯便虚心地向两名茶学专业毕业的"科班"同事请教，并将他们的专业书籍借回来，"恶补"了一把。

2000年，蹇清卯任水城县茶叶发展有限公司副经理。为进一步提升自己的茶叶专业素养，以适应专业岗位，蹇清卯不断外出"取经"。

"找到电话后，带上礼物就去找了。"蹇清卯先后到贵州省农业科学院的茶场和湄潭茶场找到2位在业界比较知名的"茶前辈"，向他们学习了"绿宝石"茶和碳焙茶的制作工艺。

"要拜师学艺嘛，过去后，先把烟'装'好，茶奉上，大大打扫卫生、泡茶点烟"，蹇清卯的真诚和勤奋得到了"茶前辈"的认可，也让他学到了"真功夫"。

"1芽3叶的绿宝石，当时价位在每斤80~100元之间"，因为采单芽损伤大，会影响到茶场亩产。如果水城县茶叶发展有限公司开发并上市1芽3叶产品，茶园亩产将在原来的基础上提升许多倍。1芽3叶的原材料有了，关键是如何把1芽3叶的茶做成高品质茶，做出来的目的是要卖出去。于是，蹇清卯开始试制并对"绿宝石"茶的加工技术进行教学推广。

"向'老前辈'学理论，跟年轻人学手法"，通过2年的学习，蹇清卯完成了茶叶生产的一整套工艺流程。在掌握了茶叶生产全部工艺后，他发现，现在的一些生产设备与生产工艺不匹配，使用这些老设备增加了企业生产成本，完全可以改造或创新。作为水城县茶叶发展有限公司副经理，本着一种强烈的责任感和使命感，他将自己对电子电器的"先天过敏症"应用于发明创造茶叶生产设备。

（三）喜研的"发明家"

"制造机器的人不一定会炒茶。就算会炒茶，也不一定适合所有的茶叶公司。有部分设备，只有通过改造以后才能适合实际炒茶需要。"蹇清卯发现，隧道式微波杀青烘焙多用器存在茶叶受热不均匀，茶叶重叠，不透气，从而导致生产出来的茶叶出现发黄、过干等问题。对此，他重新设计了一种滚筒式微波杀青烘焙多用器，由于滚筒受热均匀，通风效果好，加工出来的茶叶色泽油润，滋味较好。

根据协议，他将知识产权转让给贵阳一家微波公司，报酬则是这家微波公司按照设计为他无偿制造一台设备。

在生产过程中，他对原来功率为13kW的名优茶多功能机进行改造。在对机器结构进行创新、同时使用新型发热材料，经改造后名优茶多功能机只有3kW功率，但发热效果与未经改造的原机一样。这种机器，一般情况下，中型茶厂需要配20台。按20台计算，改造后只有3kW的新机器，每台机器每小时可节约200度电。生产期间，机器24h运转，按照每度电0.66元计算，再加上电力供应上的能源消耗，一天一夜下来可节约近3000元电费。也就是说，一天节约下的电费就等于一名工人一个月的工资。极大地节约了生产成本。

2000年9月，蹇清卯同步研发了热风杀青机和名优茶多功能机，2种设备从设计到反复论证只用了1个月时间，而热风杀青机仅在短短3个月内就正式出厂了。

2002年，杨梅茶场开始出品质较高的"单芽"茶，也叫"翠片单芽"茶。但由于制茶工艺与制机械不匹配，制出的茶芽尖是断的，颜色呈黄色。当时，这个问题在全省范围内普遍存在。

"我去找两位师傅探寻原因时，发现他们做的虽然颜色不黄，但芽尖同样是断的。后来，我了解到国内单芽茶都是全机械的制作工艺，单芽芽尖都容易断。"为了解决这个问题，蹇清卯随后到四川、浙江等地找到茶叶机械制造厂家，但厂家均回复无法解决芽尖断的问题。

回来后，喜欢钻研的蹇清卯按茶叶制作工艺要求，重新设计，将茶叶生产加工机械设备的振动频率和振幅设为无极可调，轻而易举地解决了单芽芽尖易断的难题。

当时，六盘水市一名市领导到水城县茶叶发展有限公司调研时，看到经蹇清卯发明的名优茶多功能机加工出来的完整单芽如剑一般立起时，为其取名"倚天剑"。

从2005年开始，水城县茶叶发展有限公司这款"倚天剑"茶叶产品每年赢利80余万元。

"自主设计研发的曲形茶多用机获得了国家发明专利，作为实用新型设备，改造的名优茶多功能机也获得了国家发明专利。"由于蹇清卯只将注意力放在设备在实际生产中的应用程度，在很大程度上忽视了对专利的申报。发明很多，蹇清卯只申请了2项专利。此外，他还设计研发了热风杀青机、卧式热风锅炉等茶叶生产设备。

"从电能源利用角度和环保节能看，使用电磁炉杀青，首先，电磁的转换速度快；其次，清洁环保，符合环保政策要求。以前用电和烧煤都需要150kW或相当于150kW的功率，如果使用电磁炉杀青，只需要50kW就足够了。"最近，他又新发明一种电磁炉杀青机。由于在市场上买不到曲形电磁盘，与专门生产电磁炉厂家定制一个曲形电磁盘则需要10万以上的模具费。由于成本过高，这种设备截至目前仍迟迟未能投产。

"搞定"倚天剑没多久，蹇清卯又结合拜师求艺学到的个体化生产的碳焙茶制作工艺，将传统静态碳焙改为热风动态烘焙，研发出一款"神州香"新茶。这款新茶与传统炭焙工艺相比品质稍显逊色，但与同类同品茶相比，品质又要高出许多。不仅如此，这款用热风动态烘焙的"神州香"实现了从个体化小单位生产到机械化批量式生产。

（四）凉都茶产业发展顾问

"2015—2016年，担任盘县茶叶产业发展顾问，负责指导茶叶的种植、加工。2017—2018年期间，在贵州一家公司学习"，蹇清卯自2014年退休后，仍继续发挥余热，2015—2016年担任盘县茶产业发展顾问，负责指导茶叶的种植、加工，2017—2018年前往省内乃至国内茶行业中具有代表性的"贵茶集团"学习了2年。

"一个月有20多天在车上，一年有几个月在外面转。虽然累，但学到很多东西！"蹇清卯主要负责茶叶安全和管理环节。贵茶集团既做国内茶产品、也做出口茶产品。工作期间，他从上游企业到下游产品、物业流程等都亲自参与、亲力亲为，这让他学习到了与国际接轨的最前沿的茶产业发展标准、流程和理念。

"学到2018年，六盘水市农业农村局（原六盘水市农委）领导让我回来担任六盘水市茶产业发展顾问"，蹇清卯回来后，主要负责茶叶安全的宣传、督导工作，指导茶场以欧盟标准来种植、管理，一个县（市、区）要指导1~2家茶场达到欧盟标准（图7-28）。

图7-28 2019年盘州市茶叶种植加工技术现场培训

"六盘水都只做礼品茶，不做大宗茶，在产品结构上做调整，要在思想上纠偏，让他们在思想上与国内同步、与国际接轨。盘县那两家是勾过手指头'嘛'过的，再难也要坚持，现在熬过来了！"蹇清卯说。

"经营主体不进入出口渠道，同质化竞争激烈。产业化、规模化、标准化、市场化、品牌化，已经成为现代茶产业发展的方向，也是六盘水茶产业未来要走的发展路子。通过实践和学习，掌握了一些茶产业发展的成熟经验，虽然明年想彻底'退休'了，不过，如果六盘水有需要，老蹇随时集合！"

二、凉都制茶能手——刘兴

水城县茶叶发展有限公司管理人员刘兴是凉都制茶能手，他于2017年被第六届贵州茶业经济年会组委会授予"贵州省制茶能手"称号。

（一）初出茅庐

水城县茶叶发展有限公司，是在水城县政府为调整和优化产业结构，发展农业支柱产业，把水城县的天然富硒资源优势转化为经济优势的情况下应运而生的。

1998年，刘兴从贵州大学茶学与贸易专业毕业，到了水城县。当时，水城县正在组建水城县茶叶发展有限公司，刘兴根据安排，参与了公司组建。

1998年底，水城县茶叶发展有限公司开辟了杨梅第一个茶叶基地，建在杨梅乡木城村，采用公司加农户的方式组建。那时，六盘水市政府对茶产业的发展就很重视了，请了中国农业科学院茶叶研究的茶学专家，挂职市长助理，专门指导茶叶栽培技术、生产加工工艺等。茶学专家姓柳，人们都称他柳助理。柳助理每周都会到现场，认真进行指导。

为了加强公司管理，人才培养很关键。于是，公司派了5个人外出到中国农业科学院茶叶研究所学习，主要学习手工制作龙井茶（绿茶加工），刘兴就是其中之一。

2个月的学习时间，刘兴感触颇深，求学不易啊！亲手制作环节，师傅们大都不愿意教，因为茶青太贵，都不愿让学员动手，怕浪费了茶青。好不容易等到有师傅教的机会，就一定要认认真真地学，也顾不得有多累，顾不得手都烫伤起泡了。

到杭州学习期间，每天劳动量都很大，累得手都肿了，晚上睡觉时，手都找不到放处。

学完回来后，就要开始教其他人。也正因为如此，自己还得继续努力学习，一边学一边教。

（二）茶路漫漫

水城县茶叶发展有限公司有自己独特的一套管理模式，公司员工均属多能性人才。除根据常规业务的要求，如基地生产管理、加工生产管理及机器维护、财务、营销等，能胜任本职工作岗位外，不论领导、职工，都能身临生产第一线。不仅懂得茶叶机械的操作和常规保养维护，还参与生产管理和茶叶加工。也就是说，每个员工均具有2门以上技能。

1998—2011年，刘兴负责杨梅基地和加工厂管理，含栽培和加工。在此期间，刘兴自己也参与生产操作，而且每年都是长期参与（图7-29）。

图7-29 茶叶质量安全把关

刘兴不仅参加过外出专业培训，他自己平时也不断努力学习。用他的话来说，要教人，自己就得先学会。若自己都不会，怎么教别人。所以，无论茶树的培植，还是茶叶的加工，每一个环节，都有刘兴无数次的经历和探索。因此，从操作到生产线管理，他积累了一身的丰富经验。

他的工作原则是细节决定品质。从种茶开始，每一步都要认真、精心，好的品种茶树品种才有好的鲜叶来加工，从而决定当地茶叶产业发展的方向，这一点绝对不能马虎，紧接而来的栽培管理是一分栽种九分管理，幼年茶叶的管理尤其重要，只有打好基础，茶叶管理好后，才能有产量和质量，才能出效益；茶叶的加工，更要有认真学习的心态，要有仔细做事的心态，才能做出好的茶叶。每个环节的细节，都要尽量做到最好，一个一个细节的积累，到最后才能真正做出好的茶叶。

按市里要求，刘兴不仅要教员工种茶、制茶，还要培训茶农，教他们如何栽种，如何采茶、管茶和制作茶叶。

当时，许多老百姓都不了解茶与农作物收益的区别。刘兴一方面要让老百姓明白这其中的利害关系，另一方面又要耐心教他们怎么种植，怎么护理。还有茶的采摘管理，培训怎么采茶，从1芽、1芽1叶等教起，先后培训茶农3000余人。同时，刘兴还开展茶叶加工技术专项培训，共有来自盘县、六枝、水城的50余人参训（图7-30）。

图7-30 茶园技术培训

教学过程中，刘兴都是竭尽全力、毫无保留地将自己所掌握的专业技术传授出去，不论是教员工还是教茶农，也不管教的是栽培技术、加工技术还是实践中积累的经验，每一个环节，无论多么细微的操作，都会一一传给员工和老百姓。

刘兴说，教会人，多教人，以及茶人之间相互交流，都可以推动茶的发展。在水城地区，他带出来的茶人比较多，当时教的，有些还出来做小作坊加工，直接带动了地方经济。

2011年底，刘兴被调到公司质检科，负责产品质量。

茶叶技术质量的把关，更是不可小视。他和他的同事们，严格把关，严格质量监管，形成了水城春质量体系。几个加工厂统一工序，避免产品生产工序不一，从而稳定了产品品质，为公司规模扩大，公司品牌成功创造了有利条件。

同时，刘兴及其带领的研发团队注重新产品的开发，在外出学习时，结合六盘水茶叶及茶厂的实际情况，不断探索和研究，改良成特有的品质，开发的水城春天然富硒茶系列产品走向市场后，深受广大消费者的青睐。同时，刘兴带领着他的研发团队，开发出的一款具有保健功能的新产品——"茶枕"。一方面提高了夏秋茶茶树粗老茶叶的下树率，增加了茶农的茶青收入，对提高茶产业发展的质量起积极促进作用。

刘兴认为，好的传统技艺，应该好好传承，若没人好好教就会失传。手工做茶的传统工艺，应该保留传承下去，无论是员工还是农户，刘兴都毫无保留地教授制茶工艺，使制茶工艺得到更好传承。

刚建厂时，会制作茶叶的人不多。有一次，为了制茶，刘兴就连续3天没有睡觉，3个通宵加班做茶，来接班的人看到他时，都说他走路像喝了酒的样子。

（三）硕果累累

刘兴在茶这一行一干就是20多年。他说，山变绿了，老百姓由于采收茶叶增加了收入等，都是他的精神动力。

刘兴话不多，他认为日常工作中，无论怎么辛苦，做出了什么成绩，都是分内之事。20多年来，对于茶，刘兴总是兢兢业业干着、爱着。功夫不负有心人，他的努力终究赢来了硕果累累。

2010年4月，被六盘水市委、市政府授予"六盘水市劳动模范"荣誉称号；2013年5月，参加"贵定云雾贡茶杯"——2013年贵州省手工制茶技能大赛暨全国职业院校技能大赛贵州（区）手工制茶选拔赛荣获绿茶（扁形）项目第三名；2015年4月，被贵州省委、省政府授予"贵州省劳动模范"荣誉称号；2015年6月，因在科教兴市事业作出的突出贡献，被六盘水市政府授予"第三届市管专家"称号；2017年4月，在2017年中国技能大赛——茶叶加工职业技能竞赛暨"遵义绿杯"中国技能大赛手工绿茶制作技能大赛中表现突出，荣获个人二等奖（中国茶叶流通协会举办）；2017年4月，被六盘水市总工会授予"凉都好工匠"；2017年12月，第六届贵州茶业经济年会组委会授予"贵州省制茶能手"称号；2019年在湄潭全国茶叶（绿茶）加工职业技能竞赛暨"遵义红杯"全国手工绿茶制作技能大赛获二等奖。

另外，在他带领制作的茶叶，也为公司争得了可喜之誉。

在贵州省茶叶协会及中国国际茶文化研究会民族民间茶文化研究中心举办的2019年"水城春杯"贵州省第三届古树茶斗茶大赛中，水城县茶叶发展有限公司龙场茶厂荣获红茶赛项"茶王"，水城县茶叶发展有限公司荣获绿茶赛项金奖。2019年，水城县茶叶发展有限公司的"明前萃芽"在第四届亚太茶茗大奖赛中荣获金奖。

三、不吃不喝也要把茶做出来的制茶人——朱东

他的鼻子嗅觉不灵敏，但奇怪的是，对茶叶异味却异常敏感，也许，这就是他与茶结下的缘分吧。

他炒茶近30年，以其丰富的制茶经验先后在六盘水市、贵州省、北京等地参加炒茶技能比赛，并不断斩获头奖，制茶技能出色，成为凉都茶界享有盛誉的"制茶人"。以下是他的部分成绩单：

2013年4月，参加"贵定云雾贡茶杯"——2013年贵州省手工制茶技能大赛暨全国职业院校技能大赛手工贵州（区）手工制茶选拔赛荣获绿茶（卷曲形）三等奖；2014年4月参加"贵定云雾贡茶杯"——2014年贵州省手工制茶技能大赛暨全国职业院校技能大赛贵州（区）手工制作选拔赛荣获绿茶（扁形）一等奖；2014年5月参加由中国茶叶流通协会举办

图 7-31 2014 年全国手工制茶大赛

的"都匀毛尖杯"全国手工制茶大赛中荣获扁形茶一等奖；2014年8月13日获得贵州省人力资源和社会保障厅授予"贵州省技术能手"荣誉称号；2016年5月获贵州省"五一劳动奖章"；2017年"遵义绿杯"全国手工制茶大赛中荣获扁形茶三等奖；2018年参加贵州省首届古茶树手工制茶大赛中荣获卷曲形茶三等奖等殊荣；2019年9月荣获六盘水市"十佳种植能手"称号（图7-31）。

他就是朱东，现六枝特区远洋种养殖农民专业合作社负责人。1993年就读贵州农学院茶学与贸易专业，毕业后分配到六枝特区茶叶开发公司工作，作为这样技术骨干，进入公司开始就一直从事茶叶种植生产以及茶园管理等方面的工作。1996年8月分配到六技特区茶叶开发公司工作以后，就积极参加公司的茶叶精制工作，年底，在当时公司经理张南方的倡导下，和公司的所有同仁对六枝特区茶园分布乡镇进行了调研，进一步充分了解了六枝特区茶产业发展状况。从当时的木岗嘎龙塘到大用大煤山，从北边的龙场乡林场到洒志乡平桥，郎岱五队茶园（现六枝特区九层山公司加工厂所在地），走过了六枝的山山水水，了解了六枝茶叶从无到有，经历了低谷，见证了六枝茶产业蓬勃发展的高潮。1997年初六枝特区茶叶开发公司试制名优茶，当时由于加工工艺要求，人工打的土灶，柴火炒制茶叶，全部都是用人手工完成炒茶过程。由于公司大部分职工都是第一次接触手工茶，对手工炒茶没有经验，大部分时间是指导同事炒茶，别人休息时，他还

在锅边一只手在锅里，一只手在灶里，最长时间曾经24小时没有睡觉，都不知道疲倦。一个星期以后，同事们炒茶技术逐渐熟练，他有了新的工作，就是每天到4000m外的郎岱五队茶场验收茶青，从平桥走路到郎岱五队差不多需要2小时的时间，由于当时没有交通工具，来回都是走路，有时深更半夜还在路上，和挑茶青的农民朋友们有说有笑地回到平桥茶叶加工点，回来后，也坚持加工茶叶，不叫苦，不叫累，始终坚持做好本职工作。一个月的名优茶试制，公司所有同事都学会了做名优茶，同时，也让他更进一步掌握和熟悉了手工名优茶加工，为后来获得一系列大奖打下了坚实的基础。1997年底，公司购买了60万株茶苗无偿供给大用镇岱港村毛坡村种茶，作为下乡指导的技术人员，他坚持一直住乡下，每天坚持到寨子里面发动农户，走到田间地头，过年都没有回盘县老家。1998年，茶叶公司转战六枝特区化处矿，朱东开始试制机制名优茶，当年生产名优茶400斤，开始了六枝特区名优茶从无到有，从有到精，同时，还培养出了一批制茶的行家里手，为六枝茶叶发展走上新台阶打下了基础。

1998年六枝特区茶叶开发公司有了自己的茶叶基地，在大用镇毛坡村底磨合木岗镇底簸村金家坝分别建设茶叶基地，公司茶叶基地开垦建设，从基地开挖和最后的茶苗种植，他都是一直坚持，基地开挖每天查看深度，茶叶种植查看是否种植规范，就是这样严峻的作风，养成了他一丝不苟的工作态度。1999年茶叶公司和蚕桑公司合并以后，公司的基地建设和茶叶加工就成为朱东的主要工作，每年3—4月茶叶加工季节，就是茶叶加工技术人员，每年11月到次年1月，就是指导基地建设。到目前为止，六枝特区现有茶园基本都留下了他的足迹，有的是种植技术指导，有的是采摘技术指导，用他自己的话来说，种茶的乡镇去过，没有种茶的乡镇也去过。

"只有做好加工这个环节，在加工工艺上做文章，才能有特定的市场消费群体。"朱东认为，茶叶加工直接决定了产品的受众。因此，他将更多的精力和时间花在了制作工艺上。在时间上，他会花更多的时间，不断琢磨温度控制等每个细节和每道工序，认真记录下每个步骤，获取关键技术参数，作为不断改进工艺的参考资料或技术积累。

作为一名经验丰富的制茶人，朱东还乐于帮助别人。只要别人问了，他便毫无保留地教给别人，想通过"传、帮、带"让更多的人分享到好的制茶工艺。在平日的种茶、制茶过程中，他也不断探索，结合市场认可度不断调整制茶工艺，制出更多人们更加喜欢的味道。有时，为了加工好茶叶，他可以不吃不喝，直到把茶做出来为止。

在别人看来，他有些古板，不善交际。其实，他是一个善于学习的人，勤于思考的人。认定的事，一定要做，做好。别人无法改变他的观点。这一点，在他对食品要安全的要求上体现得淋漓尽致。在茶叶的食品安全，朱东是严苛的，这种严苛不仅是对别人，也是对自己。在他的茶叶基地，从茶叶采摘到加工，其中的任一环节，他都要亲自把关。

有好的制茶工艺，需要有与之相匹配的茶叶。

"到可采期，要勤采，要早采。这样一般不会有虫害，早采、勤采、及时采也是防治病虫害的关键，要是真的发生病虫害了，只有随它吃，下过轮次及时采摘就是了，遵循自然生长法则"，作为一名制茶大师，朱东知道哪里的茶品质更能与他的制茶工艺相匹配。经一番对比，他选中了月亮河。这里气候昼夜温差大、土壤适宜种高品质茶。在种植管理中，他坚持生态栽培，秉承"无公害、原生态"理念，坚决杜绝施用农药，全人工除草。在种植中，地瘦的地方种稀点，地肥的地方种密点，让茶树自然生长。由于遵循自然生长法则，他的茶园要比普通茶园晚1~2年才能采摘。普通茶园正常采摘时间是3~5年，但他的茶园要7~9年。不只如此，他的茶园采摘期也只有18年左右，比普通茶园的25年要少采7年左右。

第五节　茶文化推广

一、传播凉都茶文化的"火种"——何诗萱

1988年，何诗萱毕业于贵州师范大学中文本科函授班。曾在供电部门、气象部门、职业学校工作过，曾任过房地产开发总公司总经理。

"上任3天开始生病，第一次总经理办公会是在病房里开的！"然而，之后因身体原因，她在工作期间晕倒过，甚至在病房里打着吊针开总经理办公会。

1999年，她毅然放弃了总经理工作，到凉都一家茶楼搞管理，主要负责茶艺培训，并从此恋茶而一发不可收拾。自1999年至今的20年间，她从学茶、识茶、懂茶、品茶到藏茶，"成功"变身为业界的"茶奶"。

（一）传播凉都茶文化的"火种"

素有"江南煤都"美誉的六盘水，是一座"火车拉来的城市"。"三线建设"时期，"好人、好马、上三线"，来自大江南北的人在这里汇成一股"敢叫日月换新天"的磅礴力量，形成了如今"奉献、包容、创新、超越"的新时期六盘水精神，形成开放、包容、多元的城市文化特征。由于建市时间不长，这里的茶楼、茶馆起步相对较晚。

2001年5月28日，天羿茶苑开始试营业，成为当时六盘水比较有代表性的现代茶楼之一。

"当时日月茶楼与天羿茶苑，一东一西，成为当时六盘水茶楼发展里程碑上的2个标志性名称"，何诗萱说，作为六盘水西面的第一家茶楼，天羿茶苑刚开业时前来品茶的人

络绎不绝，盛况空前。最多时，有10多名茶艺员、1名送水员、1名副泡。点泡时，有主泡、副泡，泡完茶后要行礼，这种情况下，服务员一般都能够拿到提成。省会贵阳的一些茶楼派员工到天羿茶苑学习、培训茶艺。

"初学茶时，喝茶后睡不着觉。手也经常被烫伤"，何诗萱学茶的过程近乎执拗。离开六盘水之前，何诗萱曾读到一本书，书名叫《中国茶艺》。读完这本书后，她通过出版社联系到作者本人，并亲自前往拜访、学习。将每个时间节点表演哪些动作都深学深悟，这为她后期编写茶艺奠定了深厚基础。

为了开业前期筹备工作，她充分利用中文专业优势，结合中国传统茶艺文化和六盘水城市文化特征，自己编写了《天羿工夫茶》《天羿青山绿水茶》等茶艺表演流程和解说词，并对天羿茶艺员一一进行培训。这种培训，一直贯穿于天羿茶苑开业前期和开业后期。

"仅2001年，天羿茶苑就培训茶艺员30余人次，培训服务员60余人次"，何诗萱说，天羿以茶文化传播为己任，高度重视人才培养、培训，全力促进六盘水茶文化传播。天羿员工手册福利待遇第六条："对于愿意继续深造学习，所学专业与天羿工作有关而且毕业后愿为天羿继续工作的员工，签订合同后天羿给予1000元的学杂费补助。

（二）从学茶、识茶、懂茶、品茶到藏茶的"茶奶"

"接触茶以后，经常喝茶，心境也好，感觉一身轻，病全好了！"2003年，何诗萱离开天羿茶苑。后来，她又用了半年时间，帮助筹备开办凤池棋苑茶馆，凤池棋苑茶馆开业后，她便离开了六盘水，踏上前往福建的寻茶之路。

她先来到福建安溪，到当地一家比较出名的茶叶公司工作。说是工作，更像是学习和取经。她每年到这家公司工作3个月左右，主要是帮助企业开展茶艺培训。完成培训后，何诗萱并不要钱，而是让企业以茶叶作为薪酬作价给她。

也说不清是从什么时候开始，她每听说哪里有好茶，便不顾一切前往寻之。找到好茶后，她是不卖的，而是将这些茶收藏在家。遇到亲友到访时，以好茶分享。何诗萱寻茶的足迹遍布克拉玛依、西安、大连、盐城、汕头、深圳等地。

"边干边收藏，见好就下手！再贵也要买！"何诗萱寻茶、藏茶从不议价，也绝不惜血本。

一次，她到云南寻茶，原计划要去临沧找茶的，结果提前在距离临沧约50km的地方下了高速，到了云县。在白云山村，她看到了一条横幅，内容是几天前这里搞了一个万亩茶园开工仪式。

"既有万亩茶园，那就找找看吧！"，何诗萱在这里住下后慢慢寻茶，终于找到了一家做"黑山王子"茶的公司和另一家茶叶收藏公司，结果在那里收了10多万元的茶叶。"'黑山王子'是2011年收藏的，这是女儿30岁生日时为她收藏的，很有纪念意义。现在掉渣了，已经熟了！"在何诗萱家中，除了她自己的主卧室外，厨房、客厅、客卧全都被成箱或成堆的各类茶叶、茶器"占领"。家里的2个大冰柜，一个装满了鲜茶，一个专门用来保存大红袍。

图7-32 何诗萱收藏的茶叶

"2009年收藏得最多，一次花了60多万元买了3000斤2007年的茶！"目前，何诗萱不仅将自己的全部积蓄用来收藏茶叶，还将父亲分给她的10万元也一分不留地全部买了茶。

"当时花1000块钱买的这把顾景舟老师的紫砂壶，现在市值40多万元"，除了

图7-33 何诗萱收藏的紫砂壶

收藏茶，何诗萱还遍访景德镇等地寻访茶器，收藏茶器。何诗萱将数百万元全部积蓄花在了收藏茶叶和茶器收藏上，她家里收藏的各类茶达2t之多（图7-32、图7-33）。

"收点好茶放着，教学生茶艺的时候用得着"，何诗萱口中的"学生"就是身边亲友或亲友的孩子们，何诗萱不但没有收一分钱，还要"白搭"一些好茶。不仅如此，还要管这些"学生"的生活，用她的话来说那就是"又贴锣，又贴鼓，又贴粑粑做饷午"。"焚香静气，活煮甘泉；孔雀开屏，叶嘉酬宾；大彬沐淋，乌龙入宫，高山流水；春风拂面，乌龙入海；重洗仙颜，玉液回壶；再注甘露，祥龙行雨；凤凰点头……"当女儿第一次见她教授学生茶艺时，女儿皱起眉头批评何诗萱"好做作"。何诗萱当即告诉女儿说"茶艺就是要'做作'，作为经营性茶楼，一定要有一套规范的茶艺服务动作，起落如行云流水，没有多余的动作。"开始，女儿并不是太理解。在日复一日的耳濡目染下，女儿不但逐渐理解了她，也爱上了茶艺。在何诗萱的精心指导下，女儿的茶艺也变得更加娴熟。

"举办过20多期茶艺培训，多的时候有10多个人。其中年龄最大的就是我女儿，她是20多岁在读大三时学的。此外，还教过2名研究生茶艺，目前，一人在日本，一人在上海"。在她的言传身教下，女儿也成了爱茶人。至今，女儿定居瑞典，在中国驻瑞典

大使馆举办的一次中国文化节活动上，女儿还在活动中表演了一套何诗萱教授的"红粉佳人"茶艺（图7-34）。截至目前，何诗萱在不同地方教授的学生多达数百人。

图7-34 何诗萱女儿在中国驻瑞典大使馆举办的一次中国文化节活动上展示茶艺的相关报道

二、致力于传播六枝茶文化的本土茶人——万红

在"中国凉都·画廊六枝"，有一家致力于传播六枝本土茶文化的10余年老店——六枝特区艺茗茶庄。

走进艺茗茶庄，"打铁关翠芽""九层山翠芽""洒志翠芽""艺茗雀舌"等六枝本地茶叶宣传广告布满茶庄，产品展示架上也全是六枝本地茶叶产品，成为"草根版"的六枝特区茶产品集中展示销售店。万红，正是六枝特区艺茗茶庄董事长，一名致力于销售六枝本地茶、传播六枝茶文化的本地茶人。

2002年，在六枝百货大楼上班的万红下岗后，到江苏昆山打工。一个偶然的机会，她到杭州出差，邂逅了杭州西湖边上的一家茶馆，经历了一盏茶的短暂时光，被那种清新淡雅、舒适宁静、天上人间的氛围和茶馆浓郁的茶文化深深地吸引。无论从茶馆的装修、茶室的布局、茶具的摆设，还是茶艺师娴熟的技艺，一举手一投足的优雅，显示出了中国茶文化的厚重和精妙。从那时起，万红就萌生了回到家乡六枝开一家有品位的纯茶馆的念头。

2005年，万红回到六枝后，花了3个多月的时间对茶叶市场进行调研，辗转贵州省内各大茶叶市场以及六枝境内的茶叶生产基地进行实地考察和学习。为了能辨识各种名优茶，她到六盘水市中心城区一家福建人开的茶店打工，当"卧底"偷师学艺。在一个多星期的时间里，勤学好问的她很快学会了如何初步辨识国内各种名优茶。不久后，她辞职出来，开办了六枝特区艺茗茶庄。她的

图7-35 艺茗茶庄展示的本地茶

茶庄在装修风格上，融进了此前所在茶店的风格（图7-35）。

茶庄成立以来，万红立足六枝特区深厚的历史文化底蕴，以"人生如茶，静心以对""穷则独善其身，达则兼济天下""一茶一世界，一壶一人生"为茶文化、茶之道，开启六枝特区茶文化传播之旅。

高山云雾出好茶。六枝特区云雾缭绕，昼夜温差大、寡日照、空气湿润，得天独厚的自然条件非常适宜茶叶生长，生产出的茶叶汤色纯、茶味香、口感好，是没有受到任何污染的生态茶、干净茶、放心茶。经过数月的精心筹备和装修，万红的艺茗茶庄于2005年6月正式开业，茶庄的定位以经营六枝本地艺茗雀舌、打铁关翠芽、九层山翠芽等品牌茶叶为主，研究、宣传、推广、经销本地茶叶，打造六枝本土茶文化。

2006年，万红到贵阳出差，来到一家茶店，店主拿出最好的高端绿茶招待她，品尝后，觉得口感不如六枝茶好。然后从随身的包里掏出六枝茶，通过一个多小时的冲泡与品评，不比不知道，店主分别品了2种茶后，觉得六枝茶汤色纯正，口感好，唇齿留香，余味悠长，干净。最后，这家茶店的老板向万红下了订单，表示愿意长期销售六枝茶叶。经过10多年的生意往来，如今，贵阳的这家茶店成了艺茗茶庄的忠实客户。

2007年，万红到山东寿光参加茶蔬博览会，学习了先进的经营理念。2008年，在贵定举办的全国手工炒茶技能大赛中，她带领员工取得了手工扁形茶第一名的好成绩。万红还自费到福建安溪一家茶艺培训学校，花了2万余元，系统学习20天，经过刻苦学习和训练，取得了评茶员和高级茶艺师资格认证（图7-36）。

图 7-36 美丽的茶艺师

为了把六枝茶做强做大，必须抱团取暖，打组合拳。2009年，六枝特区一家茶场的负责人携400亩茶叶基地加入了万红的销售团队，采取"基地+公司+农户"的模式发展茶叶产业，50多名贫困户在茶叶基地务工，由于资金周转困难，一个多月工人们都没有领到茶青款。经多方筹措，终于筹齐了茶青款。万红迎着酷暑，开着跳起"迪斯科"的车，一路颠簸来到洒志茶叶基地，发放茶青款时，一个个茶农那种企盼的眼神让她难忘。当茶农们领到一叠叠百元大钞，那种久旱逢甘雨的表情令她感动。

2009年12月11日，万红到洒志茶叶基地查看茶叶长势，让茶农做好冬季茶园管理，不知不觉大雾弥漫，能见度不到一米，天又黑了下来，车只能如蜗牛一般一步一步地挪动，一个半小时的路程走了3个多小时，回到家，她四肢无力，身体虚脱，大病了一场。

2009年，艺茗茶庄增加了茶楼和餐馆经营。艺茗茶庄变大变强，离不开国家的扶持和政策激励。经营茶园时得到了有关部门10万元补贴；2014年成立六枝特区茗香茶文化传播有限公司，得到了小微企业补助。

在茶店的经营过程中，万红因地制宜，把茶文化融入餐饮，做出了凉拌茶芽、绿茶鲜菇汤、茶甜点等具有茶元素的菜谱，倍受人们欢迎。

茶庄开业至今，以推广茶文化、普及茶文化为己任，着力打造六枝一流茶庄，把特色茶做成旅游产品，开发茗小吃与茶点心，打造茶文化旅馆。每月，茶庄都要"雷打不动"地开展一次茶文化活动，内容包括品茶、评茶、茶艺展示等，至今已开展活动20余次。同时，与六枝特区茶文化培训中心联合开办茶艺培训。2018年至今，培养了100多名茶艺爱好者，其中有20余人从事茶文化工作。

从2005年至今，艺茗茶庄解决了200余人的就业，赢得了社会的好口碑。说到下一步艺茗茶庄的发展，万红说，"以后，艺茗茶庄打算到省会城市开分店，经营宣传六枝本地茶，让六枝茶声名鹊起，让更多的茶友喝上绿色生态、放心干净的六枝茶，享受茶文化盛宴。"

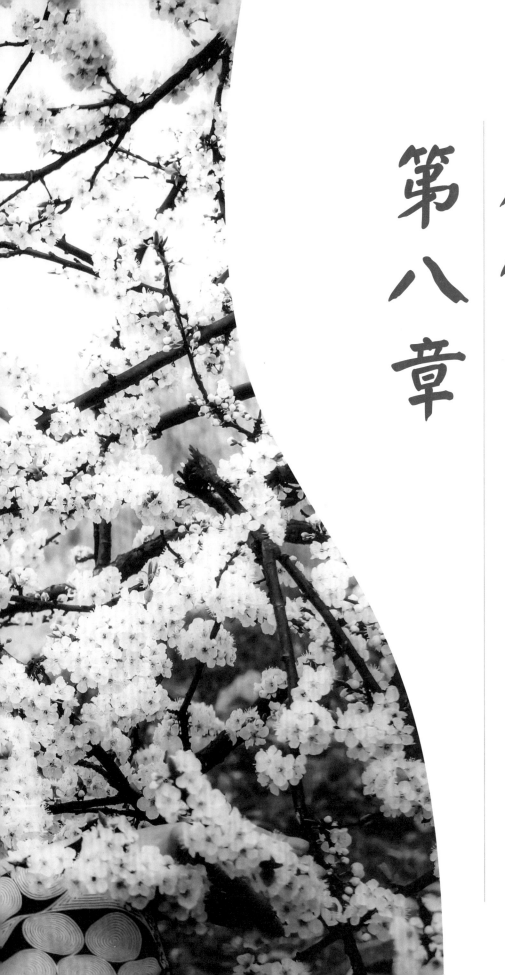

第八章　茶俗篇

茶不仅有着严格的茶礼仪，也具有特色的茶风俗。不同时代、不同民族、不同地区都会有不同的饮茶文化。

汉族同胞热情好客，友人来家做客，都会以一杯清香宜人的茶水来招待以表示敬意；白族以"一苦二甜三回味"的"三道茶"或用小砂罐煮制的"响雷茶"款待宾客；苗族会向到访的客人奉上"三碗不见外"的"油茶"；还有回族罐罐茶、仡佬族"三献"茶宴都表达出各族对茶的喜爱。

茶食与茗宴是古代吃茶法的延伸和拓展，而从饮茶到茶膳，从品饮到养生，从茶叶到美食，茶叶被赋予了更丰富的饮食文化内涵，形成独树一帜的茶膳。

"茶是仙草，茶是正心之物"且有"从一而终"的寓意，婚丧嫁娶礼俗中都要用茶，茶元素也成为诸多礼仪场合中不能缺少的重要元素。

第一节　饮　茶

一、汉族的清饮

汉族，由古代华夏民族和其他民族长期整合而成，汉族的饮茶方式，以清饮为主。"琴棋书画诗酒茶"重在意境，以鉴别茶香、茶味，欣赏茶姿、茶汤，观察茶色、茶形为目的，细啜慢咽，注重精神享受；"柴米油盐酱醋茶"则重在生活所需，劳作之际，汗流浃背，或炎炎夏季，以清凉、消暑、解渴等人体生理需要为目的，手捧大碗或不断冲泡，一饮而快。虽然方式不同，目的不同，但大多推崇清饮，就是将茶叶直接用开水冲泡，无须在茶汤中加入糖、盐、椒或果品之类，汉族认为，清饮能保持茶的"纯粹"，体现茶的天然本色。

春天万物复苏，新茶上市，汤色明亮、口味清淡的绿茶为首选；夏天骄阳似火，一杯消暑的白茶或花茶，止渴生津，排毒养颜；而秋高气爽之日，品饮色泽金黄、滋味醇厚的乌龙茶则会有一种收获的享受；北风呼啸的寒冬，红茶的浓重让人感到温暖。约上三五好友在或清幽、或简约、或禅意的茶室，享受一段茶香悠悠的好时光；也可在家中自娱自乐，静静地享受一杯茶香。

品饮绿茶是汉族生活中最为常见的，利用洁净的玻璃杯，冲泡绿茶有3种手法：上投法、中投法和下投法。上投法先注水至茶杯七分满，再投茶，此方法适用于外形紧结的高档名优绿茶，如茶芽细嫩的毛尖、碧螺春等；中投法即先注水至茶杯的1/3处，再投茶，待茶叶舒展开来后再注水，此方法适用于干茶扁直或条索纤细的绿茶，如安吉白茶、西湖龙井等；下投法即先投茶再注水，此方法适用于干茶外形大小匀整且直而不弯的绿茶，如太平猴魁等。

利用盖碗冲泡各类茶，也是爱茶人必备的"功夫"（图8-1）。盖碗是一种上有盖、下有托、中有碗的汉族茶具，又称"三才杯"，盖为天、托为地、碗为人，蕴含"天盖之，地载之，人育之"的哲理——天地人和之意。用其泡茶要讲究三要素：水温、投茶量、冲泡时间。

图 8-1 盖碗冲泡

茶叶种类繁多，茶类不同，用量各异，喜茶人会根据茶叶种类、茶具大小以及消费者的饮用习惯，反复学习、调整，提高冲泡技艺，达到将茶呈现到最喜爱的状态。

相对于要有较高"技术含量"的冲泡方法，"贵州冲泡——高水温、多投茶、快出汤、不洗茶、茶水分离"这种简单易学、科学合理的冲泡方法已走进了千家万户，让茶与我们更加紧密相连。只要你愿意，只要你喜欢，都可以泡出一杯至香好闻醇爽可口的茶汤，享受"翡翠绿，嫩栗香，味浓爽"的凉都高山茶，一杯干净、放心、健康的茶，现已成为百姓人家的日常生活。

二、彝族罐罐茶

六盘水境内的彝族经历了漫长的奴隶社会和封建社会等社会形态，早在秦汉之际便成为贵州西部人口最多、影响最大的民族。

历经岁月的洗礼和沉淀，一直伴随着彝族同胞日常生活的"罐罐茶"饮茶文化愈加厚重、深邃。清康熙年间，彝族土司龙天佑管辖的簸箕营（今盘州市保基乡）及附近的水沟头、箐口、风座、厨子寨等多是彝族同胞聚居的寨子，他们有喝"罐罐茶"的习惯。泡茶前将一个小陶罐腾空放在炭火上烤干，然后放入茶叶，将装了茶叶的罐子放在微火上烘烤，边烤边不停摇动茶罐和抖动茶叶，待茶叶烘烤到黄色发香，倒进开水，移开火源，茶罐里的水就会沸腾到茶罐口，放下茶罐稍微沉淀后就可饮用，这种茶水喷香可口。

彝族同胞特别喜欢饮用烤茶，老年人尤其喜欢。烤制的茶叶为本地产的绿茶。烧之前先将土罐放到火上预热后取下，抓半把茶叶放进土罐回到火上继续焙烤，直到茶叶烤得酥脆泛黄，用开水冲进土罐内，熬煨片刻，便可饮用，彝族的烤罐茶，色、香、味和浓度俱佳。

民间有"喝别人烤的茶不过瘾"之说，所以，到彝族同胞家做客时，客人可以自己动手烤茶。彝族烤茶并非一日之晨所需，罐罐茶每天3饮，早中晚各1次，但是口味不同。早晨的罐罐茶是为了能量所需，中午和晚上则为了解渴和提高生活质量。彝族盐巴茶，是当地人最喜爱的生活饮料。这种茶就是先掰下一块当地出产的紧茶或饼茶，砸碎后放入陶罐内移近火塘烘烤，当听到罐内发出"劈啪"响声并散发焦香气味时，即向罐内慢慢冲入开水，再煨5min，然后把用线扎紧的盐巴投入茶汤中颤动几下后移去，将茶罐移离火塘，再将浓茶汁倒入碗杯中，加开水减弱即饮，可配吃甘脆爽口的玉米粑粑等食物，令人齿颊生香、余味无穷。由于农忙季没有时间，所以，一般农户大多在冬天、春天1—2月和夏天6—7月饮用。

三、苗族油茶

苗族，是六盘水世居少数民族之一，分布较为广泛，这个古老的民族，勤劳、勇敢、纯朴、善良、智慧，几千年长期的生产、生活、斗争实践，创造了自己特有的苗族文化。苗族文化，同我国其他民族文化共同构建起绚丽多彩的中华民族文化。

六盘水苗族同胞十分热情好客，衣、食、住、行等风俗习惯与其他民族有别，喜欢家家打油茶，人人喝油茶。特别是喜庆节日或亲朋贵宾登门时，他们更是以打法讲究、佐料精选的油茶款待客人。平日里，一家人每天都免不了要喝上几碗油茶汤，以驱邪祛湿、抖擞精神、预防感冒。

油茶始于何时，目前尚无资料可以考证。六盘水市境内苗族的油茶，主要是把玉米、黄豆、蚕豆、红薯片、麦粉团、芝麻、糯米分别炒熟，用茶油炸一下，存放起来。客人到来，将各种炸品及盐、蒜、胡椒粉放入碗中，用沸茶水冲开。世居在当地的一些寿星，也只知道是世代相传。他们认为："清茶喝多了要肚胀，油茶吃多了反觉神清气爽。"所以，当地盛行着一句赞美喝油茶的顺口溜："香油芝麻加葱花，美酒蜜糖不如它。一天油茶喝三碗，养精蓄力有劲头。"可见，居住在那里的人们，已经把喝油茶等同吃饭一样重要。

打油茶形式多种多样，内容丰富多彩。"打"实际上是"做"的意思，一般经过4道程序。首先是选茶：打油茶用的茶通常有2种，一是专门烘炒的末茶，二是选用茶树上的幼嫩芽叶，具体要根据茶树生长季节和每个人的口味爱好而定。其次是佐料：打油茶用的佐料，除茶叶和米花外，还备有鱼、肉、芝麻、花生、葱、姜和食油（通常用茶油）。三是煮茶：先生火，待锅底烧热时，放油入锅，但等油面冒青烟时，立即向锅内倒入茶叶，并用锅铲不断翻炒，当茶叶发出清香时，再加上芝麻、花生米、生姜之类。一小会儿，放水加盖，煮沸3~5min，待茶汤快要起锅时，再撒上一把葱姜。这时，才算把又鲜、又香、又爽却又不失茶味的油茶打好了。如果这种油茶是用来招待客人的，那么还得进行第四道工序——配茶。一般得在已经打好的油茶中，分别放上各种菜肴或食品。由于加入佐料的不同，所以，有鱼子油茶、精米油茶，米花油茶、艾叶粑油茶之分。油茶已成了当地生活必需品和待人接客的高尚礼遇。倘若款待的是高朋至亲，那么按当地习惯，还得请村里打油茶的高手出场，专门炒制美味香脆的食物，诸如炸鸡块、炒猪肝、爆虾子等分别装入碗内，然后把刚打好的油茶趁热注入盛有食品的茶碗中，接着便是奉茶了。奉（油）茶是十分讲礼节的，通常当主人快要打好油茶时，就招呼客人围桌入座，主人彬彬有礼地将筷子一一放在客人前面的方桌上。随后，主人用双手分别向宾客奉上油茶，而众宾客随即用双手接茶，并欠身含笑点头致谢。此时，主人和蔼可亲地连声道"记协，记协"（意即请用茶），接着，客人开始喝油茶。为了表示对主人热忱好客的回敬，为了赞美油茶清香可口的美味，客人喝油茶时，总是边吃边啜，称赞不已。一碗吃光，主人马上添加食物，再喝两碗。按照当地风俗，客人喝油茶，一般不少于三碗，这叫"三碗不见外"。喝茶时，如果客人不想喝了，就把一根筷子架在碗上即可，否则主人会持续请客人喝茶。

其实，油茶与其说是茶汤，还不如说它是道茶叶菜肴，与其说是喝油茶，还不如说是吃油茶。这种独特的茶叶泡煮方法，妙趣横生的饮茶方式，以及如此奇异的待人接物礼仪，即使平生享受一次，亦有终生难忘之感。

四、白族三道茶

根据史书所载及族谱考证，六盘水市境内白族在中华人民共和国成立前，其称谓有"民家""僰人""双束僰儿""白蛮""白尼""白子"。1956年根据白族人民意愿，正式定名为白族。市境内白族与云南大理白族，在历史源流、地理建制、亲缘血统等方面均有着密不可分的悠远的关系。

六盘水市境内白族，主要分布于盘州市旧营、羊场、保基、淤泥、普古、刘官等乡镇和水城县龙场、营盘等乡镇。白族是一个十分好客的民族。白族人家，不论在逢年过节、生辰寿诞、男婚女嫁等喜庆日子里，还是在亲朋好友登门造访之际，主人都会以"一苦二甜三回味"的三道茶款待宾客（图8-2）。

图8-2 白族三道茶

三道茶，白语叫"绍道兆"，是白族待客的一种风尚，凡是宾客上门，主人一边与客人促膝谈心，一边吩咐家人忙着架火烧水。待水沸开，就由家中或族中最有威望的长辈亲自司茶，先将一只较为粗糙的小砂罐，置于文火之上烘烤。待罐烤热后，随即取一撮茶叶放入罐内，并不停地转动罐子，使茶叶受热均匀。等罐中茶叶"啪啪"作响、色泽由绿转黄且发出焦香时，随手向罐中注入已经烧沸的开水。过一小会儿后，主人就将罐中翻腾的茶水倾注到一种叫牛眼睛盅的小茶杯中。但杯中茶汤容量不多，白族同胞认为"酒满敬人，茶满欺人"，所以，茶汤仅半杯而已，一口即干。

由于此茶是经烘烤、煮沸而成的浓汁，因此看上去色如琥珀，闻起来焦香扑鼻，喝进去滋味苦涩。冲好头道茶后，主人就用双手举茶敬献给客人，客人双手接茶后，通常一饮而尽。此茶虽香，却也够苦，因此谓之苦茶。白族称这第一道茶为"清苦之茶"。它寓意做人的道理：要立业，就要先吃苦。

喝完第一道茶后，主人会在小砂锅中重新烤茶置水（也有用留在砂罐内的第一道茶重新加水煮沸的）。与此同时，将盛器牛眼睛盅换成小碗或普通杯子，里面放入红糖和核桃仁等，冲茶至八分满时，敬于客人。此茶甜中带香，别有一番风味。如果说第一道茶是苦的，那么，苦尽甜来，第二道茶就叫甜茶了，白族人称它为糖茶或甜茶。它寓意"人生在世，做什么事，只有吃得了苦，才会有甜香来"。第三道茶更有意思，主人先将一满匙蜂蜜及3~5粒花椒放入杯（碗）中，再冲上沸腾的茶水，容量多以半杯（碗）为度。客人接过"呼呼"作响的茶杯后，一边晃动茶杯，使茶汤和佐料均匀混合，一边趁热饮下。此茶喝起来回味无穷，可谓甜、苦、麻、辣，各味俱全。因此，白族称它为"回味茶"。有的主人更是别出心裁，取来一张用牛奶熬制而成的乳扇，将它置于文火上烘烤，当乳扇受热起泡呈黄色时，随即用手揉碎将它加入第三道茶中。这种茶喝起来，既能领略茶香茶味，还能尝到白族传统食品的风味，更是回味无穷。它寓意人们，要常常"回味"，牢牢记住"先苦后甜"的哲理（图8-3）。

图 8-3 白族三道茶佐料

但凡主人款待三道茶时，一般每道茶相隔3~5min进行。另外，还得在桌上放些瓜子、松子、糖果之类，以增加品茶情趣。

五、白族响雷茶

六盘水市境内白族居住地区，还盛行喝响雷茶，白话叫它为"扣兆"。这是一种十分富有情趣的饮茶方式。

饮茶时，大家团团围坐，主人将刚从茶树上采回来的芽叶，或用初制而成的毛茶，放入一只小砂罐内，然后用钳夹住，在火上烘烤片刻后，罐内茶叶"噼啪"作响，并发出焦糖香时，随即向罐内冲入沸腾的开水，这时罐内立即传出似响雷的声音，与此同时，客人们的惊讶声四起，笑声满堂。

由于这种煮茶方法能发出似响雷的声音，响雷茶也就因此得名。当响雷茶煮好后，主人就提起砂罐，将茶汤倾入茶盅，再由小辈女子用双手捧盅，奉献给各位客人，在一片赞美声中，主客双方一边喝茶，一边叙谊。

六、回族罐罐茶

六盘水市境内回族分布特点为"大分散，小集中"。最集中的聚居区为盘州市普田回族乡，其余的分散在六枝特区的上官、梭夏，盘州市的新民、白马，水城县的台沙、青林、双营、纸厂、落邦，钟山区的月照等地。

茶叶一直是回族人民不可缺少的生活原料，一般成年人每月用茶量达1kg左右，老年人用茶量更多。至于饮茶方式，更是多种多样。

罐罐茶通常以中下等炒青绿茶为原料，经加水熬煮而成，所以，煮罐罐茶又称熬罐罐茶。熬煮罐罐茶的茶具，表面看来简陋粗糙。煮茶用的罐子是用土陶烧制而成的，高不足10cm，口径不到5cm，腹部稍大些，直径也不超过7cm。就整体而言，犹如一只缩小了的粗陶坛钵。但当地人认为："用土陶罐煮茶，不走茶味；用金属罐煮茶，会变茶性。"与此相搭配的是喝茶用的茶杯，是一只形如酒盅大小的粗瓷杯。当地人认为："用小粗瓷杯泡茶，能保色保香。"这种说法是有一定道理的。宋代审安老人撰的《茶具图赞》中，称赞小茶罐能起到"养浩然之气，发沸腾之声，以执中之能，辅成汤之德"的作用。用现代科学的观点来看，用金属类罐（杯）子煮茶泡茶，在加热冲泡过程中，金属物质会与茶叶中的多酚类发生氧化作用，从而产生另一种新的物质，这样当然会使茶味"走样"了。而土陶却不然，由于土陶通透性好，散热快，不易使茶汤产生异味，因此，用土陶茶具煮茶泡茶，自然有利于保香、保色和保味了。

熬煮罐罐茶的方法比较简单，与煎中药大致相仿。煮茶时，先在罐子中盛上半罐水，然后将罐子放在点燃的小火炉上，一直到罐内水沸腾时，放入茶叶5~8g，边煮边拌，使茶、水相融，茶汁充分浸出，这样经2~3min后，再向罐内加水至八成满，直到茶水再次沸腾时，罐罐茶才算熬煮好了。这时，即可倾汤入杯。由于罐罐茶的用茶量大，又是经熬煮而成的，所以，茶汁甚浓，一般不惯于喝罐罐茶的人，会感到又苦又涩。好在喝罐罐茶的杯子容量很小，不可能如同喝大碗茶一般，大口大口地喝下去。但对长期生活在那里的人们来说，早已习惯成自然了，一般在上午上班前和下午下班后，少不了得喝上几杯罐罐茶。他们认为："只有喝罐罐茶才过瘾。"还说，"喝罐罐茶有四大好处：提精神、助消化、去病魔、保健康。"其实，这种喝罐罐茶习惯的形成，与当地的人文地理、生活环境是相联系的。

七、仡佬族"三献"茶宴

仡佬族是中华民族大家庭中的一员，其先民"濮人"很早居住在中南、西南这块广阔的土地上，创造了历史悠久、丰富灿烂、源远流长的民族文化，古代的濮人因分布辽阔、人口众多、支系纷繁而有"百濮"之称。

六盘水市六枝特区农村广泛流传有"地盘业主、古老先人""蛮夷仡佬、开荒劈草"的说法。新节时，仡佬族人可在村寨附近他族人的田地摘取谷物祭祖而不受指责和阻止。由于历史上的种种原因，仡佬族人口较少，且多分散居住。境内的仡佬族主要分布在六枝特区箐口、堕脚、中寨、大用、落别、新窑、平寨等乡镇和水城县的猴场等乡镇。现只有披袍支有本族的语言，且风俗习惯保存较完整。

仡佬族没有本民族的文字，文学艺术靠世代口语相传，主要有诗歌故事传说、寓言和谚语等。其内容主要是反映生活斗争和民族历史方面等。仡佬族人家喜欢饮酒和喝茶，酒有烧酒（苞谷酒）和甜酒及黑酒，茶有罐罐茶和大树茶。罐罐茶，仡佬人家都喜煨制罐罐茶。煨茶时先将茶罐洗净倒满清水，然后把它煨在火上，待水开沸后将茶叶放入再重新煮开，把茶罐从火边移开等茶叶沉底，水变浓后方可倒出饮用。此茶汤清色正，清香可口，回味无穷，是仡佬族接待客人的特色茶食。

仡佬族人家，逢年过节、亲朋好友、贵客来的时候一般都吃"三献"，即一献酒、二献茶、三献菜饭。

第一献是献酒。即主人家向客人奉出自酿的谷米甜酒或白酒，以示盛情欢迎。

第二献是献茶。是在客人喝完主人家赠的酒后，担心客人不胜酒力，便端来仡佬族人家自制的罐罐茶，意在以茶解酒，确保客人有精神继续留在家做客，茶是主人家专制的，制法也很特别：每年开春后，他们把在坡上采来的茶叶先洗净风干，蒸后再晒，反复蒸晒几次。将茶叶直接蒸后再用民间制作的大簸箕晾晒，如此反复蒸晒几次，喝的时候再用砂罐焙过再煎来喝。

第三献是献菜饭。"献"菜饭中有一道独特的菜肴叫"茶香渣肉"。这道菜在20世纪80年代前的农村比较流行，90年代后逐渐退出了百姓餐桌。"茶香渣肉"不仅在仡佬族中传承，在汉族中也有传承。20世纪80年代初，在六枝特区很多农村，每年腊月，大部分家庭都会硙糯米面、用磨推碾苞谷，加工苞谷面和苞谷米，还要磨豆腐。糯米面、苞谷面和苞谷米都是"茶香渣肉"的食材。做"茶香渣肉"首先要准备土制片茶、秦糖（一种用小麦、玉米经过原始加工制成的糖，传说是从秦代时就有的加工方法）、糯米面、苞谷面、三线肉或排骨等。做法是先将片茶熬成茶水，在茶水中放入适量的秦糖，再将适量秦糖茶水搅拌苞谷面（主要是调色和调味）放在甑子里蒸熟后，撒入少量糯米面，再用适量秦糖水拌匀，把加工过的三线肉或排骨定型后放入碗中，上面用茶片摆放图形，放入甑子中蒸成肉粑为止。做好的"茶香渣肉"不油腻，色香味齐全。还有的"茶香渣肉"不用糯米面，而用蒸熟豆渣与蒸熟苞谷面搭配，有另外的口味。"茶香渣肉"分为复杂做法和简单做法，这些都与各种不同的饮食文化有关，但在"献菜饭"中保持主菜地位。

第二节　吃　茶

一、茶叶宴

　　茶食与茗宴是古代吃茶法的延伸和拓展，而从饮茶到茶膳，从品饮到养生，从茶叶到美食，茶叶的饮用、食用文化内涵更加丰富，茶膳成就了独特的茶叶宴。

　　茶叶宴作为茶文化的一部分，成为茶叶消费的另一种崭新形式。茶叶宴形式多样，分类繁多，形式上有茶快餐、家常茶菜饭、特色茶宴、茶点、茶饮、茶汤等多种品种。对茶叶的选料、厨师的技法、营养的搭配有较高要求，如何让茶叶与食物完美搭配，是一门高深的学问（图8-4）。

图 8-4 茶美食

水城县茶文化产业园的"茶全宴"最为出名，"茶全宴"根据水城县当地饮食文化以及长期以来形成的茶食传统，孕育了色泽光润、香气四溢、风味独特的美食文化。"茶全宴"以水城春早春茶为主原料，分别辅以各类食材，或黄焖、或清蒸、或爆炒、或凉拌，做成茶香扑鼻的茶叶扣肉、凉拌春芽、茶香鸡等特色茶膳。闻名凉都的茶叶佳肴有红茶醉江山（红茶扣肉）、茶海引凤凰（茶叶炖土鸡）、茶林青龙飞（茶叶老猪脚炖豆皮）、茶姑采圣果（茶叶酥香肉）、茶香飘万里（茶叶三鲜汤）、茶香北盘江（茶叶点豆花）、水城春茶饼（水城春南瓜饼）等美食（图8-5、图8-6）。

图 8-5 水城县茶文化产业园白族风情茶全宴

图 8-6 六盘水市第二届旅游文化产业发展大会上精彩亮相的茶全宴

这些美食清淡爽口，不论是工艺还是外形上都讲求匠心制作，菜肴油而不腻、酥香爽口、茶香津生，精巧清淡。食材都是有机绿色食材，选取上等茶青鲜叶或精制茶品，结合本地乌骨鸡、土猪肉等健康食材制作，绿色健康。同时，茶叶宴融合了白族风情，带有浓厚的民族气息，形成民族文化与茶食融合发展的特色茶膳文化。

二、茶 点

一杯清茶可以涤去肠胃的污浊、醒脑提神，而几件茶食，既满足了口腹之欲，又使饮茶平添了几分情趣，从而使清淡与浓香、湿润与干燥有机的结合。茶水不断地安抚舌面，使疲劳的味觉重新得以振奋，点心之味在茶水的配合下，能够被人更好地享用。所以，茶与茶食、茶点只要搭配合理，两者可以互相促进，相得益彰（图 8-7）。

图 8-7 外观精致、口感香醇的美味茶点

三、传统菜肴

"揪到黄鳝用火烧"是六枝特区居都一带和部分仡佬族人使用茶水制作的传统菜肴。仡佬族人抓到黄鳝，带回家后，点燃谷草，谷草烧成灰时，将活黄鳝放到草灰中，等黄鳝粘满草灰后，拿起来用树叶或瓜叶包住黄鳝，从头到尾抹下，这时，黄鳝不再黏稠、溜滑、油腻。此时，用清水洗净。然后去头，用尖刀划开肚腹，取出内脏，不去骨，切成节。烹饪方法有2种：一是先炒筒筒辣椒再炒蒜，后放入黄鳝爆炒到一定程度，将茶水加少量秦糖（提色加味）、加盐倒入锅，在茶汤未干前盛入碗中，这道菜就算做好了；二是用烧红烧肉的方法做茶汤黄鳝，加葱、姜、茴香，用茶水、秦糖焖熟，保证色、香、味俱全。如今，"揪到黄鳝用火烧"成为当地人一道离不开茶叶的菜肴。

据传，盘古开天辟地以后，古老先人垦荒拔草开耕造田，插下秧苗后长势喜人。然而，不久后，那一坝坝长势喜人的秧苗竟慢慢枯黄死去。说也奇怪，刚放满的田水，转过背就干涸了，挑大粪水去撒都不能把秧苗扳青。人们见到这光景，害怕挨饿，急得满田埂转。古老先人里头有个叫"保马有"（仡佬族语）的想出法子，他叫大家白天去放满田水，夜里打着火把去查看田埂，要弄明白是哪样怪物在捣鬼，果不其然，一夜之间大家都看见是黄鳝在做坏事。有的黄鳝一见火光就出洞游玩，有的黄鳝还在洞里漏田水。大家一齐动手，有的把田埂边的黄鳝抓了起来，有的人把洞里的黄鳝捅了出来，拿回家开肠破肚炒来吃。

黄鳝头领叫"费拥"（仡佬族语），他眼看部族一个个被古老先人抓走，就伤心地哭起来，并到盘古那里去告状。

费拥说："我头是铜头，尾是铁枪，心想漂洋去大海，借你们秧苗脚下来遮凉。我一不喝你们的茶，二不吃你们饭，光在田头下个蛋，为哪样要拿我的儿孙去开肠破肚下晚饭？"盘古说："我的儿孙从来不乱干，等我喊来问问看。"盘古把古老先人叫去问话。"保马有"说："黄鳝坏心肠，费拥当大王，儿孙不教好，做事丧天良，上捅田埂水，下漏肥水浆，干死我们的秧苗，饿死我们的爹娘，叫我们咋个不抓它们当菜粮。"盘古一听大怒，骂道："黄鳝油滑又耍刁，唇枪舌剑心似刀，坏人的庄稼来诬告，我揪到黄鳝用火烧。"

盘古立即叫雷公架火烧死费拥，叫古老先人赶快进田薅秧，揪到黄鳝用火烧。从此，后人们都学会了"揪到黄鳝用火烧"。直到现在，仡佬族人抓到黄鳝也是用火烧后剐肠才用油炒、温火焖吃。这是"揪到黄鳝用火烧"的话把，也是吃火烧黄鳝的来历。

四、茶 酒

北宋大学士苏轼留翰墨遗珍、古籍引注，记载了以茶酿酒的创想。苏轼将创想中的"茶酒"以"七齐""八必"作为茶酒酿制之法，添"七品""九德"之说，丰富了茶酒文化的精神内涵。"七齐"——茶茗齐、曲药齐、甘果齐、水泉齐、陶器齐、炭火齐、人心齐；"八必"——人必知节令、水必甘软硬冲和、曲必得时而调、茶茗必实、陶必粗、器必洁、缸必湿、火必缓；"七品"——品自然之妙、品文武之争、品诗画异境、品重霄揽月、品东篱采菊、品泛舟五湖、品秋林归庄；"九德"——观色取浆玉液养目、茶香四溢嗅之通慧、入口绵醇甘味生津、齿涎喉爽悠然暖腹、腑生元气俄尔化之、酒过三巡醉意一分、辞别珍重酒礼不废、眠能安神气血调和、进食加餐鹤发童颜。苏轼定论："茶酒采茗酿之，自然发酵蒸馏，其浆无色，茶香自溢"。

六盘水凉嘟嘟生态酒业研制的茶酒，以自制的纯植物曲药为酵母，利用茶叶作为原料，经过"初蒸—杀青（发酵前准备）—发酵—再次蒸馏—出酒"的工艺，酿制出的茶酒清香扑鼻，沁人肺腑（图8-8、图8-9）。

图 8-8　六盘水凉嘟嘟生态酒业研制的茶酒　　　图 8-9　六盘水凉嘟嘟生态酒业茶酒酿制器具

　　古代医者记载："茶为百病之药"，能止渴、消食除痰、除烦去腻；"酒为百药之长"，能通血脉、御风寒、行药效、止腰膝疼痛。茶酒，兼具酒的醇厚茶的芬芳，其含有丰富的有益物质，如茶多酚、氨基酸等元素。茶多酚能有效地降低血脂浓度，又能对人体的糖代谢具有调节作用；而氨基酸，可调节免疫球蛋白的量活性，间接实现提高人体综合免疫能力等。

　　当今社会，生活节奏加快、生活压力变大，致使许多人都处在身体和精神上的双重压力之下，造成了身体处在亚健康的状态。因此，适量饮用茶酒可有效降低血脂，调节人们免疫能力，为人们身体健康保驾护航。

第三节　禅　茶

一、松柏寺住持释仁学聊禅茶

　　寺院里，僧侣认为"品茶如参禅"，茶道即禅道。日常生活中，品茶体现出个人修为，人们通过品茶实现相互沟通了解的目的（图 8-10、图 8-11）。

　　"寺院里的禅茶主要有三类。一是在禅堂品茶，品茶比食宿更讲究，要求禅堂品茶时不许言语，在不言中静下心来品茶，悟禅，这是最初级阶段的品茶；二是寺院客堂里的普茶，不论是达官贵族还是三教九流的人，在这里，通过品茶即可以了解、识别这个人的修养、修为，以及人品、素质和境界；三是'过来人'品茶，僧侣常将参学、参访、真正悟道的高僧称为'过来人'。一些人接近悟道边缘但又未能完全明白，需要找'过来人'指导并证实自己对宇宙有所悟，这时需要做的第一步就是品茶。倒一杯茶，茶里有禅语，不是所有出家人都知道，这需要达到一定层次和境界才能悟到的。比如说'过来

图 8-10 始建于明洪武年间的松柏寺的门头　　　　图 8-11 松柏寺内景

人'通过请您喝茶向您提问，您就要知道、领悟茶的原理，并作出回答。这就是'斗禅语'"，在盘州市，松柏寺住持释仁学如此解释"斗禅语"。

茶和佛教的最初关系是茶为僧人提供了饮料，而僧人和寺院则促进了茶叶的生产和制茶技术的进步。进而，茶道和佛教在思想内涵方面的共通之处就越来越多了。茶的本性是冷静的、理智的，在四季分明的大自然中，茶树的绿色给人积极进取、不断向上的感觉，人们透过一片片绿色的茶叶看到了希望，得到当下的宁静，这就是一种禅意。茶道的本质就是从日常琐碎的生活中去感悟宇宙的奥秘和人生的哲理。禅也要求人们通过静虑，从平凡的小事中领悟大道理。茶道讲究"和、静、怡、真"，"静"是达到心斋坐忘的必由之路。佛教也主静，佛教坐禅时的五调（调心、调身、调食、调息、调睡眠）以及佛学中的"戒、定、慧"三学都是以静为基础的。佛教禅宗就是从"静"中创出来的。可以说，静坐静虑是历代禅师们参悟佛理的重要课程。在静坐静虑中，要求僧人独自一人而坐，头正背直，不动不摇，更不能卧床睡眠，还规定过了中午不许进食、饮酒，于是茶便成为僧人必不可少的饮料，饮茶有助于参禅、面壁省悟。释仁学认为，品茶"斗禅语"对做人有着积极的影响。

他说，佛教思想一眼看透了人之所以会痛苦，就是因为有欲望，而这个社会纷杂的原因正是因为有不同境界，人的境界或层次不一样，从而所追求的欲望也不一样。人要摆脱欲望或者是满足欲望，顺其自然地摆脱，或者是彻底地戒掉不良欲望，于是就有了很多佛教门派的产生。其实我们社会中每一个人都是在自发地满足或者摆脱欲望的，只是因为自己不能理性地看问题，会导致很多痛苦。如果智慧到了一定的高度，就会荣辱不惊，快乐与痛苦都是暂时的。

"在大寺里的未必就是大和尚，在小庙里的未必就是小和尚"，在释仁学看来，佛家禅语主要指从佛门中传出的精华语句，话语平朴，含意深远，对人生思想等方面有着精神食粮的作用。由于禅语的文雅和隽永，常在文学艺术作品中得到应用。

二、松柏寺住持释仁学简介

释仁学，俗姓刘，佛姓释，法号仁学。据释仁学介绍，他已出家33年，将毕生所得供养百余万元全部用于修缮松柏寺。此前，为修行悟道，曾在江西九江、湖南长沙、四川峨眉山等地寺院出家修行。

第四节　茶　礼

一、待客茶礼

六盘水人民把客来敬茶看成是不可动摇的待客之道，是代代相传的传统美德。唐代陆士修的"泛花邀坐客，代饮引情言"，宋代杜耒的"寒夜客来茶当酒，竹炉汤沸火初红"；宋代郑清之的"一杯春露暂留客，两腋清风几欲仙"等诗句，都表达各族人民重情好客，以茶会友，以茶示礼的美德。

图 8-12　沏茶"七分满"的习俗

在传统的待客礼仪中，茶礼仪是比较重要的一部分，"以茶待客"便是广泛习俗。有客来，端上一杯芳香扑鼻的茶，是对客人的极大欢迎和尊敬。在饮茶的整个过程中都要表达对客人的热情、礼貌和尊重，在奉茶时主人热情友好，以真挚诚意与客人进行交流，谦恭自然；沏茶的顺序是按顺时针方向进行，先长辈后晚辈，先男后女；沏茶也只能是茶水保持七分满，也表达了对客人的尊敬（图8-12）。

至于现代，以茶待客，以茶交友，以茶表示深厚的情谊。这种茶饮理念不仅深入单位、集团、每家每户，甚至还成为国度礼节。无论单位、工厂，新年常举办茶话会，领导以茶表示对职工一年辛苦的谢意；有职工调出，也开茶话会，叙拜别之情；朋友闲暇聚餐，客人入座，未点菜，先斟上一杯茶，以茶示彼此相敬。

二、茶与婚礼

（一）汉族"从一而终"的茶与婚礼

茶文化的浸渗或吸收到婚礼之中，是与我们饮茶的约定成俗和以茶待客的礼仪相联系的。茶在民间婚礼中是纯洁、坚定、幸福的象征。用茶作为结婚礼仪上的必需之物，这是因为茶具有坚贞不渝的爱情寓意。茶树可以表达坚贞不移的情感，茶籽则表示子孙的延绵不绝，寓意着永世常青。将茶用在婚礼中，将会实现祝福新人永结同心、白头偕老的心愿。

茶作为汉族结婚彩礼中不可缺少的一部分，也有着特殊的意义。明代郎瑛在《七修类稿》中，有这样一段说明："种茶下子，不可移植，移植则不复生也，故女子受聘，谓之吃茶。又聘以茶为礼者，见其从一之义。"在众多的婚礼用品中，把茶叶列为必不可少的首要礼物，作为"从一而终"的象征，也是一个美好的祝福，寓意着"一生一世，永不分开"。如今，六盘水市很多地方仍把订婚、结婚称为"受茶""吃茶"，把订婚的定金称为"茶金"，把彩礼称为"茶礼"。

在结婚的时候，往往会伴随三次敬茶礼仪：第一次，新娘要离开父母时，会与新郎共跪在女方父母前，敬茶，以感谢父母的养育之恩，称为感恩茶；第二次，新娘进入新的家庭，也会与新郎共跪在男方父母前，敬茶，表示要孝敬父母，称为改口茶；第三次，新娘会在新郎的带领下，对男方家的亲戚长辈敬茶，称为认亲茶。

（二）回族茶代表忠贞的爱情

回族实行一夫一妻制。男女婚龄通常都在18岁以上。一般在本民族内通婚。

六盘水市境内回族婚姻礼仪比较简单，大致有以下几个阶段：

说亲。男方请媒人带上茶叶、红糖到女方家提亲。水城回族媒人第二次到女方家除带茶、糖外，还要拉一只羊、带一斗米。女方父母若同意，则收下礼物。

定亲。也叫喝糖茶，男方送女方衣物及小型穿戴。茶、糖仍不可少，数量没有明确规定。女方请家族中的人来喝糖茶，让族人知道女儿已经许人。

谢亲。男方给女方家送"谢亲钱"，用作购置家具和嫁妆。有的不要谢亲钱，女方父母量力给一些嫁收，家具由男女双方购置。

接亲。阿訇择定婚期后，男方提前两天请人到女方家过礼。礼物一般是一支牛腿、一百斤大米及盐、茶等，视经济情况而定。次日，媒人带领接亲客到女家接亲。除带穿戴用品外，还要带一把雨伞，一般不奏乐。过去新娘坐轿或骑马（水城回民新娘骑自家的马，接亲婆、送亲婆骑男家的马），现在多为步行或交通工具代步。新郎在家，身上挂绣球红布，请一人作陪郎。挂红时陪郎要说吉利话（称"四句"）。新娘快到时，陪郎请新郎去半路迎接。送亲客中必须有一对夫妻，男的带队，女的做伴娘（送亲婆）。婚礼上不磕头、不拜堂，请阿訇念"礼""课"二经，主持婚礼。阿訇分别问："你愿意嫁给他吗？"男家拿喜钱交送亲客当阿訇的面转送新娘。阿訇向新郎讲授沐浴方法，说父母义务已尽，要新郎新娘孝顺父母，遵守教规，热爱祖国，勤劳致富等。有的地方，阿訇要给新郎新娘"可便钱"，随后，阿訇一边念经，一边撒喜果。须盛两盘，婆家娘家各一盘，里边还放些银毫子。新郎新娘跪在地上，阿訇先往新郎衣里撒三把，然后撒向众人。喜果象征吉利，客人们纷纷争抢。抢得核桃的马上敲开分吃；抢得银毫子的，回去打眼穿线给小孩挂在脖子上；新郎接下的核桃倒在新娘的箱里。撒喜果是婚礼中不可少的仪式，不经此仪式，人们不承认这桩婚姻。婚礼后是宴席，一般比较简单。席后，新郎由陪郎陪伴，新娘由送亲婆陪伴进入洞房。进洞房后，新婚夫妇抢坐新床，据说谁抢先坐上，今后当家理财就是谁胜任。因此，陪郎、送亲婆都想方设法让自己一方的新人获胜。

次日早晨洗漱毕，送亲婆和新娘用娘家带来的炒米糖水待客。然后，请新娘的亲属在堂屋就座，由送亲婆指挥新婚夫妇向长辈敬茶，逐一行礼。至此新娘方可走出房门。

婚礼后第三天是"回门"。娘家派人接新婚夫妇到家做客，当天往返。娘家要做回门粑粑送新郎。

（三）仡佬族吃茶寓意相爱和订婚

仡佬族婚俗中的接亲，要喝三道迎风酒后，女方家将男方送来物品收起后安排桌子吃晚饭。

在晚饭的酒席上，双方歌郎又对歌（以桌、凳、酒、茶为内容）。这次对歌改为男方歌郎先唱："一张桌子四角方，四盘萝卜四盘姜，样行（音杭）样式吃得了，只差龙肉配凤汤。"女方歌郎答唱："一张桌子四角方，锡壶炖酒在中央，连酒带壶你吞下肚，吃的更比看的香。"到最后，女方歌郎唱："接你不来我心焦，接你到下把茶烧，少茶无水简慢你，回去不要用话刁。"男方歌郎回唱："接我不来你心焦，我一到下有茶烧，去到路上有人问，满桌满席吃不倒。"酒、茶歌一直唱到鸡叫头遍才散席休息。天麻麻亮（注：黎明），男方备马接亲。新娘开始着装：头戴列子，列子上竖银角一对，把耳环或瓜米金环紧贴两耳，新开的脸面粉红有光，衣长及腰，领根用红绸或缎镶绣坎肩，短袖大花口，系袖口及手挽通绣各色花；下穿长裙，腰有褶，下摆无褶，压裙飘带坠海巴（宝贝），号曰"赞裙"；小腿缠花裹布，脚穿粉底鞋。新娘上马之前，堂屋里放一张大桌，大桌上又放小桌，小桌上置一张斗，斗内插一把新筷子，摆盐、茶、五谷，用亮光闪闪的灯照着，新娘由姐妹或嫂嫂直背到斗前，老人将那把新筷交给女娃，新娘接过反手向后丢去。背的人将新娘放骑在马上，由男方的姐夫或表兄来扶的扶着，牵的牵马，吹着"号螺号哩"，打响锣鼓扛起旗幡（如果路远还要备两匹马给送亲客骑），一路吹吹打打向新郎家进发。

新娘到新郎家大门外，男家要用一床新棉被铺在一架木马上，吹奏"号螺号哩"，再由姐夫、妹夫或表兄弟将新娘抱下来骑在木马上，新郎站在大门外迎接，女宾从木马上将新娘扶进堂屋。新娘先向新郎的父母敬烟、献茶（茶叶多是新娘在婚前亲手制作），叫爹娘，爹娘用钱给儿媳作礼，夫妻双双向父母和老天叩头，然后进厨房给灶公灶母献酒三杯，作三个揖就算婚礼结束。

三、以茶祭神

传统祭奠离不开茶，茶质洁净为"圣物"，祭天祀地告神灵茶，精行俭德，质本高洁。所以，古往今来，常被人们用作祭天祀地之物。

在六盘水百姓家都会用水果、茶、酒、饭作为主要祭奠的物品。茶之所以作为祭品，是认为茶为仙草，茶是正心之物，祭献者用献茶的方式代表对神灵的敬畏和对死者的尊敬。

在六盘水民间，人们常用"清茶四（种）果"或"三（杯）茶六（杯）酒"，祭天谢地，期望能得到神灵的保佑。特别是上了年纪的人，由于他们把茶看作是一种"神物"，用茶敬神，显示最大的虔诚。所以，在古刹禅院中，常备有"寺院茶"，并且将最好的茶叶用来供佛。据《蛮瓯志》记载：觉林院的僧侣，"待客以惊雷荚（中等茶），自奉以萱带草（下等茶），供佛以紫茸茶（上等茶）。盖最上以供佛，而最下以自奉也。"寺院茶执依照佛教规制，每日在佛前、祖前、灵前供奉茶汤。"茶禅味"这种习惯，一直流传至今。一些虔诚的佛教徒，也常以茶为供品。

在市境内少数民族地区，以茶祭神，更是习以为常。一般流行祭茶神，祭祀分早、中、晚三次：早晨祭早茶神，中午祭日茶神，夜晚祭晚茶神。祭茶神仪式严肃，认为茶神若是看见穿戴褴褛，闻听笑声，就不愿降临。故白天在室内祭祀时，不准闲人进入，甚至会用布围起来。倘在夜晚祭祀，也得熄灯才行。祭品以茶为主，也放些米粑及纸钱之类。

四、"喇叭苗"丧葬祭祀习俗

"喇叭苗"作为苗族的其中一个支系，它的丧葬至今还沿用着古老的传统习惯，跟其他支系的苗族相比，有明显区别，在丧葬祭祀过程中有多个环节均用到茶或提到茶。

停枢在堂环节用到茶。停枢在堂是把尚未办过丧事的亡人灵枢屯在堂屋内，即在亡者生前住宅的堂屋右侧摆两条长凳，凳上停放棺枢，头向神台壁，相距神台右壁二尺左右，脚向大门右窗，距堂屋右壁二尺左右，这些距离是留作绕棺之路。灵枢底部中央放半盆水，水染成红色，盆口横架把筘（筘是织布机上的主要机件之一，形状像梳子），在筘的上面放一灯，插三炷香，香灯要经常点燃直至伴灵完成。这盆中之水表示血盆，盆口架着的箭，表示奈何桥，意思是亡者要通过这些阴府关口才到达西天极乐世界，还有灵枢的前面要放一张小桌子，桌子上放亡者灵牌，灵牌面前摆香灯鲜品、鲜花、酒、茶、饭等供品，小桌子的旁边放一口锅，这口锅是用来烧钱纸的，这样布置得规规整整，让亲朋好友前来吊唁。在请水唱"报十恩"时提到茶。做法事的第一天是请水，即先生在孝家神台左边设起佛台，写好灵牌和请水牒，孝子们扎起孝帕之后，敲锣打鼓鸣炮起程去到常挑水的井边请水。先生们在井边做法事，唱"请水科"书并将请水牒燃烧在井边，从井中取一瓶水拿回来当法水洒净灵枢，绕灵之用，回到家门边唱"照亡科""报十恩"（报十恩的主要内容也就是怀念母亲的十月怀胎苦情歌），歌词如下：

正月怀胎在娘身，无踪无影又无形，三朝一七如露水，不觉孩儿上娘身。

二月怀胎在娘身，头闷眼花路难行，口中不说心里想，儿在腹内母知音。

三月怀胎在娘身，面黄肌瘦不成人，每日茶饭不思想，只想桃李过光阴。

四月怀胎在娘身，我娘腹内好心疼，茶不思来饭不想，何日姣儿才离身。

五月怀胎在娘身，孩儿腹内长成人，今朝夜晚分男女，吃娘精血痛娘心。

六月怀胎在娘身，脚手软麻懒动身，行人不知娘辛苦，一个身子两个人。

七月怀胎在娘身，四脚好似打碎的，阳间造下一盆水，阴间聚在血河盆。

八月怀胎在娘身，儿在腹内打翻身，坐卧好似针天上，受尽折磨万苦心。

九月怀胎在娘身，分娩将要到来临，心想要往娘家去，恐怕孩儿半路生。

十月怀胎在娘身，娘在房中受苦章，儿奔生来娘奔死，命隔阎王纸一张。

在做斋的环节用到茶。家庭比较富裕，亡者的子女又多的人家，要做五天五夜或七天七夜的斋事。近年来很少有人做。据了解，做五天五夜或七天七夜要请水和破狱、加祭，这三个科目少不掉，而且这三个科目也是排在开头和末尾。而中间的那几天叫作正斋事（如五天五夜中间就有三天，是七天七夜的中间就有五天），白天是朝幡、念经、等待幡布尾上的须须结成一定的形象（比如孝家要求狮子形或螃蟹形），晚上的法事只做到夜间12点就休息，每天清晨5点都要"上表"烧"文疏"。如果幡结得不理想（幡布一丈二尺用二丈多高的竹竿悬挂，尾部撕成十一股须须，每股须须吊着两个毛钱，这毛钱是铜质的，中有四方洞），先生也是很着急，加紧朝幡和念经，一直要到幡结理想才松口气。说起来也怪，幡布在半空飘着，飘来飘去地，这些须须会结成一定形象。幡布有的立一匹，有的立三匹，最多的立五匹，都要求一种形象。"上表"烧"文疏"时的供品，一是豆腐，二是糯米粑，三是茶，都要新鲜的。这些供品称为斋品，制作斋品所用的水，要现从井中挑来，挑水的人不能换肩，以免两只水桶互换前后，挑到厨房时，只用前面的一只桶盛的水制作斋品，表示干净。挑水时孝家秘密请人作监督，唯恐有人戏弄，错用后边一只桶盛的水而得罪神灵。灵堂设置非常美观，灵堂中只放灵牌和香斗。这香斗上点燃许多灯，插上大佛和菩萨牌位（棺柩已移到另一间去了），只准先生和孝子进出，闲散之人请在灵堂旁边坐坐。但都必须打"黝潭"，即拿生铁在火中烧红，放在水中。灵堂的人从那喷气中走过，表示驱除邪气。做斋事的先生，如果水平达不到就不敢做。做斋事还要代荐久故的三代之内老人，要给每个老人十二抬纸钱。做完斋事，把幡布结成形象的一节剪下来挂在自家的神台上空，长期留念，以示家门旺。

五、水族"祭山神"

水族是六盘水的世居民族之一，主要聚居于水城的发耳、俵侎和盘州市的盘关。现有人口1万余人。大部分居住在土壤肥沃、水源丰富、气候宜人的河谷山区，村落多依水靠山而建，几十户上百户不等。水族与布依、汉、彝民族交错杂居，形成以节日文化最为明显的"你中有我、我中有你"的文化现象。许多茶俗文化大同小异，同时也保留了自己鲜明的民族特色。

在凉都水族三月三扫寨"祭山神"时，茶就是必用之物。在水族村寨，寨人集资购一条狗和一只鸡，请寨上某户人家组织领头祭扫。毕摩（寨中长者）主持念咒语，挨家挨户扫除，并在岔路方向搓绳把象征"五个亡人"的茅人夹在草绳上，分别放置在每个岔路口，每扫至家中，主家用一个碗打醋炭。用弓弩在堂屋内射朝五方，取少许茶、盐、"酿酒药""火星"用草包好，置入草船中，用碗打醋炭，逐一将全寨扫毕。毕摩吩咐把载有"火星魔"祭物的草船送到河边，念咒杀鸡，示意已把全寨各种火祟扫除，无灾无疾。

第九章　茶馆篇

古代，茶馆最早的雏形是茶摊，六盘水市境早在古夜郎时期就已经有诸如茶摊的茶事活动。从市境内发现的宋代极致奢华的茶器可以看出，市境内的茶馆兴盛于宋时。到清代和民国时期，茶馆在民间的广泛推广和普及进一步推进了市境茶馆的兴盛。

清代，市境内"谢家茶楼"和"北门楼茶馆"是最具代表性的茶馆。始建于清光绪年间的谢家茶楼（位于今六枝特区岩脚镇），曾经热闹繁华、人来人往。民国时期，北门楼（位于今盘州市城关镇）入口左右都开有茶肆，说书、唱戏、喝茶，热闹非凡。

当代，随着经济发展、人民生活水平逐渐提高，社会全面进步，文化及生活方式的多元化发展，出现了对茶馆需求的呼声，茶馆变成集休闲、娱乐、商业洽谈等功能于一体的活动场所，市境内功能多样的茶馆如雨后春笋般迅速发展起来。

第一节　凉都清代和近代茶馆

清代，茶饮融入了各阶层人民的生活，六盘水市境内茶馆的发展进入鼎盛时期。岩脚古镇上的谢家茶楼，茶楼外马蹄声声，茶楼里人声鼎沸；普安州城，茶馆众多，茶客如云，茗香醉人。古驿道上的繁荣，促进了市境内的茶馆在一定历史时期内的繁荣和兴盛。

据钟山区文联副主席施昱介绍，水城厅建厅之前，政治、经济、文化的中心在水西、大定府城，清雍正年间成立大定府驻水城苗理府后，进出水城厅城的扒瓦石级驿道，由北向南直达水城厅城，从西北而来，通过严沙河、阿角仲小拱桥、大河以勒石拱桥入厅城的驿道，东面由郎岱入厅城的石级驿道等。为经贸的繁荣带来了便利，驿道上马蹄声声，人来熙往，经贸中，少不了茶叶的商贾往来，不管是厅城街道，还是乡场露天土街，甚至还出现各驿道路口搭建凉亭卖茶叶和喝茶的贸易行为。据今钟山区大河镇年近百岁的老人任绍周（已去世）、袁德荣、袁财举、施绍斌（已去世）等人口述，他们从长辈口口相传中得知，行商坐贾入城的几条古驿道，都有在石拱桥头或驿道站房摆摊卖茶、提供茶水者，而且生意兴隆，曾一度成为乡村小商贸的雏形。

清代，除水城厅城区中心（今钟山区境内）及永顺里的几个重要乡场外有卖茶和提供茶水的茶摊外，以勒石拱桥、连沙河桥、扒瓦石拱桥、三块田石桥和常平里的几大乡场及周边村庄，既种茶产茶，也同时售卖茶叶和茶水。

谢家茶楼始建于清光绪年间，地处盐茶古道上的岩脚古镇中心枢纽地段，常年有盐贩、茶商和马帮过往（图9-1）。当时，镇上士绅、往来富商雅客齐聚茶楼，或唱和、或神侃、或戏曲、或大书、或小说，均在闲茶数泡之间。

百年沧桑风雨，抹不去谢家茶楼曾经的繁华和辉煌。历经百余年风雨至今仍保存完好的谢家茶楼，廊树相连，属全木质清式传统风格二层建筑，门窗精雕细琢，有阳雕阴刻之美，有精湛的手工镂空之艺。茶楼为两进四合天井，有厅、包间、套房互通，一层为包间、套房，二层有敞厅。茶楼距城门50m多，背河面山，是当时雅集会友、迎来送往的最佳场所。

图 9-1 始建于清光绪年间的谢家茶楼

根据《兆麟梦幻录》《盘县文体广电旅游志》《盘县文史资料（第十集）》等资料记载，晚清时期，普安州城（今盘州市城关镇）内有"文公祠茶社"、大富街的"醒丰茶社""马王庙茶社"。外地民间艺人来各茶社演唱琴书，扬琴调弹唱。茶社演奏的琴书曲目主要有清代乾隆举人、本地水塘人任璇写的剧本，元代王实甫撰写的《雷峰塔》以及《西厢记》《梅花缘》等琴调弹词，清代方成培撰写的剧本等。

到茶社来的茶友主要有名绅张雁宾（当地顺城街人）、盘北孔官举人朱大韶（曾任云南普洱府思茅厅代理同知，诰封五品官，回乡后在凤鸣山武庙启圣宫教书）、名儒杨子白（当地管驿坡人）、名儒朱远灿（当地顺城街人）等。也正是上述名贤茶友艺师，悠休时聚会于茶社，相互切磋，传经送宝，推进茶社琴书演奏技术技巧的发展。

民国时期，普安州城内有"明月茶馆""大众茶馆"。民国二十年（1931年）四川人金明山来城内传授"打道琴"，名声大，代表曲目有《三英战吕布》等，都是在茶社内进行。

城内平街与管驿坡之间原有一"钟鼓楼"，民国二十六年（1937年）开设有"文苑茶社"，外地人常来茶馆演唱琴书、说淮书、打道琴、清唱演川戏等。在文苑茶社的北面架设木板梯，带双面扶手栏杆。文人雅士在喝茶之余，常凭栏远眺。达官贵人、文人墨客来此消遣娱乐，闻听茶社清脆、圆润、响亮的歌喉或悠扬的丝竹声韵。其时，茶社成为昔日桑梓们以文会友的好去处，同时，还是文化娱乐圈和诗词楹联界人士的创作点。但钟鼓楼楼阁于1959年初被拆毁，文苑茶社也不存在了，令人叹惜。

在今盘州市城关镇北门楼入口处，是北门楼茶馆旧址（图9-2）。在民国时期，盘州市城关镇北门楼入口处左右两家商户曾经是两家说书、唱戏、喝茶一体经营的茶肆，茶客络绎不绝，在当时是一个比较热闹的地方。

图 9-2 北门楼茶馆旧址

在没有电影、电视和戏剧演出的时代，茶社就是达官贵人、商贾绅士、文人墨客和普通百姓茶余饭后的休闲娱乐场所。20世纪40年代初期至新中国成立前，城内仍有"友谊茶社""清泉茶社"等多家茶社，这些茶社的存在和发展，助推了民间曲艺的繁荣。在"友谊茶社"，四川艺人杨志远在此打金钱板，代表曲目有《三国演义》。云南艺人杨天宝则在"清泉茶社"打金钱板、说淮书，代表曲目有《封神演义》。杨天宝走后，其徒弟黄尚霞在此继续打金钱板、说淮书，直至20世纪60年代，仍有打道琴的艺人在这两家茶社演唱。

盘州市原城关镇沿河南路的"清泉茶社"是张绍棠、朱华清夫妇于新中国成立前开设，生意兴隆。每当华灯初上，茶客满坐，能迎来这样多的茶客，一是张绍棠夫妇热情好客，善解人意，服务周到；二是该茶社常年说书的滇籍老艺人黄尚霞用打金钱板、说淮书的高超艺术吸引了诸多的茶客听众；另外，张、朱夫妇虽是茶社的老板、服务员，又具备京、滇、川戏等曲艺特长，必要时他们夫妇还可粉墨登场，清唱这些戏曲。"清泉茶社"还是怀育及诞生盘县文琴剧团（1962年后改为"盘县黔剧团"）的初始地。1953年春，县文化馆馆长骆开选来到茶社，发现茶社中有很多人是戏曲爱好者，都会唱几句京、滇、川戏，还会敲打扬琴、拉京胡、拉二胡、弹三弦等。于是通过黄尚霞联系戏曲爱好者，在骆馆长亲自组织下，经过多次酝酿，成立了"盘县业余滇戏曲组"。1957年县里批准成立半专业的"盘县业余剧团"。以演出为主，兼搞副业维持剧团的临时开支。政府批准开设综合商店，附设"文艺茶社"。文艺茶社在城关（今双凤镇）云南街开设门面，茶客盈门。

新中国成立后，百废待兴，盘县城关的大多数茶社还存在。据知情人张家柱介绍，他在1961年3月回乡务农时，与其大伯张正纪一起在人民公社的生产队参加集体生产劳动，常听张正纪谈到盘县城中茶社和街道上的一些奇闻轶事。张正纪民国初时毕业于南台山学堂，属于有学识之人。20世纪40年代，张正纪一家迁至城里住了几年。当时闲居在家，张正纪便常到茶社消遣，听茶馆艺人说书，听京剧、滇剧、川剧和文琴剧坐唱。文琴剧坐唱是民国初年传入盘县境内的，张正纪在南台山读书的时期，每逢周末都要到茶馆听说书、看戏剧，那时就有打扬琴唱金钱板的。文琴剧坐唱曾一度形成演唱，在茶社、酒楼以及普通百姓聚会的地方演唱。在茶社里的职业说书人，都会挖空心思创作出具有地方文化特色的"龙门阵"（故事），形成了许多方言俗语、趣话、歌词、歇后语等，尤为生动有趣。这些生动的故事有感人的细节，有个性鲜明的人物形象，茶客们常听得津津有味、禁不住拍掌叫好。而茶楼也以此招揽了不少客人玩家，使得茶社办得红红火火、经久不衰。每逢夜晚茶馆里灯明火旺、座无虚席，去得晚就找不到座位了。60年代后提倡演现代戏、唱新书，再往后就逐渐冷清消失在人们的视野中。

第二节　凉都当代茶馆

当代，六盘水茶馆随处可见，不管是城市还是农村，甚至远离烟火的自然景区都能看到茶馆。有体验型、文化型、销售型、休闲型等多种类型。从品茶饮茶、商业洽谈、休闲娱乐到茶具茶产品的购买、茶文化体验、茶艺表演观摩等，服务类型多样，满足不同需求和不同级别的消费。

一、六盘水南旗文化茶业发展有限公司

"饮茶、论茶、赋茶"，对茶赋予新的时代内涵和现代表达形式的文化，拒绝一成不变的"文化陈迹"，在永不停息的时间长流中不断以当代意识对过去的"文化既成之物"加以新的解释，赋予新的含义，在这里，茶的内涵和外延文化永远成为"将成之物"。

图 9-3　凤凰茶道馆

图 9-4　小景

位于六盘水市中心城区的南旗文化立足凉都良好的自然环境和独特的气候环境，通过整合"产品、技术、渠道、人才、传媒、资本"等资源，将企业打造成集茶文化研究、古茶艺开发、茶叶种植、加工、销售为一体的茶产业综合开发经济实体，形成"产品、文化、品牌"三位一体的茶馆服务格局，致力于打造中国茶文化知名品牌。创始人严春雷自 2009 年矢志于商，钟情于茶，为求茶道，苦心修为，历时十年，行程万里，游灵山秀水，访异士高人，终有所悟，创立南旗商号。凡关茶者皆有涉猎，茶叶、茶具、茶文、茶艺、茶道、茶缘，一应俱全（图 9-3、图 9-4）。

南旗文化崇尚自然和谐，知恩图报。海纳百川，知"财散而人聚"，取之于社会用之于社会，以"和、真、静、雅"作为茶道核心，坚持"位之于南，树旗而立信；关乎人文，以化成天下"的核心价值理念，以"学习、提高、传播、弘扬和发展中国茶文化"为企业发展宗旨，弘扬"双坚"（坚定的信念和坚强的意志）、"双创"（创新的意识和创

造的勇气)、"双高"(高度的社会责任感和高度的企业荣誉感)的企业精神,用百分之九十九的热情去抓住百分之一的机遇,为社会创造百分之百的价值,同时也为自己创造人生价值和财富。

图 9-5 茶艺

经过多年发展,南旗文化已经逐步形成古茶艺开发研究专业茶文化传播企业。并集茶叶种植、生产、直营店与连锁店面对终端消费者的以"南旗文化"品牌推广为基础的产业综合开发经济实体。现开设多个茶道馆,拥有优秀的茶艺文化表演团队和茶馆管理团队,为广大消费群体提供多个古今茶文化相融、品茗氛围浓厚的茶文化交流场所,同时,还提供茶叶、茶具、茶文、茶艺、茶道等茶产品或茶文化服务(图9-5、图9-6)。

在全国建立9家直营店、公司自主品牌产品有"南旗文化","正南堂""黔州第一春""黑叶百毫""一了堂"5个品牌,公司连续2年获得"省级守合同重信用单位",2014年9月获得"贵州省名优特色产品品牌"称号。公司研究恢复的"唐代宫廷茶艺表演"被CCTV-2、CCTV-7、北京卫视、贵州卫视、新浪网、搜狐网、《贵州政协报》《贵州民族报》等20多家媒体报道。

图 9-6 南旗文化内饰环境

二、贵州黔叶嘉荷茶艺馆

黔叶嘉荷茶艺馆位于钟山区凤凰山上,面积约300m²。在装修的设计风格上讲究简约质朴,回归自然,崇尚自然,从山林中取景,移景于闹市中,然后又在闹中取静,还给品茗者一份安静祥和的心情。给踏进黔叶嘉荷的客人带来的味美、汤美、形美、具美、情美、境美，还有语言美、行为美等，使人健身益寿，心旷神怡，达到物质与精神的极大享受。同饮香茗，共话友谊，以茶会友，客来敬茶，能使人类在和煦的阳光下和睦相处，增进友谊，共享亲情，感到无比亲切温馨（图9-7）。

图 9-7 六盘水黔叶嘉荷茶艺馆

黔叶嘉荷认为，茶应实现如唐代刘贞亮所描述："以茶散郁气；以茶驱睡气；以茶养生气；以茶除病气；以茶利礼仁；以茶表敬意；以茶尝滋味；以茶养身体；以茶可行道；以茶可雅志"的功能。

要让一份文化能够产生足够影响的途径是传播与发扬，如何才能选对方法更好地传播正确的茶文化，让我们都能正确认识茶，从简单物质上的柴米油盐酱醋茶，懂得看茶喝茶、看人喝茶、看时喝茶，到更深层次精神上琴棋书画诗酒茶，以茶载道，以茶化人，以茶雅致。

图 9-8 茶艺师培训

"从茶中感受平和、追求宁静，享受茶所带来的怡然自得，体会人生的真谛"，举手投足中的优雅，冲泡的准确到位，讲解的栩栩如生，茶席设计赏心悦目……茶艺师不仅仅是为客人冲泡好一杯茶那么简单，更需要丰富的茶文化

图 9-9 茶艺培训

知识、对美和艺术的鉴赏能力、对不同茶类的识别和冲泡技能，以及良好的语言表达能力等。茶艺师所展现的才华，使茶文化得到广泛传播。同时，黔叶嘉荷根据当前兴起的茶艺师培训工作，通过分析参加培训人员的需求目的，从而制定茶艺师培训模式，并通过实践探究所制定的培训模式是否合理，针对实施过程中存在的问题，探索改良思路。以开展职业技术培训的方式帮助失业人员再就业，既弘扬了中国茶文化，同时也带动创业、就业（图9-8、图9-9）。

黔叶嘉荷茶艺馆以弘扬中华民族茶文化为基础，以服务为宗旨，讲诚信、讲团结、讲服务，坚持把茶文化作为绿色文化、富民文化、朝阳文化，以开展茶艺培训为载体，全力传播凉都茶文化。同时，充分发挥凉都民族文化特色，结合新农村新茶文化特点，将旅游业与茶行业相融合，在交通便利、民族

图 9-10 别具风格的内饰环境

历史文化浓郁，有产业经济依托的市郊景区发展茶旅游。同时依托休闲避暑、茶文化夏令营、饮茶健康与养生、风光与民宿体验相结合，打造民族民俗茶文化旅游（图9-10）。

三、胤天心茶苑

在"中国凉都"——六盘水，这个以气候命名的城市里有这样一家四合院建筑风格的茶空间（图9-11）。空间的主人常邀朋唤友，取水择器，因茶而聚，或说说笑笑一整天；或独自一人，一杯茶，一炉香，一本书，一整天。空间主人常将茶奉作生活美学的灵感之源，滋养自己的同时也滋养他人。

在胤天心茶苑1000m²的空间，呈现的是中国传统四合院的建筑风格。进门大厅是一个高8m、面积200m²的大厅，长桌、木椅、屏风，还有20世纪70年代画着精美花鸟画的柜子，高敞阔达的古意空间，没有繁杂的元素堆砌，只有简洁明快（图9-12）。进入内院通过廊道连接每一间茶室，私密安静的空间，正合茶人宁静致远的秉性。花木、书画、水石、禽鱼、香茗，选用、摆放和谐融洽。

2004年，茶苑主人带着对茶的热爱踏上了寻访名师的道路，先后去往福建、昆明、上海、北京、浙江等地学习。2017年，胤天心茶苑荣获全国百

图 9-11 胤天心茶苑

图 9-12 胤天心茶苑内饰

图 9-13 茶艺、茶器　　　　　　　图 9-14 胤天心茶苑主人陈希

图 9-15 胤天心茶苑举办形式多样的茶饮活动

佳茶馆"最佳文化推广茶馆"殊荣。空间主人继续前往北京和静园跟着王琼老师学习了2年，将所有课程修完回到六盘水开创了胤天心茶修学堂、周末茶修班、申时茶会、践行茶会等活动（图9-13~图9-15）。

　　灵魂和身体总有一个要找个归宿，浮生一世，到位于六盘水高新技术产业开发区的胤天心茶苑，为灵魂辟一方清地。

四、自然天成各得其所茶空间

　　《周易·系辞下》："交易而退，各得其所。"原指每个人都得到了满足，后指每一个人或事物都得到恰当的安置。《汉书·东方朔传》："元元之民，各得其所。"

　　在一壶一盏一杯香茗中，饱含对大自然的敬畏之心、热爱之情，以中庸之道与自然相处、与人相处、与事相处，既品得茗香、闻得花香，还收获了道法自然的平静与安宁。

　　自然天成各得其所茶空间，坐落在六盘水高新技术产业开发区金果文化城内，是一个聚茶道、香道、花道于一体的具有茶美学空间（图9-16）。

图 9-16 自然天成各得其所茶空间

闻花香、品茗香，在茶香四溢中体验插花乐趣，这是自然天成各得其所茶空间的特点之一。

当然，最特之处就在于户外饮茶服务。自然天成各得其所茶空间将户外品茗与赏山阅水融为一体，体验在野外布席、泡器的自然之美（图9-17、图9-18）。

如果在品饮自己喜欢的清茶时还能有一盘精致的茶点心果腹，对于爱茶之人来说"人生得意"大抵不过如此了。俗话说："饮酒必有佐酒之物，饮茶也必须佐以茶点心！"这里不得不说茶空间最具特色之一的茶点心——蛋黄酥，当全新的绿茶遇上了浓郁的蛋黄酥，这样的碰撞带来了意外惊喜，浓郁的蛋黄酥因为绿茶的存在而显得不腻，同时保留了其浓郁滋味，咸中带鲜简直美味至极！

图 9-17 一壶一盏一杯尽显特色

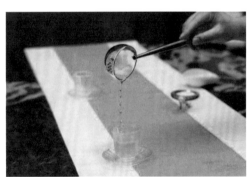

图 9-18 茶艺

茶空间每月都会挑选一个周末的日子邀约三五好友到户外观山阅水，一同饮茶一起感受大自然的清新！身着茶服，手提茶器，悠闲漫步于明湖湖畔时，不远处湖面上苍鹭飘浮于水面，美得令人沉醉。继而走过弯曲的小道几经寻找，可以觅得一处佳廊，它面朝翠湖，背倚阑珊，这时，可以从容地布好席，摆上当天要用的盏泡茶器，将泥炉炭火细细点燃，只见银壶中的水沙沙作响。第一开茶汤入杯时，绿茶的清香随即漫延开来，瞬间茶香四溢飘，深吸一口，整个人立马变得愉悦起来，醉人的茶香融入湖岸这幅美丽的画卷。

分享一盏茶汤，传播一种文化，带去一种生活理念，感受一种喜爱！

五、隐子茶舍

隐：归隐、隐约，小隐于林，大隐于市，壶纳千江水，茶会有缘人。子：子为十二生肖之首，代表开始，开始既是结束，此乃道，道生一，一生二，二生三，三生万物，万物归一，大道至简之意。

壶纳千江水，茶会有缘人，惜缘随缘不攀缘。灵魂寄放，一切随缘。到隐子茶舍，让疲惫心灵有一处栖息之地，停下来让身体等一等灵魂。

隐子茶舍共计400m²，位于六盘水市中心城区凤凰山凉都花园内，四周交通便利，室内环境优雅，别有洞天，可以感受闹市中的世外桃源（图9-19）。

图 9-19 "大隐于市"的隐子茶舍

隐子茶舍秉承着正知、正解、正能量的目标，通过茶舍这个平台影响着更多的行业和人群。茶道既是以茶为载体的修行，修行先修心，修心以行制性，喝杯清茶，止语而安，安而定，定而慧，修行以性制行，不仅仅是茶舍，更是现在人群灵魂升华的道场。无为而无所不为、一切都是最好的安排。

一个神秘茶舍，独立且私密，茶舍还有个不成文的规矩，就是营业不定时，只为招待有缘之人（图9-20、图9-21）。

到了茶舍，不管是企业家或者名人名士都会自己动手炒茶、煮饭、泡酒、打扫卫生，轻松得就像在自己家一样。因为心需要栖息，还是烟火最抚

图 9-20 蓝天与茶舍相辉映

图 9-21 独具匠心的茶舍风格

凡人心，大家合力煮一顿简单便饭，倒上老板亲自上山摘的海棠泡的海棠酒，一口下肚，三两同好之人，配上大家爽朗的笑声，这才是人与人、心与心真诚简单的相处方式。

六、青龙春茶业体验馆

或"贡茶"、或"统购统销茶"、或"大众茶"……沏一壶"木城红",循着古树茶的深远幽香,从记忆深处触摸木城茶在时代更迭中不断变换身份的沉浮史,以悟"茶如人生、人生如茶"的生活真谛。

图 9-22 青龙春茶业体验馆书法作品

图 9-23 青龙春茶业体验馆内饰

轻啜一口"小金龙"，唤醒一种来自北盘江畔万仞绝壁上经风雪而独傲、因孤独而绽放的味觉。

在杯水之间尝得人间烟火之本味，追溯土司源流遗风，青龙春茶业体验馆用秘法贮藏以古法炒制的"土司家茶"成为凉都茶中一特。

青龙春茶业体验馆位于六盘水市钟山区八一路，面积约120m²。体验馆主要提供青龙春茶业主产的"土司家茶""木城红""夜郎茗珠""小金龙"等自主品牌茶叶的品饮体验，展示、销售自有野生茶等品牌茶叶（图9-22、图9-23）。

青龙春茶业体验馆还立足六盘水土司茶、野生茶等茶历史文化和自然地理优势，深入挖掘、弘扬凉都本土茶历史文化，推动凉都本地茶历史文化走出山门、走向全国。

七、光头吴的私茶舍

总有那么一种缘让我们不期而遇，不刻意，不勉强，如时光流逝般自然，如万河归海般必然。愿命运眷恋，未来可期。

彼此懂得的人，因缘相会，如一片茶叶，遇见相宜的水，在天时地利人和中造就一方茶席。因茶遇见，遇见而不辜负，不仅是一种态度，更是一种修养。遇缘、惜缘、续缘，是这个茶舍最好的脚注。

光头吴的私茶舍位于六盘水市钟山区向阳北路与建设东路交叉口处。光头吴的私茶舍秉承着"因茶结缘"的理念，在客人到茶舍品茗之际，以朋友的身份和吃货的标准，为客人搜罗凉都各类美食；也会为客人推荐几本好书，在轻品慢啜中交流读书后的感悟和对人生的启发；在客人因处于情绪的低谷而烦恼、困惑时，茶舍主人便会毫无保留地奉上一碗心灵鸡汤，品品茶韵，聊聊茶事，将烦心事消融在一杯杯香茗中（图9-24）。

图9-24 光头吴的私茶舍

八、久声茶馆

位于六盘水市中心城区的久声茶馆于2018年10月16日在六盘水市钟山区市场监督管理局注册，同年12月24日正式开业。

久声茶馆主营产自云南勐海的普洱茶，除经营广州茅寮小聚茶行的高、中端普洱茶外，还推出自己的主打产品"久声茶馆"普洱茶饼茶（图9-25）。在经营普洱茶的同时，茶馆面向市场经营，向到茶馆来休闲的茶客们推荐六盘水本地茶

图9-25　"久声茶馆"普洱茶饼茶

"水城春"，不断提高本地茶叶影响力，致力打造市民休闲的适宜场所。

说起"久声茶馆"的名字，这里面还有一段故事。中华人民共和国成立前，京、津相声大师欧少久先生辗转来到贵州演出，因欧少久先生喜爱贵州的景色和风土人情，就定居在贵州，成为贵州的相声鼻祖。欧少久先生在1938年曾赴重庆投入文艺抗战工作，期间与老舍先生合作创作表演抗战相声《卢沟桥战役》《欧战风云》《中秋月饼》《樱花会议》等一系列作品，为鼓舞军民抗战的斗志做出了积极的贡献。由此奠定了欧派相声与北京老舍茶馆的不解之缘。后来，欧少久先生收贵州著名相声表演艺术家刘长声为徒；2004年六盘水相声表演艺术家朱耀斌拜刘长声为师。2016年，作为中国相声第八代传人的朱耀斌和其子朱鸿宝创办了六盘水首家曲艺团体"久声相声社"和首家相声剧场"久声相声小剧场"，为了传承贵州相声艺术，取欧少久先生之"久"字和刘长声先生之"声"字，合为"久声"，意为传承发展之意。2018年，朱耀斌创办的"久声茶馆"亦沿用了"久声"二字，意为相声与茶相辅相成，传统文化相得益彰（图9-26、图9-27）。

图9-26　久声艺术培训中心

图9-27　与茶馆一脉相承的"久声相声"

其实翻开中国的相声史，就会发现相声小剧场大多设在各类茶楼之中，观众在品茗香茶的同时，听古今故事、赏人间善美。基于此，久声茶馆以茶和相声完美结合，在六

盘水打造了中华优秀传统文化传播阵地和群众喜闻乐见、雅俗共赏、老少咸宜的文化休闲场所。走进久声茶馆，会发现茶馆的墙壁上陈列着贵州相声事业发展历程的资料图片和六盘水相声事业的发展历程及久声相声社成立以来所取得的成就介绍，一股相声艺术清新的气息扑面而来。

来到久声茶馆听相声的观众，亲民价的演出票里包含着免费的"水城春"茶水和瓜子，喝茶、嗑瓜子，悠闲地欣赏着令人捧腹大笑不已的相声，真是"品香茗茶里人生细细尝，听相声笑口常开慢慢赏"，这就是久声茶馆。

九、璞舍文化酒店

"人非草木，人生草木间；水过云烟，往事云烟外。"这是一副令人过目不忘的好联，是字谜对联，人生草木间，茶也！茶融天、地、人于一体，令万事万物于上善之水中和谐共生。在百忙之中，抽出一点时间，择雅静之处，泡上一壶佳茗，自酌自饮，可以涤烦益思，振奋精神，也可以细细慢饮，达到美的感受。正如鲁迅先生所说："有好茶喝，会喝好茶，是一种'清福'。"

图 9-28 酒店茶饮厅

图 9-29 酒店宾客提笔挥墨

"璞不琢，不成型；经打磨，终成玉。"近几年，动漫、音乐、怀旧、复古等各种风格的酒店应运而生，位于六盘水市中心城区的璞舍文化酒店，在纷繁的选择里追寻到了与众不同的地方：匠心的酒店理念，静心的空间氛围，暖心的管理服务，精心的物件摆设，贴心的细节处理……色、声、香、味、触、法，无不通达眼、耳、鼻、舌、身、意。在这里，璞舍文化酒店完善了酒店的功能，同时变身为优雅的茶饮文化馆，既转型为图书阅览室，又延伸出书画展览厅；在这里，能让人们身体尽情释放疲乏、心灵安然栖息归处。

走入璞舍文化酒店，扑鼻而来的茶香一直萦绕在鼻，勾人心弦。抬头望去，一件似云、似风、又似一个舞动的印第安人的根雕摆件映入眼帘。右侧的书架上摆满了诸如《心经》《道德经》《金刚经》等书籍，其间放着几个小摆件点缀着，旗袍衣襟式的瓷器、装着树枝的木制花瓶、干枯的莲蓬、晒干的葫芦……古朴典雅的气息扑面而来。酒店内共有各式摆件近百个，每一件都是珍藏多年的优品，饰品、花瓶等皆取材自然，质朴卓雅，表现的是质朴本色、和自然之韵。

往正大厅内走去，宾客或提笔挥墨，写上一两幅；或气定神闲坐于宽大的茶桌前，与朋友斟茶聊天，桌上摆着一簇娇艳欲滴的百合花。茶桌后是一面素灰色的墙，墙上挂有"抱璞"行书作品二字，下方是一云状根雕摆件，上摆装满芦苇的深灰色花瓶，让人油然而生清幽之感（图9-28、图9-29）。

木制大门通往卧间，推开它仿佛推开时光之门（图9-30），回到了千百年前热闹的京城，檐角高翘、石狮镇门、古街长廊……

一枝莲蓬、一朵野花、一片枯叶，在平常人眼中或许毫无价值，但在酒店中，全成了宝贝，自然风干插在树根状的花瓶中，这种穿越式的久远，令人不禁生出"已见松柏摧成薪，更闻桑田变沧海"的慨叹。根雕独一无二，摆件源于自然，没有虚无缥缈的浮华，只有最真切的本质、静然、雅致、无声。

图9-30 酒店中的"时光之门"

在纷乱的都市，静坐于酒店，幽幽禅乐，淡淡荷香，原本色的茶桌和冒着轻烟的香茗，案几旁再飘来缕缕淡淡的墨香，更有几分意境，清寂的氛围让人静思。清茶一盏，知音二三，让世界静下来，让时光慢下来，让人舒展开来（图9-31）。

图9-31 意境璞舍

十、惟心亨茶馆

惟心亨源于《易学》及《尚书·大禹谟》。亨者，通也。惟心亨茶馆享西南凉都之福祉，得中原禅林之古风，以"儒、道、释"明心，以"茶道医养"净意，悟自然之义，享生命之乐，以传炎黄文化之脉、承春秋历史之责，明其义，践其行，去身心之堵，归自然之道。

惟心亨茶馆始建于清光绪年间，开设于现杨氏居宅内，位于六盘水古镇内南端，坐北朝南，为杨毓彦所建。民国时期，由其后代居住。20世纪50年代，改作水城卫生院和县人民医院，后期，改作县医院老城门诊部，现在是六盘水市中心城区内凉都水城古镇重要的旅游文化景点之一（图9-32）。

图9-32 惟心亨茶馆外景

此宅建于一南北长东西窄台基上，布局严谨而对称，为一四合院。从踏垛而上，从临街面起，依次为前房、东西厢房、正房。由前房、厢房、正房围成正方形四合天井，用以排水和采光，天井铺石板。建筑取悬山式，适于通风防潮。宅房为两层，单檐悬山顶，屋面盖小青瓦。前房通面阔五间16.4m，进深二进7.8m；明间为过厅，面阔3.28m；次间、梢间面阔各3.28m. 东西厢房通面阔各三间15.2m，一进3.85m；正房通面阔五间16.4m，进深二进8.5m，分明间、次间和梢间，明间东侧有一过道，宽1m余。前房、厢房、正房内和四周，有走廊相通，宽1.12m。居宅占地面积540m^2，做工讲究，一些部件饰有浮雕，挑檐枋上之图案精美，完整清晰（图9-33、图9-34）。

图9-33 惟心亨茶馆内景

图9-34 惟心亨茶馆内饰

茶馆开设有茶道体验区，以茶为核心产品的禅意空间，推崇简约、自然的生活理念，意在让喧嚣繁忙都市的人慢下来，真正体验一种宁静致远、回归本源的生活方式。

十一、艺茗茶庄

云雾缭绕的"九层山"，传承着旷古久远的夜郎王遗址传说，山上生长着日夜守望夜郎福地的"九层山"茶；打铁关翠芽青翠欲滴，娇嫩无比，晨雾中茶尖上不断滴落的水滴声，不经意间将人们的思绪带回到战马嘶嘶的打铁关战场上；"艺茗雀舌"的清香，萦绕出一段郎岱古镇上的轶事。

图 9-35 六枝特区艺茗茶庄

不论是"九层山"茶还是打铁关茶，艺茗茶庄里只有生于斯长于斯的本地茶。

艺茗茶庄坐落在六盘水六枝特区桃花公园正门斜对面，始建于2005年，将推广六枝本土茶文化事业为一生己任，是集茶店、茶馆、餐馆为一体的综合性茶庄，经营面积500m²多，以经营六枝本地品牌绿茶为主，兼营全国各地名优茶、紫砂壶茶具（图9-35）。

坐在竹椅上，室内弥漫着舒缓的轻音乐，竹露松风蕉雨，茶烟琴韵书声。啜一口香茗，或读书、或叙旧、或倾心交谈、或静静品茗，无声胜有声；或温言软语，追寻时光深处的惊鸿一瞥……

十二、嘉禧茶苑

　　嘉禧茶苑位于盘州市东湖之畔，湿地公园内，占地约300m²，可同时提供百人茶席。

　　茶苑的休息场所独特，区别于一般市区的封闭的室内环境茶馆，整个茶苑分茶室内和户外茶座两类区域，且户外茶座区域占大部分，依湖而建，绿树成荫，翠荷叠映，幽静祥和，为品饮佳茗之胜地。

　　茶苑以打造"盘州本土茶馆茶文化连锁品牌"为目标，"让盘州人民都喝得起好茶"为愿景。推广盘州市特产优质绿茶为主，致力于盘州绿茶的相关产品、文化的宣传和盘州茶文化的传播，为盘州好茶及优质茶文化的传播贡献绵薄之力。同时经营普洱茶、红茶、白茶、各类养生花茶等。其中普洱茶、红茶、白茶以店内自有品牌及战略联盟伙伴云南白药（红瑞徕红茶和醉春秋普洱茶）茶产品为主。

图 9-36 嘉禧茶苑

　　茶苑集茶产品，茶空间服务以及茶文化发展与传播为一体。提供茶文化相关讲座、茶艺表演、茶艺培训、茶话会、各类商务及重要会议活动茶场景布置等（图9-36）。

第十章　茶文篇

古代到近代，六盘水市境内各界人士对茶的描述或专著鲜有记载。

当代，伴随着六盘水茶产业的飞跃式发展，作为"凉都三宝"（春茶、刺梨、猕猴桃）之首的春茶成为文人墨客争先咏诵的对象，其中，各界文艺工作者先后到茶叶企业、茶叶基地、茶叶加工厂等实地采风，创作出一批能展现凉都早春茶优异品质的文艺作品。除了茶主题文学作品创作外，六盘水的茶主题水城农民画、茶人剪纸、茶叶飞歌等构筑了凉都茶文化的独特性、唯一性。

第一节　凉都茶文

管彦鹤谈凉都茶事

管彦鹤时任六盘水市委书记期间，高度重视茶产业发展和茶文化保护工作。为此，专程安排相关部门请专家到六盘水指导茶产业发展，并要求六盘水市茶叶要实现"一个特区一个品牌"的发展目标，为后期茶品牌发展奠定了坚实基础。后来，在管彦鹤的关心和关注下，六盘水市积极开展茶马古道保护工作，最终，茶厅古道、石关古道、火铺古道、平关至胜境关古道等10段茶马古道点得以成功申报全国重点文物保护单位（图10-1）。

"在茶马古道贵州段的全国重点文物保护单位名单上，六盘水市有10个点；糯寨老茶叶基地曾是盘南游击队的根据地；明代文人徐霞客曾经到访丹霞山，一边饮茶一边与

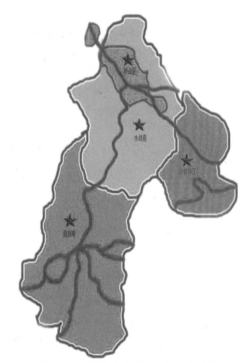

图 10-1　茶马古道六盘水段示意图

影修主持畅谈；新中国成立前，六盘水许多地方地埂上都是古茶树，现在六枝大用镇、盘州市竹海镇、淤泥乡等地仍有少数古茶树得以完整保存下来；民国时期，盘县老城茶馆多、说书的多……"聊到凉都茶事，退休老干部管彦鹤如数家珍。

一、凉都十段茶马古道被列为"国保点"

"国务院公布的全国重点文物保护单位，茶马古道贵州段六盘水市共有10段，其中，盘州市9段，六枝特区1段。这10段茶马古道分别是茶厅古道、石关古道、蛾嘟

铺古道、火铺古道、李子树古道、平关至胜境关古道、软桥哨古道、哨上古道、小街子古道和打铁关古道，大都始建于明代或清代"，尽管已是耄耋之年，说到六盘水的茶文化，管彦鹤仍精神矍铄，思维清晰。

"每条古道都有历史、都有故事。人类学家、考古学家、民俗学家鸟居龙藏博士曾到茶厅古道考察过；平关至胜境关古道有着'滇东茶马古道'美誉，明洪武十四年（1381年）'调北征南'时付友德即率大军从此道经过进兵云南；1936年中国工农红军第二、第六军团也从此道经过"，管彦鹤说，除了盘县境内的9段茶马古道，六枝特区境内的打铁关古道也有着悠久的历史文化。

二、凉都茶产业实现"飞跃式"发展

"茶是世界上最受欢迎的饮品之一。随着茶叶保健功效研究的深入，越来越为人们所接受。茶叶这种古老的饮品，正在崛起"，管彦鹤说，改革开放以来，六盘水茶叶生产使命发生了根本性的变化，生产指导思想发生了质的转化，茶叶种植、加工从"计划内"体制走出，逐步走向以政府引导、企业运作的市场化道路，进一步朝着"标准化、产业化、市场化、规模化、品牌化"的方向发展。

"1993—1995年，市里专门请了贵州省农业科学院茶叶研究所的专业人员前来指导，他们在茶场住了2年。1997年，中国农业科学院茶叶研究所专门有一位专家在生产季节时前来指导。市里高度重视，时任市长助理柳荣祥几乎每周都会到茶场指导。现在龙井加工工艺就是柳荣祥从中国农业科学院茶叶研究所带过来的"，管彦鹤说，按"一个特区一个品牌"的目标要求，当时市里搞了3个茶叶品牌：乌蒙剑、碧云剑、倚天剑，为六盘水茶叶品牌的打造奠定了一定基础。

"六盘水素有'西南煤都'之称，地处煤层地带，土质富硒，并且六盘水具有低纬度、高海拔、寡日照、多云雾的特点，随着经济社会的发展，人民群众对物质文化的需求日益增长。在这样的大背景下，六盘水积极调整农业产业结构，充分发挥气候、自然和地理等自然优势，大力发展茶产业恰逢其时！"管彦鹤说，在农业产业结构调整中，六盘水于2014年将茶产业发展纳入农业特色产业发展"3155工程"中，足以说明历届六盘水市委、市政府领导班子对茶产业发展的高度重视。

"从搞'六个特色农业''十大特色农业'到"3155工程"，六盘水一直立足实际将茶叶作为农业产业结构调整的重要产业纳入规划，茶叶产业发展体系逐步完备，近年来，茶产业实现飞跃式的发展。"

（胡书龙　肖　钧　陈高泽）

驿站茶话

两汉时代，随着通往夜郎的驿道开通，在驿道沿途设置驿站。书载，境内设有夜郎驿、同亭。同亭，本土学者根据彝文经书整理翻译，称为"夜郎同亭"。《史记》对此也有记载，驿站是古代朝廷传递文书和官员、军队来往途中食宿、换马的场所，担负着各种政治、经济、文化、军事等方面的信息传递任务，也是经济交流、商品流通的中转站。

秦始皇统一中国后所设置的"十里一亭"。一是地方维持稳定行政架构，实现行政管理和治安职能；二是在交通干线上的"亭"又兼有公文通信功能，被时人称为"邮亭"。这种"邮亭"就是秦代以步行递送的通信机构。

汉初"改邮为置"，即改人力步行递送为骑马快递，并规定"三十里一驿"，为了扩大功能，满足朝廷管理的需要，汉代还逐步将单一置骑传送公文军情的"驿"，改造成为兼有迎送过往官员和专使职能的机构。为满足朝廷对少数民族地区管理的需要，将单一置骑传送公文军情的"驿"，改造成为兼有迎送过往官员和专使职能的机构。六枝特区本土学者吴立升根据彝文经书译著的《夜郎同亭》，对"邮亭"驿站有叙述。

唐代将驿（邮亭）改为馆驿。由于驿道支线不断增加，朝廷对馆驿支出亏损巨大，为保证政令畅通，预算经费由各当地土官土府支出，并任命土官为驿将或捉驿（"捉"即掌握、主持之意），负责对驿丁的管理、馆舍的修缮、接待和通信。而管理的土官们，利用馆驿与过往官员、来往客商社会交往之便从事商品交流活动。驿道成为本土通往外界进行盐茶交易的快速通道。馆驿是朝廷各类信息传递换马之处，也是成了其他商品交流和茶叶贸易的"中转站"，相当于现在的物流中心、快递中心。

古代驿站在各朝代形式有别，名称有异。有史记载，境内设置为"十里一塘，百里一站"。称之为塘兵驿站（馆驿）。在通往云南的主驿道上，境内设有安乐塘、青菜塘、本城塘、半坡塘、毛口驿。"乘驿使臣换马处，正使臣支粥食、解渴酒，从人支粥。"在郎岱镇还保存古时留下的"武官在此下马"石碑。

元代，由于疆域辽阔，发展交通，强化了驿站制度，这也成为它巩固政权的重要手段。驿站称为"站赤"（实际"站赤"是蒙古语驿站的译音），故"元制站赤者，驿传之译名也。盖以通达边情，布宣号令，古人所谓置邮而传命，未有重于此者焉。""古者置邮而传命，示速也。元制，设急递铺，以达四方文书之往来，其所系至重，其立法盖可考焉。"在通往云南的驿道上，"每三十里立一寨，六十里置一驿。"每一寨一驿有盐茶通道相连，方便了茶叶交易，使茶叶种植达到历史上的一个鼎盛时期。境内的寨驿如把士寨、马头寨、那玉寨、穿洞平寨等众多的寨驿。

元朝统一中国后，在今贵州境内一些地区设立"蛮夷官"，这是土司制度的开始。虽然仍用各少数民族的首领进行统治，但元朝还不能直接统治这些地区。今六枝特区境隶八番罗甸宣慰司镇抚（后改为普定路），为了使政令能在各地推行，实行一种招抚、任用各地方少数民族首领的土司制度，以笼络少数民族的统治者。"能率所部归附者，官不失职，民不失业。"少数民族首领也愿意"归附"。当然，驿道支线不断增加"站赤"，方便了茶叶的对外"贸易"，"站赤"也成为土官、首领的生财之道，也是以茶换盐，以茶"增收"的盐茶通道，朝廷的盐法、茶法也只是一道文书。但史书没有记载，盐茶古道上却留下了不少遗址。

明代设立递运所，专门从事货物运输的组织，主要任务是预付朝廷的军需、贡赋和赏赐之物，递运所由各地卫所管理。递运所开始设于明洪武元年（1368年），它的设置，是明代运输的一大进步，使货物运输有了专门的组织。"凡邮传，在京师曰会同馆，在外曰驿，曰递运所，皆以符验关券行之。""递运所。大使一人，副使一人，掌运递粮物。洪武九年始置。先是，在外多以卫所戍守军士传送军囚，太祖以其有妨练习守御，乃命兵部增置各处递运所，以便递送。设大使、副使各一人，验夫多寡，设百夫长以领之。后汰副使，革百夫长。"

明代为加强对少数民族地区的统治，实行土司制度。土司土官也不断与朝廷斗争。六盘水境内，这种斗争时间长、形式多样。当地少数民族不纳贡赋，以土地世袭所有，"西堡阿得、狮子孔阿江二种，皆革僚也。初据沧浪六寨，不供常赋。土官温恺惧罪自缢，其子廷玉请免赋，不允。往征，为其寨长乜吕等所杀。""洪武八年……时群蛮叛服不常，成连岁出兵，悉平之。""洪武二十六年，普定西堡长官司阿德及诸寨长作乱，命贵州都指挥顾成讨平之。二十八年，成讨平西堡土官阿傍。三十一年，西堡沧浪寨长必莫者聚众乱，阿革傍等亦纠三千余人助恶。成皆击斩之，其地悉平"。大量的茶园被征用，盐茶通道被官府控制。岩脚古镇是连接川、滇、黔3省的古驿站，是盐茶古道上的转运中心，迄今已有500多年历史。

明末崇祯帝曾在大臣建议下废除驿站，导致大量驿站工作人员失业，成为流民。清顺治帝入关后，驿站分驿、站、铺三部分。驿站是官府接待宾客和安排官府物资的运输组织。站是传递重要文书和军事情报的组织，为军事系统所专用。清顺治十一年（1654年）3月，南明小朝廷灭亡前，"吏部侍郎张佐辰及缨、德亮、孟鉒、企锲、蒋御曦等谓国曰：'此辈尽当处死。倘留一人，将为后患。'于是御曦执笔，佐辰拟旨，以镌、福禄、为国为首罪，凌迟，余为从罪，斩。"张佐辰避难逃至岩脚隐居，为躲避吴三桂的追杀，始依山伐林开垦种植。

明末清初接连几次的大规模战乱，使六盘水境内已获发展的经济停滞，人口锐减，土地荒芜，城乡萧条，社会动荡。

吴三桂在滇、黔割据时，为拉拢土司，曾将原属流官统治的地方改隶土官，以为羽翼。平定吴三桂势力后，这些土官据土地雄踞一方。于是清王朝决定用强硬的手段实行"吏治"。

清雍正九年（1731年）郎岱建厅，实行改土归流，从制度上结束了土司的统治。所谓"改土归流"，就是废除土官的土目官职的世袭制，改派由朝廷委任的普通军政官员（即现在所说的异地任职），职守和权限与其他地方一样；解除士兵武装，派遣政府军队设立屯堡、营讯，其调遣使用由政府决定。"改土归流"的目的在于统一政区和铲除土司势力，将土司割据的地方改为统一的行政区划，于是就有了"六枝"。

"改土归流"对境内社会经济发展的推动作用在于：首先体现在新路驿道、新内河航道的开辟上。清雍正年间，境内原有的古驿道加以改进。毛口古驿站依然是通往云南的要道，水上交通也得到大发展。毛口古渡以广西、去贵总督鄂尔泰的姓氏命名为西林渡，增派驻军。"西林"一地在地理位置成为交通要道，民国时期的西林乡一直延续到新中国成立初期。其次，"改土归流"后，交通的发展，同时促进了城乡经济的繁荣，许多新的市场形成，商品交换促进了各民族的往来，为记住固定商品交换日期，百姓多以属相、干支数为集市命名，于是境内就有了鼠场（子日）、牛场（丑日）、兔场、龙场等集市名，一直用到今天，普通百姓的茶叶可以在集市直接交流。三是少数民族地区的营和则溪被废除，代之以流官统治的基层组织——里甲。例如郎岱厅，"归流之后分为七枝（行政区划名称）"，"实行里甲，征收粮赋便用滚单，由甲首按单滚催。"境内备地的保甲长由当地各族头面人物充任，实行"联保联坐"，有事"逐村清理，逐户稽查"，"一家被盗，全村干连，保甲长不能查觉，左邻右舍不能护，各皆酌罚，无所逃罪。"平时则担任征收赋役之责。

随着流官统治的扩大，交通状况逐渐改善。驿道改线，驿站重设。贵州西道从镇宁黄果树岔入新路。境内郎岱、毛口设驿，成为进入云南的要道。封建统治的精神支柱——礼教和汉族文化，郎岱厅学、岱山书院，以致少数民族地区岩脚的爱莲书院、落别的悬鱼书院等的兴办，日渐传入境内，促进了各民族间的文化交流。在民族关系上，少数民族亦有"发而出佣内地"者，而附近汉族居民"与之相习，肩挑贸易，亦时出入各寨"，少数民族与内地人民婚姻的情况也开始出现。随着大土地制度的瓦解，农奴人身依附关系的减轻；汉族与少数民族经济交往的加强，互相学习的频繁，社会经济发展很快。自清雍正以来，境内农业和手工业都有了显著的发展。

清末至民国年间，古驿道逐渐被废弃，驿站被撤销。清光绪二十八年（1902年）

8月，蒙自大清邮政局按六枝驿站设局，设分局于郎岱厅，下设代办所于安顺府城东街万寿宫初办邮务，属三等乙级邮局，局长系昆明人邢杏生。民国三年（1914年）7月，郎岱县二等邮局辖水城代办所。

驿站是古代供传递官府文书和军事情报的人或来往官员途中食宿、换马的场所。担负各种政治、经济、文化、军事等方面的信息传递任务，同时也是经济交流、商品交换中茶叶贸易的中转站，相当于现代快递服务、货物中转、物流中心等。

（叶　华）

旧营：一个茶文化与历史文化交融的地方

清朝末年，日本民族学家、人类学家、考古学家、最早对中国少数民族进行调查研究的日本学者鸟居龙藏博士曾到过这里；清康熙年间，龙天佑曾经居住和屯兵的善德营在这里；茶厅茶马古道、石关茶马古道2个全国重点文物保护单位也在这里。

这里就是旧时的善德营，今天的盘州市旧营乡——一个茶文化与历史文化相交融的地方。

旧营乡境内茶马古道从南京桥至朱昌河一段，有全国重点文物保护单位茶厅茶马古道和石关茶马古道，全长20km多，途经茶厅、杨松、旧营、朱昌河。因大羊线沿驿道所建，部分驿道被大羊线所占，现保存有3500m左右古迹。

茶厅茶马古道，位于盘州市旧营乡茶厅村，旧时古驿道穿寨而过，并设哨位于西北侧的小山上，山脚建有一凉亭供来往客商、行人饮茶水小憩。当时由于人流量大，茶叶供不应求，当地村民就在四周山上种植茶树，采摘加工泡茶水供路人饮用，因品质好深受客商好评，据称清光绪二十八年（1902年），日本民族学家、人类学家、考古学家鸟居龙藏博士考察西南民俗经此，曾在茶厅饮茶后评价道："此地出好茶，实属难得"，如今还保存有一些零星古茶树。据《普安州志》记载，旧营茶马古道是奢香夫人出资改扩建，工程完工时，她曾经来过此地。

旧营乡茶厅街，原名"南车塘"。其时有一汪清泉，人畜赖以饮水点。村民筑池塘，建塘房。日以经年，池水干涸，塘房朽坏，塘房旁再建一茶厅，过往客商在此歇脚饮茶。茶厅旁建一牌楼，今老辈人仍有此称。其时池塘、塘房已不存在，惟余茶厅街。滇黔茶马古驿道穿村而过，村民以道为街，人们习称居址为茶厅街。如今，茶厅街依然静静的独自守着这份岁月沉淀下来的美好，透过泛着时代感的石关茶马古道聆听来自古时的马蹄声和脖铃声。

（胡书龙　欧仁文）

周绍邦记忆中的水城茶事

"当时，为支援'三线建设'，发展品种更加丰富的农业产业，我们提出了要科学种田，并在水城县教场一带的'万亩大坝'开辟了一块试验田，分别划片种植茶叶、水稻、蔬菜等作物，用以指导农民生产"，退休老干部周绍邦（六盘水市人大常委会原副主任）曾经在水城县委工作，其时，周老除积极促进茶叶试种和推广工作，还努力推动玉舍海坪茶场建设，对水城早期茶种植起到了很好的示范作用。

一、茶贸雏形："两客一帮"与当地的茶交易

在水城县陡箐镇有这样一个地方，它群山环绕，主山峰顶海拔近2000m，四壁如刀削斧劈，山峰上的迎松树，郁郁葱葱，四季常青；山脚下，是歪梳苗聚居的"画家村"，有"中国农民画之乡"美誉；它有一个奇特的名字——"猴儿关"。贵阳至水城、威宁、昆明的茶马古道由此经过（图10-2）。

图10-2 猴儿关民居上的农民画

"猴儿关地形险要，坡陡路窄，好像人的咽喉，从这里通过，必须要经过'三个关口'，即'喉一关''喉二关'和'喉三关'。其中'喉二关'地形最为险要。'猴儿关'的'猴'应为咽喉的'喉'，'猴儿关'的'儿'应为'二'。'猴儿关'应为'喉二关'，因谐音，被后人称为'猴儿关'"。

周绍邦祖祖辈辈生活在"猴儿关"，对猴儿关的历史比较清楚。

20世纪50年代，水城成立了县政府。周绍邦在参加完区里组织的3天学习培训后，到盐井乡开展征粮工作。1950年到毕节干校学习，学习结束后分到二区（今滥坝、老鹰山、小河一带）做共青团工作。次年，他参加了清匪、减租、反霸、退押、镇反等工作，时称"五大任务"。在当时的双水乡，他负责建设的一个点还被评为"五大任务示范点"。1952年，周绍邦入省委党校青年班学习，后又到中央团校学习。学习结束后分配到水城团县委任副书记。1953年，周绍邦加入中国共产党后，曾在玉舍、南开、水城县委等地工作。20世纪80年代当选为六盘水市副市长，后到六盘水市人大直到退休。

"我家就住在猴儿关，以前昭通商人要到湖南去运蚕种，往返也要经过猴儿关；云南的茶叶，茶商们也是人背马驮由此经过。一到秋季，昭通小黄梨和宣威梨熟了，常要人背马驮到贵阳卖，往返也要经过猴儿关；以前这里是云贵茶马道的必经之路，贵阳过来的马帮到昆明同样要经过猴儿关；这些虫儿客（当地人对贩运蚕种客商的俗

称）、茶商、客商往返由于山高坡陡，常常坐在关口路边休息喝茶水。背梨客和马帮在一定程度上带动了当地茶文化的繁荣"，说起猴儿关茶马古驿道，已经近90岁高龄的周绍邦打开了记忆之门。

"日夜兼程，劳动量大，人容易缺水，困乏。茶水含茶碱，提神、解渴，所以这些虫儿客、茶商、背梨客和马帮都会自带茶罐和茶叶，沿途喝着走"，在周绍邦的记忆中，虫儿客背炒面、穿草鞋，带着一个小茶罐和茶叶，往来的时候都不分昼夜地赶路，到晚上就点着马灯走。回来时，挑着两袋子蚕和一些小玩具，沿路卖着玩具走。"虫儿客"是挑，茶商主要是马驮，背梨客则用竹片或藤条编成大箩筐，里面装进宣威大黄梨，每个梨小的半斤左右，大的一斤以上，箩筐装满后，少则几十斤，多则百斤以上。然后将箩筐捆在背架上，一天要走大约60里路。因为梨甜不足以止渴，背梨客多半也会带着一个小茶罐和茶叶，途经猴儿关时，顺便找个店烧些水泡上茶，小憩后接着赶路。经此过往的马帮也一样，都会自带茶罐和茶叶以供路上解渴解乏之用。当时茨冲街上就有几家茶馆，而且一年四季生意兴隆，来喝茶的除了当地人外，更多的是往来的各种客商。这些客商喜欢到茶馆里去休息、喝茶。茶馆里的茶除了当地老百姓在地边种的外，主要还是以离猴儿关不远的山下木城茶为主。

"有的时候过往的人会将多余茶卖给当地人，有的时候当地人又向那些过往的客人卖些茶，让他们补足茶叶、泡好茶水后继续赶路"，周绍邦表示，猴儿关茶马古道上的繁荣在一定程度上促进了猴儿关茶文化的发展。

二、犹闻沙场战鼓声：古道上的那些事

人们称呼这条路为"猴子路"，意思就是道路艰险，稍不小心就会掉进万丈深渊，只有猴子那般轻巧灵活才能通过。

"除了留下了古代商人运输货物的古驿道外，猴儿关还是出名的抗吴古战场，红九军团长征时也在这里留下了深深的足迹"，周绍邦说，《水城县（特区）志》载："清康熙三年（1664年）2月，吴三桂伐水西宣慰使安坤。3月入水城境，围攻阿扎屯（今盐井），久攻不克。双方两次大战猴儿关，转战于比牒（今比德）等地。5月，安坤在果勇底战败，率余部至底水阿佐扎屯据险死守，后屯破。吴三桂伐水西，历时3个月，大量彝民被迫迁徙。"

据传，清朝末年，英国传教士党牧师游历到水城，一到猴儿关就被这里的美景所吸引，居住下来并建立了水城第一个基督教堂。党牧师不仅向当地的苗族同胞传授基督教的相关内容，还教他们学习文化知识。现在，这里不少村民都保持着做礼拜的习惯，而且很多人家里面都有根据党牧师流传下来的书籍改编和创作的文字集，不少苗家妇女都是通过这本书来学习汉语。党牧师刚来的时候喜欢喝咖啡，由于在这里时间长，不好买。他就跟着当地人喝茶，特别是喝过我们水城的木城茶之后感到非常好喝。

"五岭逶迤腾细浪，乌蒙磅礴走泥丸。"这是当年红军长征跨越艰难险阻、最终走向胜利的真实写照。1934年4月19日，中国工农红军红一方面军红九军，沿董地、经陡菁镇猴儿关到茨冲，打开财主家的粮仓，将粮食分给老百姓。过猴儿关时，曾有老红军这样评价，"长征以来还没有走过这样艰难的道路。"以示纪念，后人在猴儿关通往左家寨的崖壁上，刻写了红色凹形斗大的三个字"猴儿关"。现在，红军经过的石板路大都变成了通村水泥路，但"猴儿关"三个字却熠熠生辉。

三、水城茶记忆钩沉："茶叶林"这个地名有故事

"水城县茶于新中国成立前就已经栽种，成片的主要在蟠龙木城一带，木城茶种植历史悠久，名气大。酸性土壤，茶品质好，水城一带的人大部分喝木城茶"，周绍邦说，新中国成立初期，水城县茶叶没有大的发展，但在加工工艺方面比以前有所细化和改进。

新中国成立后，土改开始，随后国家开展"三线建设"，水城县为了在全县范围内把农业搞上去，支援"三线建设"发展品种更加丰富的农业产业，提出要科学种田。为指导农民生产，水城县在教场一带的"万亩大坝"开辟了一块试验田，分别划片种植了茶叶、水稻、蔬菜等作物。虽然试验田不大，但对水城早期的规范化种茶却起到了很好的示范作用。

"因为是试验田，自种自采自制，当时除了木城茶，试验茶场的茶也算是上乘品质了！"因试验田土质好，茶园里的茶树枝繁叶茂、茶树长势喜人，有的茶树长到一层楼高。成了一片树林。

"距离中心城区近，有时会到茶园玩，钻进去后，连人都看不到。后来，教场开辟的试验地一带被称为'茶叶林'"，这个名称沿用至今，并成为"官方"名称——钟山区荷城街道茶叶林社区。

"沟对沟、行对行，按统一标准，规范化种植，看起来整整齐齐！"周绍邦说，水城县后来在玉舍海坪种茶。以前，海坪叫海海坪，海拔高、土地贫瘠。后来，海坪建农场时茶树被大量挖走。后期野玉海景区建设时，茶地基本被占用完了。

海坪建茶场后，杨梅也开始建设规范化种植的茶场。

"一般农村家庭与城里饮茶方式不太一样。农村多用小砂罐煨茶，将炒好的茶放入砂锅内泡的第一开，涩味重，比较好的是第二开，用大的砂罐熬好，然后用小茶杯

盛出，一人一杯，味道比较好。有的人家会将多余的茶拿到农村的场上去卖"，在加工方面，木城茶叶在名优茶加工方面还处在进一步探索发展阶段。木城一带主要用砂锅炒制茶叶，还有一种方式是用蒸，先蒸后晒。水城的茶虽然历史比较悠久，但真正得到发展是在20世纪70年代以后，开始在玉舍的海坪成片种植，后来又发展到杨梅等地。

（胡书龙　肖　钧　陈高泽）

南宋名将岳飞第二十八代嫡孙的凉都茶缘——岳朝阳与武穆翠芽

一、这个古茶园的主人是岳飞后代

义荣公曰：吾，清乾隆丙子年自镇雄徙此，蒙祖荫得以安栖。陋居有田山，严慈子孝，不亦乐乎。次年逢中元日，午假寐，忽梦飞祖，喻：百里内有异茶，余欲尝之。醒惊叩拜，急寻之，方得闻木城有贡圣之茶叶，年百担运京。辗转得一，先恭供列祖，礼毕，初品，觉香醇甘洌，入腑回味悠冥，再品气爽神清，不胜叹乎。窥其神韵之，乃天地人之造作所致也。天者，阳足天润雾盛；地者，山峻土沃水沛；人者，采袷、炒制、封存皆有精妙之方，令人咂奇。吾细品木城茶，尚觉微瑕：略苦涩，汤微浊，叶欠饱润。遂遍寻良策，欲改之。及武夷之大红袍、西湖之龙井、黄山之毛峰，查籍访友，终得悟：采袷、炒制需天人合一，乃人做天成。

经年，吾殚精竭虑，尝精选良苗，依古籍所授之方，参木城制茶之术，垅耕初得六十余亩。历三年，选明前，择吉日，雨后，焚香沐浴毕，祭拜先祖庇佑，方采袷茶青许，寻梨李桃香樟果木为柴，制碳，支净生铁锅一口，规茶师噤声，孩童静无扰。选午时三刻置青入锅，必火文，经揉、搓、捻、挑、抹、垅、抛不懈复之。历一时辰余，茶成。

择日，邀友舍下品茗，尝毕，复品木城之茗，彼味苦涩，汤微浊之相此品皆无，叶饱润。友叹乎，此品何来？吾答：老夫自觅之，友皆赞叹，俱求赐名。

吾思量良久，叹吾飞祖初蒙冤惨死，逾三十六年方蒙恩昭雪天下，恩封"武穆王"。今此品出，蒙飞祖英灵托梦，感木城茶术渊源，乃天意也。故以木谐代之以穆，以武穆之名赋予此品，教岳氏后人世代传

图 10-3　岳朝阳和他的古树茶园

承。呜呼！

以上文言文选段中的主人公即岳朝阳，南宋著名民族英雄岳飞第二十八代嫡孙，现居水城县蟠龙镇发贡村坝子组，是发贡村岳家古树茶场的主人（图10-3）。

"明洪武年间，岳飞后人第十三代岳俊清迁居，落地云南镇雄；第二十二代迁到毕节威宁阳场小河边；第二十三代搬到水城县发箐乡；第二十五代搬到蟠龙镇发贡村坝子组……我们属于岳飞第二个儿子岳雷的后代"，岳朝阳一边翻着家谱，一边讲述岳家后代的繁衍、迁徙故事。

临近正午，采茶的人断断续续地从茶山上下来了。有的戴着凉帽，有的戴着围巾，尽管穿戴各不相同，但有一样相同，那就是他们斜挎在肩上用于装茶青的竹篓。

岳朝阳让妻子用簸箕上下左右翻簸几次后，将一些不够饱满的或个头显小的嫩芽筛出后扔掉。然后随机在簸箕里挑出几片取样察看，确认剩下的都是高质量茶青后，就开始给采茶人称重、记数。

刚采下的嫩芽，在阳光的透射下散发出一种诱人的色彩。放在鼻尖下，闭上眼，轻轻嗅一下，便闻到了一整季春天的芳香。

采茶的人一个接一个地走了，岳朝阳夫妇忙碌起来，开始将茶青分盘放好，按量置入砂锅中，不用任何工具，徒手在滚烫的锅中翻炒起来。不一会儿，一股淡淡的嫩嫩的茶香味儿在柴火味的挟裹下充盈着这个灵动的季节。

"三晒、三露、三炒是制作古树茶的三道工序，蟠龙贡茶就是这样得名的。"岳朝阳的茶，仍然采用古法制作工艺。

杀青完成后，岳朝阳取来一些前几天刚制成的春芽，既没有用成套茶具，也没有搞茶艺套路，甚至连醒茶也免了，直接舀来一勺春芽倒进一只透明的玻璃杯中，将烧好的水倒入杯中，不一会儿，便见一颗颗翠芽在水中重新舒展开来，直立起来，如一排排整齐的卫兵，在水中鲜活而生动起来，一如它们迎风迎露迎雾于海拔1360m的山头上挺立时的模样。

呷一口茶，岳朝阳聊起他与茶的那些故事。

二、莫白了少年头

据《水城县（特区）志》和六盘水相关志书记载，早在清雍正元年（1723年），当地茶叶就被采集制作敬献朝廷，此后连年成为"贡品"，素有"泡六七次都还有茶香"的说法。

因为"水城春"茶品牌愈来愈响、市场销路愈来愈好，茶产业被列为全县重点产业。

在距岳朝阳家几里外的山头上，仍然稀疏地长着一些古茶树。从不抽烟亦滴酒不沾的岳朝阳，独爱喝茶，发贡村古茶树的茗香和古法制茶工艺让他与茶结下了不解之缘。

与茶结下的缘，让茶成为他人生中的挚友，不仅改变了他的人生道路，还使他与茶成为真正意义上的"生死之交"。

进入不惑之年的岳朝阳，之前外出打过工、跑过运输、经营过水果批发等，多年的外出务工和经商经历不仅丰富了他的人生阅历，也为后期创业积累了一定资金。

近年来，各级出台系列惠农扶持政策，大力鼓励群众自主创业。尤其是六盘水"三变"改革以来，广大农村发生了翻天覆地的变化。

"莫等闲，白了少年头，空悲切"，带着骨子里对茶的那份情结，2012年，岳朝阳放弃了在外地做得红红火火的生意，选择回到家乡成立岳家种植场，立足于自家旁边山上几十亩古茶树，种植了244亩茶叶，同时还种植了80亩美国红提。2013年9月，由7名党员组成的岳家种植场党支部成立了，岳朝阳光荣当选为支部书记。

种红提，因为市场有需求；种茶叶，因为家乡出产的茶叶品质好、口味佳，曾是朝廷贡品；成立党支部，因为党组织有号召力和凝聚力。岳朝阳就想趁着年富力强多干事，让家乡变模样、让家人过上好日子。

也是因为古茶树，岳朝阳遭遇大难。2014年5月，岳朝阳听闻相邻的阿戛镇高中村有百年树龄的古茶树，意欲购买。途中，他出了车祸，致使其左脚髌骨骨折、右脚胫骨骨折，头部淤血小脑萎缩。"当时住院治疗了83天，进行大小手术6次，这条命都是捡回来的。"谈起那场不幸，岳朝阳依然心有余悸。

三、岳家人绝不认怂

突如其来的灾难，犹如晴天霹雳，几乎摧垮了岳朝阳对生活的所有希望，他只能在轮椅上度过，甚至连最基本的生活自理都成了问题，漫长的康复过程让他在闷闷不乐中熬年度日。

但是，生性倔强的岳朝阳天生有股不服输的劲。每天望着既要照顾自己又要照顾两个年幼的孩子、还要打理种植场的妻子日夜操劳，岳朝阳看在眼里，疼在心头。

"先辈岳家军个个铮铮铁骨，就没出过孬种和怂货。我是岳飞后人，也一定要干出名堂来。"岳朝阳用"岳家军"精神不断鼓励和鞭策自己。

坐轮椅期间，他一边加强锻炼配合康复治疗，一边博览种植书籍，加强学习种植技术，为自己重新站立和种植场的发展积聚能量。

一年后，岳朝阳的病情一天天好转，能够挂着双拐缓慢行动。因此，各级政府部

第十章 茶文篇

门组织的业务培训、党务会议经常能看到他的身影。

2016年，中国共产党六盘水市第七次代表大会期间，刚从医院拆掉腿髌骨、胫骨钢板的岳朝阳，挂着双拐参加会议，认真履行着党代表的职责。

2017年，贵州省脱贫攻坚"七一"表彰大会上，作为脱贫攻坚战线的优秀共产党员代表，岳朝阳"走"上台，从省领导手中接过鲜红的荣誉证书……

图 10-4 武穆翠芽

岳朝阳，著名民族英雄岳飞的第二十八代嫡孙、水城县蟠龙镇岳家种植场的当家人，一年轮椅、一年拐棍、一年站立、一年创业，他不畏艰难创业就业的故事成为一段佳话。

岳朝阳还特别注重岳飞爱国精神的传承，致力用岳飞思想文化的精髓打造品牌，种植场党支部申请了"武穆翠芽"的商标，依靠现代农业科技提升产品质量，陆续深度开发高端"武穆"茶系列产品（图10-4）。同时，还开发了2830亩土地及荒山，植树造林2100亩，种植了336亩猕猴桃、桑葚等精品水果，150亩的白及、黄精、首乌等名贵中药材。随着种植场规模的不断扩大，岳朝阳深感自身的文化水平已经不适应企业的发展，因此对现代农业科技和组织管理的求知欲望非常强烈。他经常大量阅读相关书籍，总是积极参加各种培训。从2015年至今，岳朝阳每年至少有3个月的时间都是在外参加培训学习。在学习别人成功经验的同时，又不断总结自己的不足，再把更多的知识传授给老百姓。

截至目前，岳家种植场年产值达到300万元以上，惠及周边200户农户1000余人，人均每年增加收入1000元以上。岳家种植场也不断吸引着周边的种植农户。目前，种植场已有76家种植户加盟，员工达200余人。在岳朝阳的带领下，种植场正朝着同步小康的大道快速迈进。

"岳家军从来没有出过孬种和怂货，经历了那么多波折，我都没有被打垮，还得到那么多人的帮助，只要不死，就一定要干出个名堂来。努力就有希望，等死只能灭亡。"岳朝阳说，脚踏实地，朝着既定目标走，不忘初心，撸起袖子加油干。这就是他现在的想法，他也一定会遵循岳氏家训，传承"武穆精神"，一步步把百姓带上致富路。

四、提振信心重上"新茶路"

"通过大家的帮助，我现在恢复得很好，种植场也初具规模，有信心带领群众一起致富。"话语中，岳朝阳对未来充满了信心。

发贡村坝子组62岁的村民刘国付，因为左脚髌骨骨折而落下残疾成为贫困户，岳家种植场成立以来，刘国付就一直在种植场打零工，加上土地入股分红，今年已经脱贫。

"这3亩地的茶苗是岳朝阳免费提供的，现在每年我卖茶青就有5000元收入，还能在种植场务工挣钱。"贫困党员罗祥文说。

截至目前，发贡村贫困户土地入股128亩，支付分红7.68万元。2017年支付贫困群众工资16.8万元，带动贫困户60户、惠及210人。预计到2020年，岳家种植场年产值可达300万元以上，惠及周边农户200户1000余人。

山坡绿了，群众富了，岳朝阳还住在老平房里。当年建房、住院借了亲戚朋友的20万元还没还，35万元的银行贷款全部用于产业发展，但是群众的分红和工资都全部付清……每每说起这些，刘国付、罗祥文、涂开能、季德友等贫困户纷纷对他竖起大拇指。

近年来，在各级各部门的关心、支持和鼓励下，岳家种植场成为六盘水市"千企帮村"活动示范点、水城县离退休干部老专家服务团帮扶农业发展示范点；岳朝阳也先后获得省、市脱贫攻坚"七一"表彰优秀共产党员，市、县优秀党务工作者等荣誉，代表参加第六届贵州省残疾人职业技能竞赛，获得制茶师三等奖。

岳朝阳说："再过两年，等茶园全面投产后，我还打算发展乡村生态旅游，周边村民的收入还会大幅度增加。"

探访木城贡茶与古茶树群——李正华与木城贡茶

一、耄耋老人与古茶树

正午，烈日当空，大家都很肯定地说李正华老人此时肯定躺在家眯着眼打着盹享受着清凉的生活。不然，一位80岁的老人不在家能在哪呢？

然而，大家的猜测都错了。李正华老人真的没在家。

"这个时间，只要不在家，就一定在古茶树林里！"说罢，李正华的女儿一边循着自家的古茶树林找寻一边大声呼唤着。

翻过一座山头，果然远远地看到一位头戴草帽的老人正在古茶树林里采茶。

听女儿说有客人拜访。老人提前收工返回。

这些古茶树一直伴着他，从他呱呱坠地之时到如今的耄耋之年，不管是他生命中的苦难疼痛时，亦不论是他生活中的欣喜幸福时，木城古树茶，一直醇香如旧，在历久弥新的时间长河里逐渐融入他的生活，融入他的生命。

"采摘后的茶叶，主要经过摊青、杀青、炒青这几道主要工序，就能成为成品茶叶。不过说实在的，再好的机器炒出来的茶叶，都不及手工炒制的，不论是口感、品相都不是一个等级的。"李正华老人都坚持自采、自制、自饮，香醇解渴的木城古树茶已经伴了他数十年（图10-5）。

架锅添火，李正华老人用手在加热后的铁锅上方试探温度后，将带有茶果的茶青倒

图10-5 李正华正在采摘木城古树茶

进铁锅，翻炒一会后倒出，然后用他自己独创的手法开始揉茶，约十分钟后，老人将揉好的茶呈堆状置于簸箕内。把当天采回的茶青"安排"妥当后，老人给大家泡制了一壶自制的品相口感上乘的木城茶。一边品着香茗，一边聊起了木城贡茶与古茶树群的那些事来。

二、木城贡茶历史沉浮

倚着木门，端着一根精致的竹烟斗，咂着旱烟，品着自种自采自制的古树茶，缕缕青烟从耄耋老人李正华的面前升腾而起，朝屋椽方向缓缓飘散。古树茶的茗香丝丝缕缕地升起，与不断从老人口中喷出的青色旱烟云团一起交织着、纠缠着，欲将时光变慢、放缓（图10-6）。

李正华老人所居住的水城县蟠龙镇木城居委会（原木城村），是一个因曾经覆盖着

图10-6 手工炒制木城古树茶

绵延密实茶林得名的村寨。木城境内生长着2000余株直径5cm以上的古茶树，曾经的茶马古道穿境而过，悄然改变着这里的历史点滴。

"用砂罐焙的，边焙边翻，炒黄了、香了，然后拿出去晒，但不要摊薄晒，摊薄了就晒蔫了，头天晒时要晒厚点，晒好后就可以喝了。村民很喜欢喝古茶树的叶片炒出的老土茶，每家每户都用猫箩装茶挂在墙上。"说起茶，李正华老人在记忆中"按图索

骥"，他说："村民将采摘下来的茶叶加工成成品后，装入大袋子，然后每次取出六七斤，用砂锅回锅后，放入猫箩，要喝的时候就倒些出来。"

与其他人不同，李正华的童年回忆是苦涩的。在李正华6岁的时候，父亲去世了。时隔4年左右，在他10岁时，母亲也去世了。短短几年时间，双亲先后离世，为了活下来，李正华不得不靠干苦力度日。中华人民共和国成立前，为填饱肚子，他帮杂货客背货到安顺卖，每天有1毛钱的收入。中华人民共和国成立后，他到粮食仓库帮助翻粮食，每天可以得到3毛钱的工钱。

"有的古茶树能长两三米，甚至四五米高，枝繁叶茂的，很适合小伙伴们一起玩躲猫猫。"尽管如此，他仍有少部分童年时光是在古茶树间度过。

关于木城古茶树的来历，李正华也是从老辈人那里听说的。据说，木城茶树始种植于明朝，当时一度被定为贡品。20世纪60年代初，当时的木城村人又一次开始种植茶树。1961年，有人买来了揉茶机，开了一间茶叶加工小作坊。生产出来的茶叶在当地赶场时拿到集市上卖。由于当时制作工艺简单粗糙，成品茶叶里甚至还有茶树的枝干，后来卖的人便少了。手工揉制的茶叶变得愈受欢迎。

1963年开始实行统购统销，由供销社负责从生产队以每斤2元的价格收购。

"白天采茶，晚上回家炒好以后按四斤茶青一斤干茶叶的比例上交成品茶，上交时分为一级、二级、三级和等外级，好的茶叶可以用来换肥料"，李正华说，也正是统购统销茶叶的政策，全面提升了木城茶的炒制工艺，对推进木城茶的传统制作工艺起到巨大的促进作用，这也为后期木城村家家户户都会炒茶奠定了基石。

1978年改革开放，当时的木城村开始实行包产到户，5000余株茶树分到200余户人家。"因为不再实行统购统销，所以我们采摘下来的茶叶都是赶场的时候自己背去卖，或者卖给到村里来收购的外地人。"李正华说。

"一场就背一二十斤，每斤卖个七八块钱，再买点其他生活用品、粮食，大家都挺满意的，其他村的也都羡慕我们。"最初由于交通不便，村民只能用背篓背茶卖。1971年、1974年马蟠公路、猴木公路两条路相继通车，村民赶场卖茶轻松了不少。

"以前威宁缺茶，加工粉面的柴油机磨刀片坏了，只要带上两斤木城茶到威宁'走走后门'找到师傅，师傅马上就帮你换了！"李正华说，因为木城古树茶茶叶品质好、口感佳，早已声名在外，曾一度成为贵重礼品。

据《六盘水市市志·农业志·畜牧志》载：木城乡，为水城特区种茶最早之地，已有二三百年种茶史。迄今，百年老龄茶树仍依稀可见。所产之茶，经用砂质茶罐再行炒制后冲泡，高香浓郁，不仅绿、黄二茶之特点兼收其中，且耐冲耐泡，深受今昔饮茶者青睐。在清乾隆年间（1736—1795年），当地曾以之作贡品。至今，木城茶除供市内消费外，尚畅销省内，并对东南亚有少量出口。近年，木城茶已初步形成系列产品，其产品主要有炒青、绿茶、红茶、毛尖茶、桂花红茶、龙井茶等。至1987年，木城茶树已发展到1200亩，年产茶叶25t。

2011年，木城再次大规模种植茶树，截至2018年，登记在册的古茶树、新茶树3200亩，发端于六盘水的"三变"改革，将木城茶产业发展与村民利益联结起来，村民人均收入也从2008年的800元上升到2017年的9000余元。

搭乘产业结构调整快车，木城茶产业迎来发展春天。2018年，木城茶产量达2万余斤，单价在几十元到几百元不等，最贵的可卖600元一斤。

（刘 彦　张冬莲　陈高泽）

说说乌蒙春

走进水城县杨梅林场，似乎走进了一幅画。蓝天白云下，参差高耸着葱翠的林木。林荫下一行一行的茶树，正发着新芽。林中，有鸟儿悠闲浅唱，有虫儿自在轻吟。太阳也千方百计地挤进林里，涂抹出各种各样的斑斓。被这样的景致相拥，被清馨无比的空气包围，一时间，连我都想翩翩起舞了。但我不能，我们是来探寻曾经的杨梅茶场，探寻乌蒙春茶的。

一、乌蒙春加工厂掠影

2019年5月22日，我们的车径直开到曾经的杨梅茶叶加工厂，那里就是曾经加工乌蒙春茶的地方。

大门已看不出有门的迹象，只是像某场所的进出口了。往两边看时，围墙还在。墙体上斑驳的苔痕，似乎还记得曾经的故事，又似乎在向来人诉说着沧桑。墙内的风景树有的已高出墙头许多，想必也有着遥远的梦想。

进门处，有几个锈蚀的设备零配件，低调地半掩于过膝的草丛，大概也能代表着此处曾经机器轰鸣过。几座房子，用彩钢瓦盖着，应该是当年的厂房了，但看上去似乎有过修复。它们静静地蹲在那里，一言不发。

进门大约20m后，再向左约30m的地方，迎面有一栋房子。我们事先约好的古庄师傅，就住在这里。

我们小坐一盏茶的工夫，聊了一下与杨梅茶场有关的事后，古师傅便带我们去拜访一位当年的杨梅茶场负责人。

走出古师傅的家门时，我向右边隔壁那间屋子门前走去。那道门比较特别，是那座房子唯一挂着网式门帘的，门上还留着一块金色的牌子。走近看时，只见红色的文字，分上下两部分写着。上部为"有机食品富硒 毛峰绿茶"，下部为"有机食品富硒 银剑绿茶"，"有机食品富硒"字形稍小，成两行排列，每行三个字，写在"银剑绿茶"和"毛峰绿茶"之前。古师傅告诉我，那是茶叶加工厂当年的化验室。

一边往外走，我一边竭力地扫描着眼前的一切，似乎想穿越时空，去到当年的茶叶加工现场，看个究竟。即将右转向大门处时，我发现右边有一个残台，待仔细看时，古师傅说，那是曾经的花坛。花坛不大，还有依稀可见的圆形。

我想象着这个茶叶加工厂，当年应该也算是镶嵌在深山里的一颗明珠了吧。

二、乌蒙春的诞生

古师傅带我们进了一个木材加工厂，找到吴大珀老人，他是当年杨梅茶场创始人之一。吴老今年已79岁，系六盘水本土汪家寨人氏，1971年就到杨梅林场工作。因为勤劳的习惯，闲不下来，他就在那木材加工厂找了点事做。

或许是杨梅林场环境太宜人，或许是吴老心态极好吧，看上去，步履轻松，神采奕奕，像70岁不到的样子。在木材加工厂二楼的一个房间，吴老的休息室，我们聊起了杨梅茶场的事。

吴老说，1991年，六盘水市科技局利用杨梅林场建茶场，那就是早期的杨梅茶场。第一批开工，建设总面积约1200亩。当时科技局牵头，一切业务都由科技局主管。他参与工地上的工程管理，从规划设计、整地起，就参加了，主要负责内部管理。

当时的茶场，牌子上写着"六盘水市科技实验茶场"。茶叶加工厂挂的牌子，则是"乌蒙天然富硒茶厂"。茶叶呢，第一批包装袋上就印着"乌蒙春"字样。

茶场及加工厂的建设，古师傅也知道，他也是茶场的工作人员，只是进得晚一些。

茶叶加工厂为了加强管理，1991年派人到湄潭学习，那是第一批。1994年派出学习时，古师傅也参加了，但那次是到贵州农学院。后来到1998年，派出到杭州学习扁茶制作的，全六盘水就有12人。

早期的杨梅茶场，科技局与林场以股份方式合作。科技局占60%，林场占40%。到后来，2001年，天津方介入后，与天津方合作，改名为"津黔公司"。天津方占51%，林场、科技局共占49%，由天津方控股。林场、科技局在所占比例中，又五五分成，也就是各占24.5%了。

当我问当初想到做这个茶场，最先是出于什么考虑时，吴师傅不紧不慢地说："林场范围比较大，不太便于管理，那时我就想，在周围种些茶树，象隔离带一样，会不会可以起到防火、防损作用呢?"就这么一个简单的想法,后来砍了一部分灌木、杂木,在林场周围种了一圈茶叶带。

三、乌蒙春的际遇

据吴老和古师傅介绍,乌蒙春生产出来后,当时负责茶场外围管理的金元荣同志,曾几次到北京,专程去请时任全国政协副主席、中国科学院院长的卢嘉锡同志题词。第一次题词内容为:"乌蒙山区科技农业示范区",第二次加了一个"高"字,即为"乌蒙山区高科技农业示范区"。

吴老和古师傅都说,杨梅茶场于1991年、1992年播种,1993年搭了个棚,1994年厂房建起就开始正式加工,1995年茶叶上市。卢嘉锡的题词时间,他们记不清了,但1995年的包装一出来就有卢嘉锡的名字。

后来我们从六盘水市茶文化研究会、凉都茶文化博览馆负责人邓景文提供的资料中了解到:

1992年,由时任全国政协副主席、中国科学院院长卢嘉锡率队的"智力支边"考察团在六盘水市考察时,品饮了由六盘水市科委、六盘水市科技实验茶场与贵州省农业科学院茶叶研究所联合研制的"乌蒙春天然富硒保健茶"。卢主席当即赞赏该茶品质优异,欣然挥笔写下"乌蒙春",也就是用于包装袋上的"乌蒙春"字样。并促成中国科学院地球化学研究所定点支持和帮扶,建成了"乌蒙山区高科技农业示范区"。

六盘水是富硒地带,乌蒙春是富硒茶,含硒量达标,在适宜人体吸收的范围内是最好的。所以,从建厂以来就因富硒而出名,当时提出的"高科技"也是因为富硒。当时湖北恩施刚刚出富硒茶,在社会上引起一定的反响。杨梅茶也正好出来,就在1992年,将头一年种的茶采了一些,手工制作后,带到北京去化验的。

《六盘水市志·农业志·畜牧志》就有这样的记载:

杨梅茶:为近年由六盘水市科技实验茶场与贵州省农业科学院茶叶研究所联合开发研制的富硒保健茶,茶园规模3000亩,计划面积1万亩。因茶叶中含有机硒 $1.5 \times 10^{-6} \sim 4.0 \times 10^{-6}$,有机锗 $0.4 \times 10^{-6} \sim 1.04 \times 10^{-6}$ 及锌 $25 \times 10^{-6} \sim 37 \times 10^{-6}$ 等10余种人体必需微量元素,且汤色碧绿持久,香气鲜爽浓郁,汤味浓醇回甜,叶底嫩绿匀亮,已成畅销名茶。

我们没有找到当时卢嘉锡题词现场的知情人,古师傅和吴老当时都不在现场。

古师傅和吴老都说,自从卢嘉锡主席题词以后,大凡到杨梅林场的人,都要去看看卢主席题词的碑。

如今，卢嘉锡同志题词的碑，还依然挺立于杨梅茶场的一个入口处。虽然落款的方印有些模糊，但并不影响辨认。

四、乌蒙春的花季

乌蒙春的生产，科技局和林场都做了很大贡献。1993—1995年，专门请了贵州省农业科学院茶叶研究所的专业人员前来指导，指导人员在茶场住了2年。对杨梅茶场，科技局可以说是全力支持的。没钱可先借，卖了茶叶再还。除了领导，其他工作人员也经常到现场指导。

杨梅茶场茶苗的培养，都是扦插。当时的四一九、三〇三、五〇二等，都是示范区。当时的杨梅茶场，实行的是规范种植，并作为六盘水市的正规科技示范区，乌蒙春的加工工艺、设施也都比较先进。因此，在加工上、面积上，在六盘水市都算是领先的了。做名茶，对六盘水来说，就是从六盘水市科技实验茶场开始，六盘水才有名茶的。

乌蒙春，分为富硒银剑、富硒硒毫。硒毫是名茶，毛尖类的，扁形的，叫银剑。乌蒙春的加工，最先是手工制作，2000年机械上线后，毛尖、扁形茶等，均按龙井工艺制作。乌蒙春的产生，比六盘水的"三剑"——乌蒙剑、碧云剑、倚天剑还要早些。

六盘水有得天独厚的自然条件，早春气温回升比较快，茶叶萌芽和上市也就比较早。杨梅茶场茶叶的采摘，比晴隆、普安要早10天，比湄潭要早20多天。都说"高山云雾出好茶"，六盘水本是富硒地带，且有独特气候，昼夜温差大，比较有利于茶树养分、有机物质的积累。所以六盘水茶叶营养丰富，叶片肥硕、柔软，茶叶持嫩性好。茶叶氨基酸和咖啡碱等有效成分高，纤维素含量低，汤色黄绿明亮，香味浓，也比较耐冲泡。乌蒙春当然也不例外，茶叶自然品质相当优越，在省内外都具有较好的声誉。

况且自从卢嘉锡主席题词以后，乌蒙春更是名振誉扬。杨梅茶场的茶叶，品质非常好，当时很多人都去买。招待客人也好，送礼也罢，都是用乌蒙春。机关单位、企事业部门用的茶，也几乎是乌蒙春，市场上还不容易买到。不仅销往省内很多地方，还销到了北方。天津方就是从市场上了解后，才介入的。

1999年，杨梅科技茶场生产的"乌蒙硒毫"荣获中国农业科学院茶叶研究所"中茶杯"全国名优茶评比一等奖、省科技星火计划奖。当时一同获奖的，还有六枝茶叶公司的"乌蒙剑"和盘县茶叶公司的"碧云剑"茶，均获"中茶杯"二等奖。

五、乌蒙春的魅力

对于当地老百姓来说，自从有了乌蒙春，就不再用其他茶了。

吴老说，他自己也一样。早先有喝茶习惯，但喝的都是老土茶。有了乌蒙春后，喝的就是乌蒙春，再没买过老土茶。

1995—2002年间，杨梅茶场特别兴旺，可谓空前绝后，社会效益也非常好。

由于种茶面积宽，茶叶加工量大，仅采茶就是一项大工程。那时的杨梅茶场，每天上千人上山采茶，一年的采茶工时费就高达50万元左右。不说其他，仅说采茶工时费的这个数额，它会为多少人带来多少益处呢？那时，周边的乡镇，都有人来参与采茶。对杨梅、发耳、新街、鸡场等，都直接有经济带动。那些来参与采茶的老百姓，离家远的，有亲戚的就住亲戚家，没有亲戚的就在林间搭个棚子过夜。吃的都是从家里带些简单食物，如洋芋、面饼等。直到采茶季节过了，才回去。

杨梅茶场采茶，春、夏、秋都可采。一年中，除了冬季，杨梅茶场都是热闹的。2003年以前，秋茶都很好。当然，春季的茶是最多的，所以，每年春季，杨梅茶场比过年还要热闹。

他们还说，采茶人中，布依族居多，也有苗族，那些少数民族服饰很漂亮，很惹眼。每到采茶的季节，大家都很开心，一帮一伙的，一边采茶一边对山歌，是常有的事了。

想想看，一片绿毯似的茶林中，身穿各种颜色、各种款式服装的采茶工遍布于内，不仅场面壮观，热闹非凡，简直就是一副清新的天然画卷嘛。说到这些，吴老和古师傅都流露出了抑制不住的笑容。动情处，还加上手势和各种表情。

听他们这么一说，不仅我的眼前出现了一幅幅清晰的画面，我的耳畔似乎也响起了一首首欢快、愉悦的山歌。那些山歌，有汉语版、布依语版等。

于是我问道，有没对山歌走到一起、成了一家人的？他们说，这个倒不知。但我想，这是很有可能的。采茶有了收入，这本是很好的事情。采茶过程中，一曲曲飞歌相对，应该是会碰出火花的。小伙有意，姑娘称心，终身相守，就不是什么难事了。

古师傅也说，有可能的。他说，采茶的有没有走到一起的，他不清楚，但加工厂里确实有成一家的，他知道。而他自己，作为四川人，虽然爱人不是茶场的，但他却是因乌蒙茶而在杨梅林场落户的。

当我问道，有没有什么故事让他们难以忘怀时，古师傅说，当时年轻人在一起，不管是生产、加工，上班、下班，都在一起，很开心，那段日子，是一段难以忘怀的日子。

六、乌蒙春与民族风俗

我曾经参与沈阳举办的一次全国性辞赋创作活动，主题是为五十六个民族作赋。那时，在调研各民族文化的过程中，彝族的"罐罐茶"和布依族的"姑娘茶"，给我留下了非常深刻的印象。

彝族的"罐罐茶"，就是用小土罐放到火上烤热后，放入适量茶叶，不停地晃动，直到把茶叶烤得酥脆，散发出浓浓的焦香味而又不糊，便将事先备好的开水倒进土罐内，会听到"嘘——"的响声，随即有泡沫升向罐口，片刻之后便可倒入杯中饮用。彝族的烤罐茶不仅色、香、味和浓度都极佳，还有提神祛毒、解渴清热的功效，也让彝家人非常喜爱。彝族招待客人，也会用这种"罐罐茶"，还会让客人自己烤、自己斟、自己饮。意思是，自己烤的茶喝起来才过瘾。

而布依族的"姑娘茶"，是指未出嫁的姑娘精心采摘、制作的茶叶。这种茶一般不拿来出售，而只作为礼品送亲朋好友，或是恋爱、定亲时，姑娘作为信物送给心爱之人，象征着姑娘的贞操和纯洁的爱情。

六盘水是一个多民族地区，杨梅乡是一个以彝、苗、回为主的少数民族乡，而其周边的法耳、新街、鸡场等，除汉族外，还杂居着水族、布依族等少数民族。

如此一来，乌蒙春与"罐罐茶""姑娘茶"等少数民族的茶俗扯上关系，是最自然不过的了。

至于祭祀，中国最早就把茶叶作为祭品使用的。茶叶被人们作为菜食，是从春秋后期才开始的。茶在西汉中期发展为药用，西汉后期发展为宫廷高级饮品，西晋以后才普及为民间普通饮品。很多少数民族的祭祀活动都有用茶环节，比如水族的三月三。

另外一些少数民族的婚姻，也有用茶环节。比如回族的说亲、定亲、探亲，都与茶有关。所以，在杨梅乡及其周边这样一个多民族杂居的地区，乌蒙春曾出现在多个场合，都是顺理成章的事了。

七、乌蒙春的归宿

"津黔公司"做了五年，也就是2000—2006年。后来，由于销路等原因，就没有再继续下去。接下来的一段时间，杨梅茶场曾一度面临过管理跟不上、茶园老化的难题。但比起玉舍茶来，乌蒙春还是幸运的，没有遭遇其他农作物或林木的替代，没有遭遇毁损。后来归于水城春门下后，茶园终究得以恢复。

当我们从立着卢嘉锡题字碑的入口往茶场方向走时，大约百米左右，便看见生机勃勃的茶林了。茶林镶嵌在高大而苍翠的杉林之间，恍若森林里的碧玉，绿得让人爱怜，绿得让人心疼。我忍不住走进茶地，在茶林里，我似乎能感受到它们的呼吸，能感受到它们的心跳。醉着茶叶的清香，我又有想放飞自己的冲动了。

我与它们合影了，且留下一串诗意的独白吧。

（吉庆菊）

守望传承（茶艺作品）

一、故事背景

昔日的"江南煤都"今日的"中国凉都"——六盘水，因"三线"新生，因"三变"兴旺。"三线是本""三线是魂"，"三变"是"三线精神"的传承，六盘水从此开启新的篇章。为六盘水经济发展注入了强劲动力，从而实现产业兴、百姓富、生态美。

二、故事梗概

祖孙三人的茶故事：爱茶的"姥爷"头顶蓝天、脚踏荒山、艰苦创业、为建设六盘水奉献的一生。"我"爱茶知茶，也要把热情奉献给这片深爱的土地，为"茶"奋斗一生。"妞妞"一生有茶陪伴。

三、场景布置

布置主、副两张茶桌。主茶桌设置在台中央，茶席设计以简洁朴实为主题。副茶桌设置在主茶桌旁2m，比主茶桌矮，上面摆放一个很旧帆布包、一个老茶缸、一块发黄白毛巾。

1. 场景一

鞠躬进场，直接坐在副茶桌旁，随着音乐响起，"我"仔细擦拭着老茶缸。

台词：我的姥爷，是一个山东人，是一名铁道兵，他常常坐在屋中的火塘旁，在搪瓷缸里丢上一把茶叶，一手抱着我，一手不停地晃动翻炒着茶叶，一股好闻的焦香飘出来，等噼里啪啦的轻爆声传来，冲入滚开的水后，享受的轻啜着，有时姥爷也会喂我一口，嗨，又苦又涩。

姥爷说：我年轻时，祖国一声召唤，就来到这三日无晴，细雨不断的地方，一双雨鞋，一块毛巾，一个茶缸，就是我的全部家当，生活确实艰难，那时的我就想，多吃点苦，等孩子们长大了，日子就好了。人生呀就像喝茶一样，开始苦，喝着喝着就甜了。

姥爷说：人要永远记情，喝着老乡送的茶，就感觉比其他的茶好喝，其实，喝的就是那一份情谊，这样的茶，喝了，就不会再忘掉了。

姥爷说：遇事呀不要急，多给自己一点时间，在烦躁时很容易做出错误的选择，静下心来，慢下来，喝一喝茶，再做决定也不迟。

如今姥爷已经走了，但是他的老话"苦尽甘来"一直激励着我，对，姥爷说的对，（此时起身，边说边走向茶台），苦尽一定会甘来。这片挥洒了姥爷青春和汗水的土地，我也要将热血奉上，无怨无悔。

背景图："三线建设"的老照片。

2. 场景二

缓慢走到主茶桌坐下，整理茶具，开始泡茶。

背景台词：昔日的"江南煤都"如今的"中国凉都"——六盘水，因"三线"新生，因"三变"兴旺，六盘水从此开启新的篇章。随着产业结构调整转型升级，六盘水以打造全域绿色发展为目标，从而实现产业兴、百姓富、生态美。

今天，我为大家带来的是中国凉都六盘水的高原茶品，与石斛伴生的石斛红茶。

六盘水位于贵州西部，夏季平均气温19.7℃，因气候凉爽、舒适、滋润、清新，紫外线辐射适中，2005年被中国气象学会授予"中国凉都"的称号，成为全国首个以气候特征命名的城市。

凉都的茶：高海拔、低纬度、日照少。无论是年均气温、日照时数、空气湿度、年降水量和土壤酸碱度等条件都恰到好处。泡出的茶汤透彻明亮、滋味浓厚、香气馥郁。

凉都的茶：低纬度、小气候，采摘时间早。寒冬岁末，正待万物复苏之际，经历一番寒彻骨，带着春的活力，凝聚着大自然的精华，富含整个冬季储存下来的养分，沁人心脾、齿颊留香。

凉都的茶：是生态的茶，"生态"是六盘水茶叶最显著的标志。《茶经》有曰："茶者，上者生烂石，中者生砾壤，下者生黄土"。独有的喀斯特岩石地貌经过数万年的风化，形成了富含肥力、黏性小最适宜适于茶树生长发育的砂质土壤。这种原始土壤，经过科学种植，科学加工，生产出的茶叶保持了无污染、无农药残留的品质。

凉都的茶：是有历史传承，可溯源寻祖的茶，辖区内成片古树茶多处分布，历史传续，古法制茶技艺，民间沿用至今。

凉都的茶：是温暖的茶，对于我而言，凉都六盘水就是我的家乡，建设"三线"的姥爷，成长在"三线"的妈妈，还有我和女儿，在我们的生命中，对那一份"三线精神"的守望，对生活的向往，都浓缩在姥爷的那句话里，喝茶好，苦尽甘来。

家乡的变化是巨大的，于我而言，从事茶行业也进入第十三个年头了，我是凉都茶产业从无到有，从小到大的见证者，亲历者。我的女儿，也在茶的陪伴下，耳濡目染，从小的玩具就比其他的孩子多了一块天地，我的茶席，就是她的茶席。

背景图：六盘水如今的欣欣向荣，再过渡到美丽的乡村景色。美丽的茶园、加工厂、茶品，妞妞的视频。

背景图与"我"泡茶的时间节点：在出茶汤时，背景图变成视频，"我"去奉茶，妞妞在视频中一边泡茶、一边讲述她与茶的故事，"我"奉茶结束后回到座位与妞妞相视一笑，一起说到，"我和爸爸""我和女儿"给各位老师奉茶，然后一起品饮。

鞠躬退场。

（刘彦 吴剑）

茶人创业主题微电影《苦尽甘来》剧本节选

微电影《苦尽甘来》，主要讲述了主人公王俊山几经波折后，在贵州盘州旅游文化投资有限责任公司的扶持下，实现了子承父业，继续种茶、制茶、卖茶，在发展茶产业的道路上获得成功的励志故事。

01 工地上（白天，室外）

正逢六盘水市大力转型，盘县旅游开发如火如荼，景区机挖机轰鸣，场景紧张繁忙，老赵在喝水，水桶边上放置着工人们的衣服还有不便带在身上的手机，正在老赵搁下水漂，旁白电话想起，老赵嚷嚷到，小王，电话。

一位工人没精打采地走了过来，接起电话，应了两句，朝着远处喊道。

工人：王俊山！有人找！

不远处，另一位中年模样的工人放下手中的活儿，擦了擦手，有些疑惑地走了过来。

俊山接起电话，听了两句，眉头一皱。

02 公路（白天，室外）

一辆不算老旧的大巴驶过高速，穿过山间原野。

03 大巴上（白天，室内）

略显狭窄的车位里，俊山搂着妻子，妻子将头靠在他的肩上。

俊山望着窗外疾驶而过的景色，若有所思。

04 茶山（白天，室外）

漫山的茶树中，有一条小路，一辆三轮车载着俊山和妻子，颠簸着驶过茶山。

05 王家老宅（白天，室内）

老宅斑驳的墙上挂着俊山父亲的遗像。

叔父将一包东西递给俊山。

叔父：这是你爸留给你的，里面有房契和他自己的一些东西。

俊山接了过来，没说话。

叔父叹了一口气，走了出去。

叔父：种了一辈子的茶，贫穷了一辈子，还是没等到享福就走了。

06 茶山（白天，室外）

俊山和妻子来到茶山，俊山望着父亲苦心经营了一辈子的茶山，叹了一口气。

妻子看着俊山。

——回忆——

镜头摇转

茶山的小道上，一棵老树前，年轻的俊山背着包准备离开，父亲在山头抽着旱烟。

俊山：爸爸，就你种的这点茶，能管饱咱家的饭吗？

父亲：那怎么办，现在种茶呀，也就是换点油盐，吃饭还得种苞谷呢。

俊山：那这可不行，反正我不想当农民，我不想在这当一辈子穷人。

之后年轻俊山头也不回的，走了出去。

茶山脚下传出一个声音，打破了俊山的回忆。

……

12 饭馆（白天，室内）

一杯泡好的春茶放在桌上，一个胖子老板目不转睛地盯着那杯茶。

胖子突然拍手大叫。

胖子：吼茶！绝对的吼茶！（好茶！绝对的好茶！）（广东腔）

胖子端起来喝了一口。

胖子：猴赛雷啊！（好棒啊！）

俊山在对面有些尴尬地笑了笑。

李春赶紧介绍。

李春：这位就是来自香港的贾老板，他一直在全国各地寻找名茶的供应商。

他，就是盘县碧云剑最正宗的传人，王俊山。

胖子一把握住俊山的手。

……

23 一组蒙太奇

村口主席台

村支书和俊山一起宣布合作社成立，鞭炮齐响。

茶坊

村民们排着长队想要加入合作社。

俊山耐心地跟村民讲解着加入合作社的相关问题：

今天是个好日子，因为我们刚刚拿到了旅游文投公司为我们扶持的新茶苗，还要元宝枫和牡丹花，重要的是还拿到了合作资金500万元，领导说了，先扶持我们脱贫，等旅投公司收完成本，以后赢利就归咱们村民了。

村民掌声一片。

茶山上

村民们跟着俊山一起劳作，撒肥修枝，种茶，种元宝枫，种牡丹等，忙得不亦乐乎。

合作社里

李春也通过"实施方案"就"扶持政策"的相关问题对村民们做了详细的介绍，村民们了解到按扶贫政策保底分红比例。

24 茶山（白天，室外）

俊山带着那罐茶叶上山，将它埋在那棵老树旁边的土里。

俊山将一壶酒倒在地上。

俊山：爸，我回来了。

（王之之　盘州市文联供稿）

家乡的茶

诗写梅花叶，茶煎谷雨春。谷雨前后，家乡的茶山上，一垄垄青葱嫩绿的春茶，一夜间冒出来的芽尖像雀鸟的舌，又尖又嫩，煞是惹人喜爱。满眼的春茶一山连着一山，延绵不断。茶山常年云雾缭绕，日照充足，缭绕的雾气云蒸霞蔚，弥漫着茶树淡雅宜人的清香。一坡坡的茶沟里，乡亲们头戴斗笠，身背竹篓，双手不停地采茶，采1叶1芽。采茶的手仿佛长着眼睛，左手落在一片茶叶上时，余光已经瞟到右手要采的那片叶芽上，这样双手不停地采着，又快又利索。采茶的声音如蚕吃桑叶的清音，又如春风拂柳的细语。采茶叶用的是食指和大拇指指间的巧劲。抬升拔起来，只轻捻，不紧捏，不用指甲掐，用指甲掐的茶，炒出来的茶品不佳。

采茶是抢时节，茶青如不及时采摘，就会变老，茶叶的质量也就大打折扣。采茶格外辛苦，一天下来，腰酸胯疼、头昏眼花、双臂酸痛。如果人手少，只得出钱雇人。

1g新茶有112个芽头，500g茶有56000个芽头。也就是说，制成500g茶，采茶工人的一双手要在茶叶的枝头上采摘56000次。每杯茶都浸泡着茶农的汗水。

采回家的茶叶放在铁锅里杀青炒制。炒制茶叶时五指合并，严丝合缝。从指根到指尖，有些微微弯曲的弧度，与炒茶的锅紧紧贴合。手工炒茶的抖、带、挤、甩、挺、拓、扣、抓、压、磨十大手法像变戏法一般，看得我们眼花缭乱。不仅如此，还把握好火候，这样，炒出来的茶叶色绿郁香、味甘形美，色泽乌润，手感柔滑。

人在草木间，一杯茶，喝着春色，饮着时光，品着人生。一杯茶里，有日月的灵气、天地的精华、草木的芬芳。一杯茶里藏着无穷无尽的美好，蕴孕着多少生生不息的尘缘。

白落梅曾这样写茶：以红尘为道场，以世味为菩提，生一炉缘分的火，煮一壶云水禅心，茶香萦绕的相遇，黛染了无数重逢。

一勺茶放进茶杯，滚烫的开水一泡，茶叶在水里升腾、翻卷、沉浮、煎熬着，慢慢地把叶片舒展开，茶汤慢慢地由浅变深，由淡变浓，茶香弥漫氤氲，呷一口，唇齿留香，顿觉神清气爽，人即使累了、倦了，两口茶下肚，便鲜活起来。

客人来到家里，沏上一壶茶，捧上一杯香茗敬客，是最高的礼仪。几个好友聚在一起品茶，气氛会慢慢安静下来，情感就像杯里的茶，越品越有味。

茶能清心，浮躁时静静地喝上一杯茶，边品茶边听古琴弹奏一曲《高山流水》，心就会静下来。茶可怡情，边品茶边写作，文思泉涌；边品茶边读心仪的书或美好的文字，情感就不知不觉融入字句，就像好茶融进好水，你就会走进字里行间，和书中的情景与人物同呼吸共命运。

静下心来品一杯茶，美美地享受人间散漫的时光，看天上云舒云卷，看世间人间百态，用心去感悟一朵花开，用情去捕着瞬间美丽，只有这样，人生才会丰盈，生活才会多姿多彩。

（李　恒）

萌动小茶人自传

我叫吴燕坷帆，今年7岁了，很喜欢读绘本，但最喜欢的还是DIY、香道和茶道。

我有一个爱茶如命的妈妈，无论是在家，还是在茶室，随时随地都喜欢泡茶、玩壶、品茶。

茶与她如影随形，就如同她随时陪伴我左右一般。

我是闻着妈妈的茶香来到这个世界的，因而，从小就喜欢模仿她，像个小大人似的坐在泡茶台前，玩两把小壶，泡泡茶。

记得3岁的一天，趁妈妈不在家，我把茶壶水加满，玩起了泡茶游戏。学着妈妈平常的样子，先把烧开的水注入茶壶中，然后盖上盖子轻轻地摇晃。妈妈说过，这叫润壶。润完壶，从茶罐中取出茶叶请它入宫，然后"凤凰三点头"。可是，茶壶并不像在妈妈手中那样听话，水弄得满地都是。完了后，就试着学妈妈的"三口品"。她常说，人生就像一杯茶。第一口苦，第二口涩，第三口甜。回味一下，甘甜清香。

正在我悠然享受之时，妈妈回来了，我紧张得像火烧屁股似的，赶紧收拾。也许是因为没烫着自己，这次不但没挨批，她还用照相机把这一刻记录了下来。

就是这张不起眼的照片，一次偶然的机会，我有幸被选为大益爱心基金会的小茶人，参与了茶艺竞技。妈妈单位几位爱茶的爷爷、伯伯，也都亲切地叫我小茶人（图10-7）。

图10-7 小茶人

我知道，茶人是爱茶之人特有的称号，小小的我得此殊荣，光凭喜爱是不够的。

我识字不多，但并不影响我学习茶、了解茶。通过视频，我知道了喝茶对人的益处很多，它不但能消食去腻、降火明目、宁心除烦，还能清暑解毒，生津止渴。医学家李时珍就特别喜欢饮茶，说自己"每饮新茗，必至数碗"。他在《本草纲目》中记载："茶苦而寒，阴中之阴，沉也，降也，最能降火。""茶主治喘急咳嗽，祛痰垢。"认为茶有清火去疾的功能。《唐本草》记载："茶味甘苦，微寒无毒，去痰热，消宿食，利小便"。如将茶叶与药物或食物配成药茶，则疗效更好。如用姜茶治痢疾，薄荷茶、槐叶茶用于清热，橘红茶用于止咳，莲心茶用于止晕，三仙茶用于消食，杞菊茶用于补肝等。

说实话，有的知识很深奥，我并不完全理解。但我至少明白一点，那就是茶的功效很多，它是世界上非常优秀的饮品之一。

因此，我一定刻苦学习茶的相关知识，在妈妈的指引下，将中国的茶文化发扬光大。

（吴燕坤帆　燕　孜）

遇见一片叶，回归一份缘——我与茶的故事

"半盏淳茶方寸润，修德养性净心灵"，每天喝上自己泡的一杯茶，慢慢沉静其中，内心总有一丝曼妙的清欢，总能感受到一份稳稳的安宁。与茶相遇已经有7年了，时间不长，但与茶相伴的每一刻的时光都让我愉悦（图10-8）。

7年的时间，我不断地探寻它，探寻它沉浮时的淡然和坦然；我追逐它，追逐它从涩到醇的神秘智慧。与茶的相遇，是我和静美好的幸福。

图 10-8 茶意

一、脑海里抹不去的味道

我的记忆中总能飘出一缕夹杂着苦涩的清香味，那是儿时炊烟中爷爷用小砂罐在火堆上烤出来的茶香，虽然又苦又涩，却伴随着一股难以言语的香气，这种神秘味道深深吸引着我。

与茶第一次真正相遇，是2012年的事了。

那一年，一个当茶艺师的朋友邀请我去喝茶，那时的我并不懂茶，更不知道怎样泡茶。以为泡茶是将开水入杯则出茶的简单过程，但当看到朋友泡茶的姿态时，我否定了我最初的认知。只见朋友端正着身姿，茶台上的她将茶与杯与水自然融合，动作行云流水，一气呵成，行茶平稳，又透着一身的雅韵。随后，朋友将茶汤入杯，我立马呷上一口，感觉口腔里都充斥着栗味的茶香，香气高长沁脾。

"这是什么茶，那么香？"随即我问道。

朋友自豪地说："这是我们贵州六盘水杨梅茶场生产的富硒茶！"

听罢，我才细细地端详着桌子上的茶罐中的茶叶，只见它外形匀整紧索，色泽灰绿油润，刚才入口的鲜爽滋味还在喉咙里徜徉，没想到这些小小的叶子们竟给我带来了味蕾上不曾有过的惊喜。因此，当时我就有了想学泡茶的冲动，所以我随即就买了一个木制茶盘和一套青花瓷茶具带回家开始学习泡茶。刚开始学的时候只是跟着视频自学，认真地学习了几天之后，才小心翼翼地拿起盖碗，正式地为自己泡的第一泡茶，现在回想起来，那感觉真是美妙。

二、当茶变成一种生活，我寻回了自己

茶，慢慢融入了我的生活和我的工作。

自学泡茶后，我养成了每天喝茶的习惯，一日不喝茶，心里就空落落的。因为这个习惯，当时从事销售的我就连和客户商谈的地点都发生了改变，从原来的咖啡店、甜品店变成了固定的茶馆。

泡茶静心，喝茶清心。喝茶时，浮躁、烦琐都荡然无存了，我在茶中找到了一个更加平静、从容的自己。

与茶的接触，让我内心坚定了对它追寻。2012年公司的商铺对外出租，我果断地租下装修开了一个茶馆，由于没有做茶馆的经验和进货渠道，而我当时就认为做茶馆

最重要的是茶叶的质量，不懂就要寻求专业的平台，于是我踏上了北京寻茶之路，到达马连道茶城时，我还是一头雾水。

既然热爱，就要真正地了解它，于是在半个月的考察和学习中，我加盟"御茶园"。2013年我的"御茶园"六盘水店正式开业了，一个在600㎡店面且拥有数十人专业茶艺师的茶馆在六盘水这个人口不多的三线城市引起了关注。

三、无法停止探寻的脚步

路漫漫其修远兮，对茶的探索是无止境的学习。

在对"御茶园"的经营过程中，我渐渐发现自己对茶艺也只是略懂皮毛，当顾客询问时，我经常不知所以然。于是，我深刻地明白，我需要学习的东西还有很多，探寻茶的道路是一个漫长的过程。明白了自己对茶认知上的局限，于是我下定决心开启我的学茶之路。

最初，我去昆明学习国家级茶艺师课程，然后又通过很多途径去拜访贵州当地做茶馆的前辈，2015年去厦门参加了为期15天的和静茶修和林晓真花道培训课程，2016年取得了国家级高级评茶员的资质。

学习的路辛苦又漫长，但就在这漫漫长路中，我更能在一杯茶中体会到前所未有的幸福。后来有许多学校邀请我去学校给孩子们上课，这又难住了我，对于无任何讲课经验的我，不知道该怎么用语言来完好的表达去传授给学生。为了更好地完善自己，2017年我又踏上去北京的学习之旅，我继续参加了王琼老师的讲师班，为期7个月的学习让我的茶路发生了质的改变。我学会了讲课，用语言去表达茶，也提升了泡茶技巧，更重要的是，我在学习中，领悟到了"能量在心，技艺在手"。悦纳自己，让心门打开，建立通道，在"能量在心，技艺在手"的思辨践行中，感知并到达"无内无外"的能量转化和浑然一体的美妙境界。和自己和解，悦纳自己，专注于当下这杯茶汤，感知这份淡然。一杯茶、一段经历，让我不断成长，借茶修为，以茶养德。借鉴王琼老师的话"茶不是宗教，却是一生的信仰"。

为了更好地传播和推广茶文化，2018年我将原有的茶馆关闭，在六盘水高新区租下一个规模更大的四合院，自创了自己的品牌——"胤天心茶"。茶苑开设了生活茶修课程和形式多样的茶会活动，我希望在课程和各种茶的活动中继续着茶文化的传播。

传播，是为了更好地传承。我被茶的魅力所感染着，我希望能把自己所拥有的这一份"独乐乐"变成当地的"众乐乐"，开办茶苑的初衷就是为了让更多的人被茶文化所感染。

"胤天心茶"创办以来，我一直致力于传播贵州茶，正所谓"高山云雾出好茶"，这是我们贵州茶在地理位置的优势，这样产出的生态茶值得更多人拥有。追溯历史，我们贵州曾生产过20余种贡茶，如："贵定云雾茶""水城蟠龙古树茶""都匀毛尖""普定朵贝茶"等。回望当下，我们六盘水水城县近几年来推出的两款代表当地茶产品，一款是绿茶水城春，一款是蟠龙古树茶。由于产地高海拔、低纬度、寡日照、多云雾等独特的地理气候环境，这两款茶成了当地有机茶的代表，这也让我倍感骄傲。当有外地的朋友来喝茶时，我总会先将这两款茶拿给远方的朋友尝尝，它们独特的汤感总能让他们赞不绝口。

"无由持一碗，寄予爱茶人"，以四季的水，煎一壶好茶，赠予行走在草木间的人。传承在心，传播在行，与茶结缘，回归更好的自己！

（陈　希）

第二节　凉都茶诗茶赋

随着六盘水现代茶产业的飞跃式发展，一片片茶园在乌蒙之巅的云雾中若隐若现，一幢幢标准化茶叶加工厂与茶园自成一景，阡陌交通，茶园如海。与凉都茶产业的飞跃式发展相伴，凉都茶诗茶赋也迎来了前所未有繁荣，以咏诵凉都早春茶为主的诗赋作品大量涌现（图10-9、图10-10）。

图 10-9 春茶采摘　　　　　　　　图 10-10 采茶

喝火令·中国凉都水城春

毓秀凉都地，氤氲雾雨云。润泽初叶玉芽新。

柔软碧鲜肥硕，把盏沁芳魂。亮绿漂香远，浓醇绕梦馨。

九曲回荡涤纤尘。漫品精茗，漫品水城春。

漫品韵流环宇，倚剑啸乾坤。

（张凌峰）

卜算子·水城之水城春茶

不羡酒中仙，不羡群芳地。清水和茶缓缓逢，当此心如洗。

最爱水城春，开在东风里。开出盈盈满碗花，富了相亲几？

（郭灵莉）

鹧鸪天·水城春茶人（新韵）

咬定乌蒙何所求？品行知是百年修。识得淡淡青泥味，爱看潺潺溪水流。

羊肠道，故乡愁，几分刚与几分柔？一杯血脉全无阻，通道天涯海尽头。

（张秋会）

渔歌子·咏水城春茶

夏到山中未见花，水城春里品新茶。倚天剑，凤羽芽，凉都印象众人夸。

注：水城春为水城的茶品牌。倚天剑、凤羽、凉都印象皆为水城春茶不同品种的茶名。

（任　华）

访水城春茶叶基地三咏

一

乌蒙挺剑倍精神，雾韵硒凝价万金。千户溢香观景象，杯杯尽啜水城春。

二

露洗风扶育嫩芽，垒青叠翠竟物华。春香一片凭谁问，云雾山中久坐家。

三

借得犇牁一缕香，烹金煮玉调绿黄。三杯解语花飞梦，满口濡春韵味长。

（汪龙舞）

七绝·咏水城春茶

闲中一盏水城春，两袖清风养性真。甘爽馨香唯解渴？茶园深处小康人。

（王　华）

七律·春茶

滚汤壶鼎浪涛呻，四月春风暖水滨。佳茗金枝津露炼，紫杯琼液味甘醇。

瓢箪饮尽松针魄，盏碗收藏竹叶新。滴滴蕴含芳草意，芽心寸寸洗纤尘。

（杨　宇）

七绝·品水城春茶

一

山中锄药香兰地，夏日春茶翠绿萍。渴饮甘霖观瑞草，老吟岁月颂心经。

明前清友存仙气，暑后晶杯浸水灵。苦尽才知甜味美，消除倦色碧眸青。

二

天生玉蕊分南北，觅取蓝英忘做神。常叹凉都无烈日，几曾砂罐盛幽邻。

碧烟细雨经茶苑，灵泽银珠聚酒滨。只饮青山云雾草，他乡难得水城春。

三

喝茶不必行南北，只选凉都绿蕊春。隐逸苍林藏俊骨，翻腾翠色洗纤尘。

一朝惬意情方解，万种风情韵可真。半亩茶田千亩盼，谁知山里苦寒人。

（杨　宇）

七绝·赞水城春茶

种在崇山峻岭中，微风拂动映苍穹。众人畅饮无穷味，馥郁清香醉意浓。

（杨贤礼）

七律·咏水城春茶

水城春色卸芳华，烟霭迷濛漫舞纱。细叶婆娑承雨露，新枝窈窕沐朝霞。

山中冷暖馨如桂，杯里沉浮灿若花。岁月添轮醇韵在，等闲位列庶民家。

（蒙昭顺）

五绝·早春茶

春早鹅黄叶，氤氲品几分。托莺云上过，唤友盏中醺。

（刘　静）

七绝·赞水城春

苍天作意护龙场，惠赐清茶百里香。四季育得真雅味，请君到此品一尝。

（江　华）

五绝·水城春（平水韵）

同是杯中立，奇书韵更温。情牵根茗里，意抱孕之恩。

（吕清睿）

第十章　茶文篇

275

七绝·茶情

朝露未晞山鸟乐，纤云弄日嫩芽黄。绿茶绘就千秋雪，叶片轻浮碧水香。

（孔亚莉）

七绝·采茶女

满山嫩叶绿成行，纤手盈盈折露香。采得云霞飞玉屧，春光冉冉为何郎？

（吉庆菊）

七律·品茗水城春（新韵）

莺啼燕舞唱清晨，靓丽山坡碧洗尘。邈邈茶林多鸟趣，悠悠笛韵醉人魂。
金针沐浴明前雨，银盏飞腾室外馨。愿与知音同品味，香茗最数水城春。

（刘亚平）

浣溪沙·水城春茶

一

大美水城不用夸，乌蒙山上雾云斜。春开万亩好灵芽。
纤手摘来还带露，寸心香透自泛霞。鱼龙飞鸟亦嗟呀。

二

邂逅清泉自不同，轻烟方起便怡胸。酌之缕缕腋生风。
但品一杯思陆羽，何须七碗醉卢仝。水城春味韵无穷。

三

手捧一杯云雾茶，随香问取陆公家。缘何此物水城夸。
灏气元为尊上贡，清英本是镜中花。春光着意众生桠。

（吉庆菊）

浣溪沙·饮茶

云影波光映小楼，新茶初试两三瓯。泠然一啜慰金流。
腋下清风归眼底，人间细雨上心头。浮生不醉解千愁。

（黄彦园）

七绝·春来采茶忙

春到茶山遍野香，阿哥阿妹采茶忙。茶歌飞至云天外，鱼忘游来鸟忘翔。

（吉庆菊）

五绝·题幼芽

露苗风影碧，摇曳去枝头。辗转烘磨后，出炉壮志酬。

（陈永革）

七绝·龙场万亩茶山

龙场万亩遍灵芽，可是当年陆羽茶？我欲乘风云外赏，凭他七碗过天涯。

（吉庆菊）

五绝·品水城春

草堂春近早，新绿映轩窗。品茗浮沉世，闲庭自溢香。

（陈永革）

临江仙·水城春茶

风景苍苍多少爱？崇山峻岭深深。寒来暑往守初心。一丝清与淡，百度洗红尘。
万古木香尤袅袅，依然虚处求真。叶尖舒卷续佛音。茶商千里路，追赶水城春。

（杨丽萍）

五律·水城龙场万亩茶园

鸟语空山上，高原景色新。芳菲来紫气，苍翠映青云。
西岭苗家味，东坡彝寨音。何方有茶道？此地不沾尘。

（杨丽萍）

锦堂春·诗意生活

堤上一痕新绿，细雨润开春华。孩童扑蝶几簇花，淡淡渐入佳。
无谓烦恼抛下，一院风景晚霞。善待生活精彩，茶琴趁年华。

（汤 一）

鹧鸪天·觅清风

大暑来临热浪生，下似沸煮上苦蒸。行人方恨清风少，撼无圣地窖藏冰。

蝉声起，夏正浓，轻摇蒲扇扑流萤。何处寻方避暑地？诗酒茶花觅清风。

（汤 一）

生查子·秋

飞叶送秋声，岭岚断蛐鸣。沿河寒日照，鸿雁列阵行。

徒有羡鱼者，独钓月夜风。归去茶自饮，安卧甜梦中。

（汤 一）

浣溪沙·小雪

残荷枯萧杨柳疏，前到庭院来漫步。霜染梧桐枝亦秃，岂比进屋去温书。

寒霜冷雾轩窗事，何不煮茶来一壶？

（汤 一）

第三节 凉都茶字茶画

一、凉都茶字

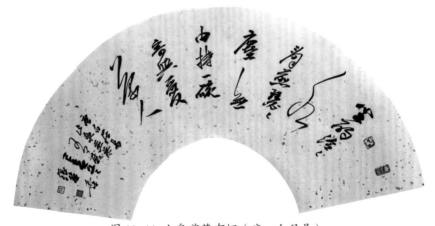

图 10-11 山泉煎茶有怀（唐·白居易）

坐酌泠泠水，看煎瑟瑟尘。无由持一碗，寄与爱茶人（张黎犁 书）（图10-11）。

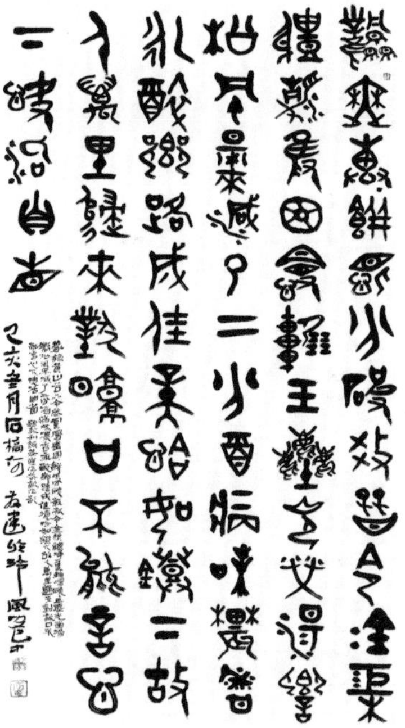

图 10-12 宋代黄庭坚品令·茶词 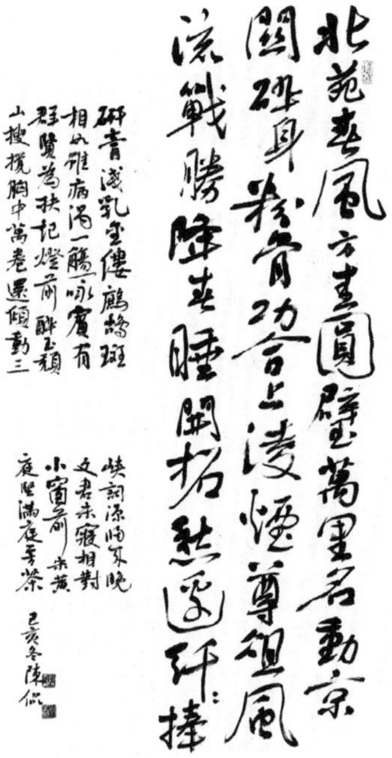　　　　图 10-13 宋代黄庭坚　　　　图 10-14 大宋书法家米芾
满庭芳·茶　　　　元章满庭芳·咏茶

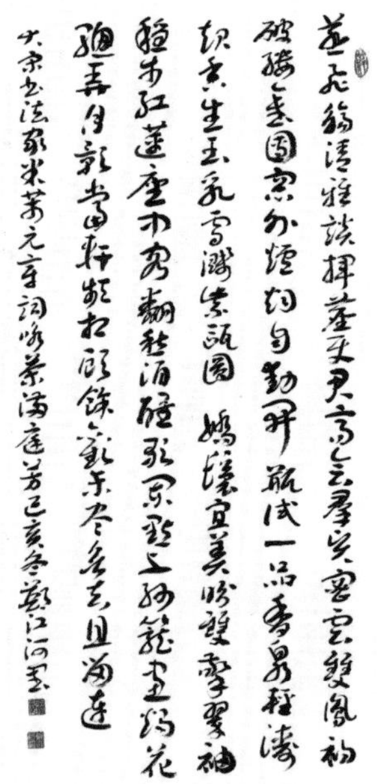

风舞团团饼。恨分破、教孤令。金渠体净，只轮慢碾，玉尘光莹。汤响松风，早减了、二分酒病。味浓香永。醉乡路、成佳境。恰如灯下，故人万里，归来对影。口不能言，心下快活自省（何发建 书）（图 10-12）。

北苑春风，方圭圆璧，万里名动京关。碎身粉骨，功合上凌烟。尊俎风流战胜，降春睡、开拓愁边。纤纤捧，研膏浅乳，金缕鹧鸪斑。相如，虽病渴，一觞一咏，宾有群贤。为扶起灯前，醉玉颓山。搜搅胸中万卷，还倾动、三峡词源。归来晚，文君未寐，相对小窗前（陈侃 书）（图 10-13）。

燕飞觞，清雅谈挥麈，使君高会群贤。密云双凤，初破缕金团。窗外炉烟自动，开瓶试、一品香泉。轻涛起，香生玉乳，雪溅紫瓯圆。娇鬟，宜美盼，双擎翠袖，稳步红莲。座中客翻愁，酒醒歌阑。点上纱笼画烛，花骢弄、月影当轩。频相顾，馀欢未尽，欲去且留连（郑江河 书）（图 10-14）。

茶。香叶，嫩芽。慕诗客，爱僧家。碾雕白玉，罗织红纱。铫煎黄蕊色，碗转曲尘花。夜后邀陪明月，晨前独对朝霞。洗尽古今人不倦，将知醉后岂堪夸（王建刚 书）（图10-15）。

茗外风清移月影，壶过夜静听松涛（黄能 书）（图10-16）。

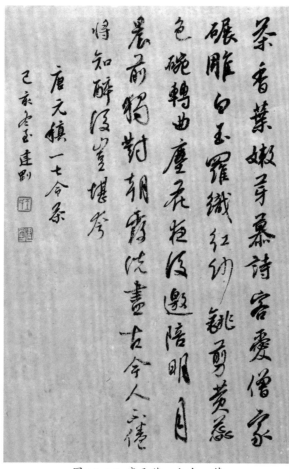

图 10-15 唐元稹一七令·茶　　　　　　　　图 10-16 对联

二、凉都茶画

凉都茶画见图 10-17～图 10-22。

图 10-17《时雨润香茗》（熊定才 画）

图 10-18《茶香满山》（张建华 画）

图 10-19《翠岚幽韵》（陈惊涛 画）

图 10-20《梅艳茶香》（赵启刚 画）

图 10-21《茶圣品茗》（徐本林 画）

图 10-22《茶园幽香》（黎敬 画）

第四节　凉都茶音

凉都江畔有茶歌。随着民族文化、茶文化的不断发掘传承，水城县当地涌现出一批批以民族民间文化、茶文化为主题的优秀的民间歌曲、小调等，主要以《水城白族调》《阿妹送我金香包》等曲目为代表（图10-23、图10-24）。

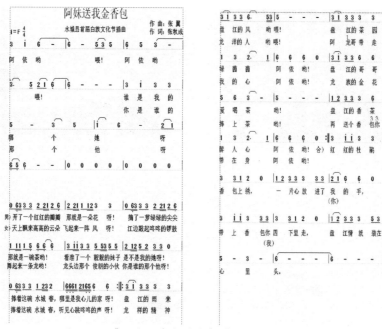

图10-23《阿妹送我金香包》茶主题歌曲

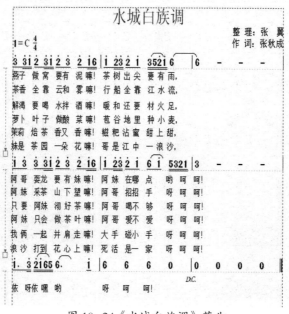

图10-24《水城白族调》茶曲

"东方魔叶"上的茶音符

茶，可清饮、可食用、可入药、可酿酒……茶的功用众多。然而，一片溢着茶香的小小茶叶，在来自"木叶之乡"的"木叶鼻祖"罗文军嘴唇上，却成为一件独特而精致的乐器，被吹奏出一串串悦耳动听的音符。小小的茶叶，在盘州市羊场乡的一个布依族村落里，历久弥新地演唱着布依盘歌的经典曲调，音色优美，独具风采。

罗文军于1960年8月出生于盘州市羊场乡的一个布依家庭，从小就喜欢用茶叶叶片吹奏山间民乐和布依盘歌。1982年，从贵州省艺术专科学校毕业。1986年5月，考入贵州省民族歌舞团，成为一名专业的乐队独奏演员。后历任贵州省民族歌舞团乐队队长、歌乐队队长、工会副主席、业务办主任等。曾任贵州省政协第七、八届委员会常务委员，贵州省民族管弦乐学会理事，贵州省音乐家协会葫芦丝·巴乌学会副会长（兼秘书长）等。现为国家一级演奏员，木叶演奏家。出版了个人专著全国首部《木叶演奏实用教程》和个人木叶演奏专辑《夜郎情韵》《叶王情韵》。

"茶叶就是簧片，口腔犹如共鸣箱，双手也可帮助起共鸣作用，通过嘴劲、口形、舌尖的控制，手指绷紧或放松叶片等各种技巧，改变叶片的振动频率，可吹奏出高低、强弱不同的音律，音域宽广"，罗文军说，用茶叶演奏时，将茶叶叶片正面横贴于嘴唇，用右手（或左手）食指、中指稍微岔开，轻轻贴住叶片背面，拇指反向托住叶片下缘，使食指、中指按住的叶片上缘稍稍高于下唇。运用适当气流吹动叶边，使叶片振动发音。若要使它发出不同的音色，就需要运用不同的吹奏方式，通常是按住叶子的下半片，用气吹其上半片，还有一手按住叶片，另一手轻轻拍打，像吹口琴那样，发出来的音响既有共鸣，又能产生波浪音（图10-25）。

图 10-25 罗文军吹奏木叶

"茶叶吹奏高低音时，需运用不同的气量，唇部也随之忽松忽紧，控制气流的送出。吹木叶不能随意断气、断音，特别讲究曲调圆滑流畅、婉转悠扬。"罗文军说。

罗文军不用手扶叶片也能吹奏，他将叶片夹于唇间，像吹竹笛那样，随着曲调的高低，送出急缓有别的气流，吹奏出优美动听的旋律。

罗文军说，茶叶的音色和小唢呐相似，清脆明亮、悦耳动听，可与人声媲美，就像人声歌唱一样，并且具有山乡风味。它可以独奏、合奏或为歌唱、舞蹈伴奏，有着十分丰富的表现力，演奏的乐曲大都选自人们所喜闻乐唱的民歌曲调。吹木叶，要选择优良的树种，通常采用茶、香樟、冬青等无毒的树叶，叶片的结构要匀称，以柔韧适度、不老不嫩的叶子为佳。太嫩的叶子软，不易发音；老的叶子硬，音色不柔美。叶子的大小对吹奏也有很大关系，过大或太小的叶子既不便吹奏，发音也不集中。一般使用的叶片，以叶长5.5cm、中间叶宽2.2cm左右的比较适宜。叶子不耐吹用，一片叶子吹几次就会发软破烂，不能再用，所以吹奏时奏者需有多片树叶备用。

罗文军先后随中国艺术团赴美国、加拿大、法国、波兰、瑞士等国家和地区参加二十多次国际性艺术节演出。1992年8月在波兰第二十五届国际民间艺术节上罗文军获"金山杖"金奖（团体奖），《木叶独奏》获"银奖"，《巴乌芦笙合奏》获"特别奖"和多能手"特别奖"。在欧美国家的演出中，《木叶独奏》节目深受欢迎，当地的广播、电视报刊纷纷报道，并称其为"神奇的东方魔叶"。《民族画报》1990年第2期载文称"罗文军的木叶演奏，优美的乐曲使众多观众为之欢呼、倾倒，男女老少交口称赞，纷纷学吹木叶，北美大陆卷起一阵'木叶风'"。

（潘方红）

第五节　凉都特色茶文化

一、剪纸里的茗香

中国十大神剪、中国剪纸艺术家、中国民间文艺家、中华文化促进会剪纸艺术专业委员会会员、贵州省民间文艺家剪纸艺术研究会副会长、六盘水市首届十佳文艺家、六盘水市管专家、六盘水市政府文艺奖获得者陈文洪，

图 10-26　茶壶剪纸作品

为贵州鸿森茶业发展有限公司董事长叶芳饮茶场景为原型创作了《茶道》《茶缘》茶壶形状剪纸作品、《贵茶》《鸿森茶业》等剪纸作品（图10-26~图10-28）。

陈文洪是六枝特区平寨镇一中老师，九岁时开始学国画，这为他后来的剪纸技艺打下了基础。

图 10-27《鸿森茶业》剪纸作品

图 10-28《贵茶》剪纸作品

陈文洪与剪纸的渊源，源于2003年表妹结婚时他无意中剪出的"红双喜"，他"红双喜"作品不仅刀工精细，还打破了传统的剪纸风格。著名剪纸大师蒋世煜看到他的剪纸作品不久后将他收为关门弟子。在蒋世煜的悉心指导下，陈文洪剪纸技艺大增。2003年7月，贵州省第5届剪纸艺术展即将开幕，蒋世煜鼓励陈文洪参赛。在蒋世煜的指点下，陈文洪连夜剪出4件作品送往省城，其中《琵琶魂》获得了优秀奖。从此以后，陈文洪愈发喜欢剪纸。为了采集创作素材，他背起行囊，行走在大山深处的彝乡苗寨，寻找少数民族原生态的服饰、传说、建筑和风俗。每创作一件剪纸作品，他总要挂在墙上反复琢磨，一旦发现有不满意之处，就撕掉重来。他的悉心创作，逐渐形成了刀法细腻、构思严谨的个人剪纸风格。他能在5cm长的纸上并排刻出142刀70余条人的胡须，能在$2cm^2$的纸上剪出6个人像。他的剪纸作品有仅长3.6cm的《地戏脸谱》藏书票，也有长7.2m的《清明上河图》和长14.2m的《五百罗汉图》等近百件，每一件作品都充满诗情画意并凝聚了时代气息。

表现了136个地戏脸谱和红岩天书的剪纸作品《地戏脸谱》获全国教师美术书法竞赛一等奖；以表现六盘水长角苗风情的《夜郎情话》获中国（武汉）剪纸艺术大赛银奖；《地戏脸谱》获中国第

图 10-29 人像剪纸作品

图 10-30 为茶产品创作的民俗类剪纸作品

第十章——茶文篇

285

八届艺术节剪纸大赛银奖;《苗女迎盛世》获中国剪纸展金奖;《母爱》获中国剪纸展金奖。2009年11月他获得了全国"十大神剪"称号,正在创作100件旗袍和100个中国文化元素组成《中国旗袍》系列剪纸作品(图10-29、图10-30)。

二、茶叶包装与盘州"大洞竹海"古法造纸

1967年,在政府引导下,盘县老厂(今盘州市竹海镇)开始种植茶叶。

1968年,老厂石门坎村建成茶叶加工厂,成为六盘水市最早的茶叶加工厂。

1970年,六盘水从福建请炒茶师来到盘县老厂,授教手工炒制"条条茶",当地人也称"砖茶"。据盘县老厂当地人回忆,那时"砖茶"用的外包装纸,就是盘县老厂本地的传统手工纸。不仅如此,盘县老厂传统手工纸作为茶叶包装纸还曾卖到毗邻的云南部分地区(图10-31、图10-32)。

盘县老厂原名老纸厂,地处盘县东南部70km处,海拔1500~2133m,满山遍野覆盖着茂密的灰竹林,连片竹林面积达2.5万亩,是六盘水唯一的竹林成片区,有"万亩竹海"之美誉。

图 10-31 古法造纸

图 10-32 古法造纸工艺

300多年前,盘县老厂境内袁、董、钟等姓的祖先为了生计,开始种竹子,并从湖南、四川等地引入灰竹、金竹等。以手工作坊造纸为生的董、彭、欧阳、李等姓氏迁入繁衍生息。过去,这里沿用古老的"蔡伦造纸法",以当地灰竹竹麻为原料生产的手工毛边纸,产品销往四川、云南等地。在20世纪70—90年代,境内造纸业兴旺发达,靠造纸为生的占90%以上。1980年以前,当地传统手工纸曾出口东南亚部分国家。

盘县老厂手工造纸的整个操作流程非常复杂,民间有"七十二道程序、还差一口气"之说。手工造纸作坊遍布镇内,现在成为一种人文文化景观。此工艺2007年被贵州省政府列为第二批省级非物质文化遗产名录。至今,当地人将这一古老的造纸工艺完好地传承下来,老厂因悠久的造纸历史和传统的造纸文化而得名。

三、水城农民画里的茶元素

水城农民画又称现代民间绘画，作者大多来自当地各民族刺绣、蜡染、剪纸、雕刻能手之中。创作人以自身掌握的民族民间艺术为创作源泉，以当地民风民俗、生产生活、自然风物、喜庆游乐为题材，勾勒出一个无拘无束的艺术世界。

水城农民画的内容大多形式以变形夸张、寓意象征为主要表现手法，构图上以概括装饰为主，色彩上或浓烈、或淡雅，常于粗狂古拙中见奇巧，简明轻快中透含蓄，具有强烈的民族特色和地域特点。

2008年11月水城被文化部授予"中国民间文化艺术（绘画）之乡"称号。2006—2012年多彩贵州旅游商品大赛中，水城现代民间绘画连获省、市大奖，再次引起美术界和旅游界瞩目。

为让民间艺人和民族工艺大师充分利用所掌握的技艺，带动当地村民生产加工出产销对路的民族工艺产品，让民族文化更好地助力脱贫攻坚，2019年6月19日，六盘水市文化广电旅游局、六盘水市民族宗教事务委员会联合举办了第一届"十佳民间艺人"暨"民族工艺大师"评选活动，经专家认真评选、充分研究评议，熊师提精心构思，以苗族同胞采茶、制茶、饮茶为创作主线精心创作了《苗家姑娘采茶忙》《苗胞古法制茶》《苗寨有茗香》茶主题农民画组画（图10-33~图10-35），熊师提成功从34名选手中脱颖而出，获评"十佳民间艺人"。

图10-33《苗家姑娘采茶忙》

图10-34《苗胞古法制茶》

图10-35《苗寨有茗香》

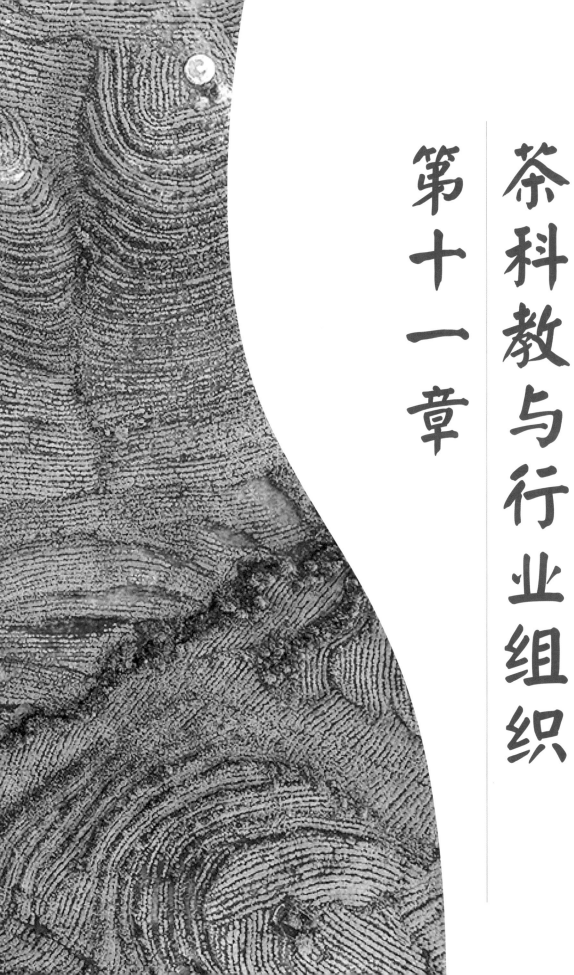

第十一章　茶科教与行业组织

据可考证的资料表明，六盘水市境内茶科教与行业组织最早可追溯至1913年。民国时期，六盘水市境内已经有桑蚕事务所、农事试验场、农事站等茶科研和茶业管理方面的官方机构。

当代，与六盘水茶产业发展同步，六盘水茶科教与行业组织不断兴起，既有专业的茶科研机构、茶教学方面的院校，还成立了茶叶协会，成为六盘水茶产业发展的"助推器"。

第一节　近代市境茶事管理机构

民国时期，郎岱、盘县、水城3县兴办过一些小型农场，有公办，也有私办。其中，水城县于1913年在城关东郊校场建立的农事试验场和1917年在场坝成立的桑蚕事务所均种有茶园。

1913年，水城县在城关东郊校场建立一个农事试验场，有土地40亩，提供种荆桑，并辟有苗圃及茶园，有管理员1人、技师1人，工人系临时雇用。建场初期播种荆桑数万株。1944年，桑树所剩无几，仅有核桃5亩520株，漆树5亩430株，板栗5亩230株，茶树5亩350株。民国末年，桑园已不存，果树仅存核桃、梨、花红、桃等数十株，茶园尚3亩余。新中国成立后，由政府接管，改建为县国有农场。

1917年，水城县成立桑蚕事务所，有管理员、书记、杂役各1人。事务所设于场坝忠烈宫右厢房内，经费无定额。不久，桑蚕事务所更名为农事站。1927年成立建设局，设在观音庙右厢房内。1944年建设局撤销，另在县政府内增设建设科，管理农业生产和交通。建设科下设农业推广站，在校场辟有苗圃，培育果树苗、茶园。

第二节　当代六盘水茶科教与行业组织

一、六盘水市农业科学研究院茶叶研究所

六盘水市农业科学研究所于2011年10月组建，2014年5月21日更名为六盘水市农业科学研究院，设科研管理科、粮油作物研究所、生物技术研究中心、果树园艺研究所、茶叶研究所、畜牧水产研究所。2015年申报成为贵州省农业科学院六盘水分院。

六盘水市农业科学研究院现有112亩科研基地，其中六枝特区岩脚镇102亩综合科研基地，内有科研设施大棚1440m²、科研用房390m²；茶叶研究所建有茶叶加工房50m²，配备了炒锅、发酵机、烘焙机等加工设备，满足常规茶叶生产试制的需要。

茶叶研究所自2014年建所以来，着力解决全市茶产业发展的共性、关键技术难题；

围绕着"提档、增量、全利用"提升茶业科技服务水平；加快传统茶产业向现代茶产业转型，支撑和引领全市茶产业全面提升。

（一）建设茶树资源圃

为了丰富全市的茶树种质资源，引进或选育一批适宜在全市茶区推广的优质、特异和具有特色的品种，并通过品比试验和筛选，将之作为全市茶区的搭配品种或储备品种，从而使六盘水的茶树品种资源更加丰富，良种化进程也能得到进一步提高（图11-1）。

2018年在六盘水市农业科学研究院六枝岩脚综合科研基地建成了占地4亩的茶树资源圃，进行"凉都高山茶"茶

图11-1 对贵州大学茶学院的实习生进行审评指导

树新品种引种试验研究，品种主要是来源于浙江、福建、广东、湖南的保靖黄金茶1号、楮叶齐、浙农902、惠明白茶、中黄一号、郁金香、金萱、紫娟、台茶18号、台茶28号、大乌叶单枞、奇种、白瑞香、祁门群体种、英红9号等17个国家茶树良种、省级茶树良种以及茶树新品种。

科学的管理模式是茶树持续优质、高产和高效的基础和前提。从全市新建茶园来看，新建茶园管理粗放，不仅成园慢，而且成园后产量难以提升，茶树未老先衰。以茶资源圃起点，开展新建茶园幼龄期管理模式和树冠管理模式研究，采取边研究边应用的方式，开展新建茶园优化管理模式探索，完善各项技术要点和参数。

图11-2 将茶园绿肥直接埋青作肥料

茶园绿肥是种植在茶园行间作肥料用的作物，有增加土壤有效成分，改良土壤、防止水土流失、夏季遮阴、冬季保温防冻等作用。在茶园间作绿肥时不误农时，适时播种；

不碍茶树，合理密植；茶园绿肥利用方法，直接埋青作肥料。发展茶园绿肥，是自力更生解决肥源，提高土壤有机质的重要途径（图11-2）。

幼年期是茶树生长非常旺盛的时期，可塑性较大，必须抓好定型修剪，以抑制其主干向上生长，促进侧枝生长，培养粗壮的骨干枝，形成浓密的分枝树型。在茶树幼年期还要做好各种灾害防护措施。此时的茶树的各种器官都较幼嫩，特别是1~2年生茶树，对各种自然灾害（如干旱、冷冻、病虫害）的抗性都较弱，要注意保水、覆草及病虫害的防治（图11-3）。

图 11-3 茶园进行定型修剪和观察记载

通过茶资源圃的建设，可提供优质、特色的名优茶原料，开发特色名优茶，丰富全市名优茶产品，提高六盘水茶叶的核心竞争力，使名优茶生产得到可持续发展。实现茶农增收，增加茶叶产业经济效益（图11-4）。

图 11-4 品种细节照片

（二）茶园管护及茶叶生产指导培训

围绕茶叶品牌标准化建设、茶园管护及茶叶加工技术等相关内容进行多形式的培训。从加强茶叶技术服务，到实地指导茶园管理、到生产车间指导清洁化加工生产，确保工艺稳定提高。同时在日常的科研工作和项目实施的过程中，逐步组织培训和技术储备，建设出一支本土的擅长茶园科学管护、生产加工、产品营销、文化宣传等，具有实战经验的技术团队来进行全市的茶叶科技研发、技术创新。

深入茶农、茶叶合作社、茶企，提供茶园管理培训指导和技术服务。强调茶园的肥水管理，在采摘春茶和夏秋茶前进行施肥、灌溉、中耕除草，以提高鲜叶质量与产量；加强病虫害防治工作，要及时了解病虫发生情况，选择综合防治方法，做到及时、准确、经济、有效地防治病虫的危害；加强秋冬的茶园管理，做好修剪、深耕施基肥、清理茶园、封园前管理（图11-5）。

图11-5 指导茶园培养树冠

独特的地理环境决定了茶树独特的品质，要加工生产出独具风味的茶叶产品必需根据茶青的品质特征进行不同加工技术的处理，才能获得最佳的品质。为进一步提高全市茶叶加工技术水平，提升茶叶品质，增强茶业的市场竞争力，在生产上针对企业普遍存在的名优绿茶干茶不绿、外形不完整、生青味过重、滋味没有特色等问题，提出严格控制采摘标准、适当延长摊凉走水、提高杀青温度、干燥提香技术等解决方法，从茶叶加工原理、绿茶红茶的品质形成及标准、绿茶红茶加工技术、各类茶的感官审评技术等进行仔细的讲解，并带领企业员工进行实践。为了传播传统茶文化，还进行了手工制茶培训，从采摘、摊晾、杀青、揉捻、干燥等手工制茶工序作了讲解和示范（图11-6、图11-7）。

图11-6 培训春茶采摘技术

图 11-7 指导茶叶生产

（三）茶叶品质提升研究及生产创新研究

　　发挥茶叶科研团队的集体力量，进行茶叶产品质量标准的制定和控制，栽培模式的绿色化、精细化研究，产品多样化的研发，茶叶深加工的转化研究，茶叶产业的发展探索等。针对六盘水市绿茶和红茶的生产大多是从江浙和福建一带学习引进逐步形成的实用加工工序，没有形成一套规范性的加工技术规程，近几年茶叶科研团队着重进行茶叶品质关键技术提升和提高夏秋茶利用率的研究，目的是总结出最佳生产工艺并组建清洁化加工示范生产线，生产出独具高山特色的优质茶产品，进一步打造出黔茶知名品牌（图11-8）。

　　用科学技术分析六盘水高山茶的品质特征，总结出六盘水茶叶品质特色，引导六盘水高山茶做好品牌定位、宣传。同时分析六盘水气象要素、土壤条件、环境因子与六盘水茶叶品质的形成相关性，凝练六盘水市特有的生态资源、区位优势，提出六盘水高山茶叶科学合理的栽培措施，以及优质高效生产技术措施。在全市确定茶区观察点6个，盘州沁心茶场和六枝双文、朝华茶场、水城杨梅、龙场、科学茶

图 11-8 茶叶科研团队进行样品分析测试

场，对茶树生育期进行观察记载、取样试制、以及生化分析（图11-9）。

　　为丰富六盘水市的茶叶生产种类，进行白茶、黄茶、乌龙茶、黑茶的加工技术研究和储备。同时在传统产品的基础上进行创新，使产品更加丰富，比如：在传统的六大茶类的加工过程中进行融合创新，生产具有各种天然花香的红茶、绿茶等（图11-10）。

图 11-9 茶叶科研团队进行生产试制

图 11-10 茶叶科研团队生产试制的含笑花茶

　　结合六盘水优势资源进行创新，从2015年开始连续4年对含笑花茶（绿茶）加工工艺进行探索。运用传统方法、连窨方法和增湿连窨3种窨制方法，对含笑花茶进行了试制，并结合生化分析和感官评审，初步探索出了含笑花茶加工工艺，并撰写文章《不同加工工艺对含笑花茶品质的影响》发表于《中国茶叶加工》2019年第1期。2020年，继续针对不同方法、不同等级、不同外形，对含笑花香进行了技术上的新探索，希望早日运用于生产加工中，进一步提升茶叶附加值和市场竞争力。

图 11-11 茶叶科研团队生产试制的玫瑰红茶

2017年开始对玫瑰红茶加工工艺进行探索，经过近3年的研究，开始了利用玫瑰花与红茶相结合的生产加工创新研究，改善了六盘水红茶甜、香，但滋味薄的问题，现正在申请国家发明专利，将再继续探索生产实践的验证。玫瑰花可在适应种植区域进行大面积种植和加工成干花，再运送到各茶厂进行不同级别的玫瑰红茶的加工，可同时促进2个产业的发展（图11-11）。

2017年申请获得授权实用新型专利1项——"一种红茶发酵装置"。特别适宜红茶的少量加工，红茶加工教学示范以及茶科研单位的红茶科研试制。采用传统的竹编框体作为主体，利用其材质安全、透气、轻便的特性，配套发热灯源、加湿器、温湿度传感器、控制器等，来控制框内的温度、湿度，以满足红茶加工中发酵这一关键步骤所需的温度、湿度、氧气含量，可以方便不同季节，不同地点试制生产红茶，不需要再对发酵环境进行要求和改变。同时，在发酵过程中，可随时观察茶青在发酵过程中的变化，便于对试制过程中的温度、湿度以及茶青变化程度的记录，有利于红茶加工过程的控制和研究（图11-12）。

图 11-12 专利证书

（四）开展古茶树资源调查和利用研究

古茶树是一种珍贵的茶树资源，为了探明水城县蟠龙镇古茶树资源情况、生化成分和适制性情况，对古茶树资源进行调查和利用评价，为合理开发利用古茶树资源、优良新品种选育，促进茶叶产业的可持续发展奠定基础，同时提出古茶树资源保护的意见，提高农户对古茶树的保护意识（图11-13）。

首先收集古茶树分布信息，对有代表性老、古茶树进行GPS定位、实地观测古茶树生长情况，选择具有代表性、树龄较大的古茶树进行标记，通过照相、编号、挂标志牌，建立古茶树档案资料（图11-14）。

对具有代表性、树龄较大的古茶树对树体、树高、芽、叶、花、果、种子、发芽率、百芽重等植物学性状特征进行观察记载，并取样理化分析（图11-15、图11-16）。

图 11-13 水城县蟠龙镇古茶树

图 11-14 古茶树挂牌标记

图 11-15 观察记载古茶树植物学特征

图 11-16 对古茶树进行调查、记载和取样

 对古茶树鲜叶进行了绿茶、红茶、白茶、创新茶等试制。制得绿茶滋味浓厚，花香显、耐冲泡，不显毫；采用古茶树1芽2叶制作的红茶效果不明显，没有突出特点。采用1芽1叶和1芽2叶试制白茶，从审评结果来看，白毫稍显，花香显、耐冲泡。采用鲜叶碰青、杀青、揉捻、厌氧发酵等工序进行创新茶的试制，从审评结果来看，所制茶叶兼具绿茶的清香、乌龙茶的花香、红茶的甜润等优势（图11-17）。

图 11-17 采样试制

（五）加强对外合作交流和产学研深度结合

　　坚持科技创新与成果应用相结合，作为科技的桥梁，上联系中国农业科学院茶叶研究所、中华全国供销全作总社杭州茶叶研究院、贵州省农业科学院茶叶研究所等科研权威单位，下联系茶企、合作社、茶农，解决疑难问题，扩展发展思路，获得更多、更有效的科技支持。加强与贵州省农业科学院茶叶研究所、贵州大学茶学院、茶叶企业等的合作，解决当

图 11-18 时任贵州省农业科学院党委副书记、院长赵德刚（右三）一行到六盘水调研古茶树资源情况

地茶产业发展中存在的实际问题、提供技术服务，促进科研成果转化（图11-18）。

　　先后与贵州鸿森茶业发展有限公司、盘州市民主沁生态茶叶种植农民专业合作社、水城县南部园区管理委员会确定了合作协议，通过科技支撑、项目拉动、合作研究、资源整合、技术培训、人才培养与交流等形式，提高茶叶种植和生产加工水平。

　　积极与水城县气象局进行特色农业专题气象服务。为打造以保障茶产业发展为主的关键农事季节全过程专题气象服务，2019年1月以来，编制填报水城茶树生育期（春茶）情报专题。

二、六盘水职业技术学院

　　六盘水职业技术学院坐落于中国凉都——贵州省六盘水市，校园青山环抱，空气清新，伫立在美丽的梅花山麓德坞湖畔。是一所经贵州省政府批准，教育部备案的全日制公办高等专科院校（图11-19）。

图 11-19 六盘水职业技术学院

图 11-20 举办茶产业实用技术培训

学院设置了医学、护理、财经、商务管理、生物工程、工业、社会科学、信息工程8个教学系单位，开设煤矿开采技术、康复治疗技术、会计电算化等50个专业。现有全日制在校学生8000余人；教职工462人，其中副高以上职称教师116人、省级职教名师2名。

2013年，为服务地方经济，学院结合六盘水产业结构调整实际，开设了"茶叶生产与加工"专业（图11-20、图11-21）。

图 11-21 茶专业教学

六盘水职业技术学院投入近50万元为茶叶专业建成100m^2的茶叶审评实验室，100m^2的茶叶加工实验室，100m^2的茶艺室和1亩校内实训地。

至此，六盘水职业技术学院学科结构中有了茶学，课程中有了茶课，校园有了茶园。

2013年，为盘州市提供了中职订单人才培养，共培养29名毕业生。2014年，《关于农业特色产业发展"3155工程"的实施意见》的出台，推进了六盘水茶产业跨越式发展。同时，也为六盘水职业技术学院"茶叶生产与加工"专业带来了新的发展机遇。

2016年，在六盘水市首届职工职业技能手工制茶大赛中，六盘水职业技术学院学生王祥同学获"三等奖"，王桂芹同学获"优秀奖"。2019年，在六盘水市职工职业技能手工制茶大赛中，王祥同学获"一等奖"。六盘水职业技术学院茶叶生产与加工专业毕业学生在服务当地经济社会发展过程中开始崭露头角。

2018年，该专业更名为"茶树栽培与茶叶加工"，并于同年实现高职招生。

在2019年"水城春杯"贵州省第二届评茶师职业技能大赛中，教师曾军荣获"三等奖"。

六盘水职业技术学院茶树栽培与茶叶加工教学团队教师还积极投身到全市脱贫攻坚工作中，为盘州市民主镇机密村，水城县保华镇、勺米镇、玉舍镇等开展"新型农民职业培训"，为钟山区大河镇周家寨、大地村、大箐村、裕民村等开展"一户一技能"的茶产业发展实用技术培训。

三、六盘水市茶文化研究会

六盘水市茶文化研究会成立于2019年4月，由退役军人邓国志先生个人捐资3万元，联合六盘水市18家企业组成会员单位代表、37名个人组成个人会员代表注册成立。是以六盘水市农业农村局为指导单位，在六盘水市民政局民间组织管理局登记注册的合法市级民间组织机构。按照六盘水市茶文化研究会章程，经第一届一次会员代表大会选举，大会投票表决，选举邓国志先生为六盘水市茶文化研究会第一届会长，任期5年（图11-22）。

图 11-22 六盘水市茶文化研究会召开座谈会

六盘水市茶文化研究会为了更好地开展全市茶文化研究工作，在贵州柒榛管理集团的援助下，斥资100万余元打造了六盘水市茶文化研究会的实体平台——凉都茶文化博览馆。凉都茶文化博览馆地处古朴、典雅的水城古镇，博览馆建筑700m²，纯木材料建设的姊妹楼、古式中央庭院，使得博览馆生机盎然。三层半高的两栋连体楼在水城古镇里显得格外安静和雅致。大门两侧的对联写着"茶和天下凉都迎贵客、文以载道盏中品真味"，茶的"和""雅"文化与凉都人民的热情溢于言表（图11-23）。

图 11-23 凉都茶文化博览馆外景

走进博览馆，首先映入眼帘的是长3m多、高1m多的印着"中国凉都茶文化博览馆欢迎您"字样的屏风，中厅里摆放着两张杏黄色的实木黄花梨座椅，中间镶嵌一张方形的小茶桌，可以坐在这里品茗、合影留念。四周的墙面上，分别讲述着凉都茶文化的故事与贵州的茶事，陈列柜里同时也展示着贵州好茶。

侧面为前台接待大厅，古色古香，同时展示着手工制茶器具，墙角茂盛的绿萝装点屋内的生机。来到中央庭院，潺潺的水流声、嬉戏的鱼……可以在这里弹琴、品茶或者舞上一曲。

走向里面的屋子，茶文化在这里蔓延生长，茶艺及传统文化交流兼用的学堂。走上二楼，可以在这看到来自国家保护的非遗物质文化遗产，有烤茶，有来自贵州民间的特色茶器，有浙江青瓷大师烧制的龙泉青瓷（蒋同磊老师制作）、江苏宜兴的紫砂、云南建水的紫陶等，同时展示有中国的六大茶类，茶文化和茶在这里交融生长。三楼，大家可以在这里以茶会友，特设六人茶席、禅茶席、盖碗茶席。共同交流、承传和发扬茶文化。右面是琴音室与书画室，每到一处，都经过精心安排和布置，向来宾朋友展示着六盘水的茶文化。

凉都茶文化博览馆以对外展示六盘水市茶文化为己任，从建成开馆以来推介六盘水茶文化的步伐从未停过。

2018年8月5日，凉都茶文化博览馆建成开馆。六盘水市相关领导，云南省民族茶文化研究会、贵州省茶文化研究会有关负责人出席开馆仪式。五六百名好友及观众齐聚凉都茶文化博览馆，共同见证了这具有历史意义的时刻。

图11-24 "2018年贵州秋季斗茶赛" 六盘水分赛场

自2018年开馆以来，凉都茶文化博览馆先后策划、组织、举办了30余场次活动，举办"六盘水市首届高级茶艺师研修班"，培养了18名国家高级茶艺师。2018年举办了系列茶事活动，如8月17日（七夕），举办近代中国著名思想家熊晋仁传统文化讲座；8月18日，小草音乐艺术中心《弹琴》第十一期访谈；9月1日，访问黔南州"欧标"大型茶企业；9月7日熊晋仁老师第二期传统文化讲座；10月3日，访问神秘"夜郎谷"；10月7日，国家直笛一级演奏家严启端

图11-25 "中国非遗书画（六盘水）交流会"

老师于凉都茶文化博览馆见面会；10月12日，国家工艺美术师、北京书画艺术研究院院长刘学亮老师前来调研工作；10月17日（重阳节），组织"三线精神代代传"慰问"三线建设"老人们活动；10月18日，市文联主席前来馆里指导工作；10月22日，调派6名茶艺师参加省里举办的茶艺师大赛；11月10日，应六盘水市农业委员会工作指示，承办2018年秋季斗茶赛六盘水分赛；11月17日，举办中国古典吉他演奏家余清平老师吉他音乐交流会（图11-24、图11-25）。

2019年，凉都茶文化博览馆大事喜事多。5月，出访开封市文化客厅，达成六盘水绿茶产业供应框架，签约200万元茶叶订单；9月，举办为期3天的"中国非遗书画（六盘水）交流会"；10月，出访大连市茶业协会，达成双方友好互访。

2020年4月14日，凉都茶文化博览馆承办贵州省斗茶大赛六盘水分赛；4月23日，举行"华创证券六盘水分公司茶文化研习会"；5月29日，举办"六盘水市山地运动协会茶艺文化公益培训第一期开班"，诗词赏析交流会、读书沙龙会等。

凉都茶文化博览馆坚持上午9点开馆，下午6点闭馆，节假日轮休的工作制度。多次组织讨论"茶文化促进茶产业经济发展"的方法和途径，积极探索促进六盘水市茶文化发展之路。

六盘水市茶文化研究会不断加强与周边地区的交流，先后与遵义市茶文化研究会、贵阳市茶文化研究会、安顺市茶叶产业协会、盘州市部分茶馆建立良好的合作；接待了东南亚国家前来访问六盘水市的领导人。目前，六盘水市委统战部将凉都茶文化博览馆列入"新的社会阶层人士联络点"，凉都茶文化博览馆始正不断努力奋进，践行"新的社会阶层人士"所肩负的新的历史使命。

与此同时，六盘水市茶文化研究会积极响应并参与到脱贫攻坚工作中来，与水城县住武社区签订帮扶框架，助力易扶搬迁点"智志双扶"与"五个体系建设"。

六盘水市茶文化研究会以其昂扬的姿态致力于六盘水市茶文化研究与发展，努力为六盘水市茶文化建设与发展再创佳绩。

四、水城县茶叶协会

水城县茶叶协会，是经六盘水市水城县科学技术协会批准同意，于2010年9月8日按照《社会团体登记管理条例》的规定提交申请登记。时任会长沈建黔，副会长李西安，理事成员单位和成员共57个。因水城县茶叶协会会长兼法人沈建黔同志于2012年3月19日任水城县招商局引资和投资促进局局长，无法兼顾茶叶协会的工作，辞去会长及法人职务。2012年7月20日经协会常务理事会研讨决定，由何瑞彬同志担任水城县茶叶协会会长及法人职务。

协会地址位于六盘水市黄土坡办事处向阳北路安居工程七号楼。协会共有单位会员

3家，分别是水城县茶叶发展有限公司、六盘水金山银林生态农林产业开发有限公司、水城县黔春茶场，个人会员54人。

自2010年9月茶叶协会成立以来，按照水城县茶叶协会章程开展工作，积极发展水城县茶叶产业事业，2013年在杨梅乡、龙场乡、顺场乡、纸厂乡、保华乡、蟠龙乡、比德乡、米箩乡、南开乡、果布戛10个乡镇建茶叶园面积26000亩。整个茶叶产业发展全程按项目化模式进行管理，加强茶叶园产量的验收标准化，以提高全县茶园建设的整体经济效益。

2018年11月，由张锟同志担任水城县茶叶协会会长及法人职务。

五、六枝特区茶业协会

六枝特区茶业协会，是经六枝特区农业局、六枝特区民政局批准同意，于2005年8月16日按照《社会团体登记管理条例》的规定提交申请登记。时任会长罗伟，理事成员单位共36个。六枝特区茶业协会于2013年11月召开选举大会，选举苏正伟任会长及协会法人，名誉会长安长辅，秘书长罗浩。协会地址位于六枝特区银壶街道办明远大酒店三楼。协会共有单位会员36家，在六枝特区境内注册的茶企均为协会成员。自2005年8月协会成立以来，按照章程开展工作，积极发展六枝特区茶叶产业事业，2013年在大用镇、木岗镇、落别乡、新窑乡、关寨镇、郎岱镇、中寨乡、毛口乡、龙场乡、新场乡、牛场乡等10多个乡镇建茶园面积10万余亩。整个茶叶产业发展全程按项目化模式进行管理，加强茶叶园产量的验收标准化，以提高全区茶园建设的整体经济效益。

六、六枝特区职业技术学校

2014年，六枝特区职业技术学校旅游服务与管理专业申报成功，并将茶文化课程纳入教学，开设"茶艺"课程。

2018年，学校建成旅游服务与管理专业实训基地，扩建了茶文化课程专用教室——茶艺室，可同时供40名学生上课。开设茶艺课程教学内容涉及：泡茶技法与茶艺表演、茶叶的加

图11-26 茶艺技能大赛

工制作、茶文化与健康等知识，使学生掌握茶叶的加工制作、茶艺的基本要素及泡茶的

基本技法，能够结合所学的知识开展其他茶类的茶艺展示，培养学生的艺术感知、创作及欣赏能力，提高学生的审美修养。学校开设有茶艺社团，让更多的学生喜欢茶艺，学习茶文化及茶艺技能。在学校和对外的各种大型活动中，都有专业学生和社团学生进行茶艺表演，传播茶文化（图11-26）。

学校每个学期都要举行旅游专业学生茶艺技能大赛，比赛从茶式礼仪、茶艺表演、茶席设计等方面进行。通过技能大赛和各种活动，以茶载道，弘扬中华茶文化，倡导了健康生活，提升了学校学生的综合素质，团队合作精神，展现了学生的创新能力，通过技能竞赛积极推进了学校与企业的深入合作。学校与贵州鸿森茶业发展有限公司合作，建立了旅游服务与管理专业校外教学实践基地，进行有效的实

图 11-27 茶专业教学场地

践课堂校外上的专业特色，专业师生每年的3—4月到茶企进行实践课堂的教学，对茶叶的种植、采摘、加工和包装进行实践学习，真正做到了校企深度融合（图11-27）。

学校旅游专业教师全部取得茶艺师资格，其中1名取得高级茶艺师资格，126名学生取得茶艺师资格。

第十二章　茶旅篇

近年来，六盘水市依托自然、生态、气候和地域文化特色资源，以国际视野和国家战略高度为出发点，深入推进全域旅游发展，全力打造具有示范意义的大健康山地国际休闲度假旅游目的地。

农旅一体化，成为全域旅游发展中的又一亮点。六盘水市依托秀美的茶园风光和多彩的民族风情，打造新的增长点，积极推进"茶旅一体化"发展。建成了与中国农村"三变"改革发源地舍烹村毗邻的真龙山茶旅一体化景区、水城县茶文化产业园（白族风情园）等，通过茶旅一体化发展，进一步丰富了凉都旅游的形式和内涵，同时，也通过凉都旅游促进了茶产业提质升级发展（图12-1）。

图 12-1 六盘水茶旅分布示意图

第一节 六枝特区茶旅指南

一、"零距离接触'植物黄金'+茶叶研学+DIY炒茶+泡龙井温泉+黄果树瀑布上游养心"——与贵州鸿森相约一场茶叶研学休闲养心之旅

贵州鸿森茶业发展有限公司地处洒耳景区内，距举世闻名的黄果树瀑布仅十余千米，风光之美，美在天然，大自然以其鬼斧神工、精心雕琢，使这里集中了无数奇山丽水，在方圆十多千米的土地上形成了"瀑布成群，溶洞成串，星潭棋布，奇峰汇聚"的自然景观，是理想的休闲旅游之地。1995年3月，贵州省政府将这里命名为省级风景名胜区。

鸿森茶叶种植基地，周围山头植物种类多样，所构成的森林景观姿态万千、色彩纷呈，具有一定的稀有性、典型性和代表性，不仅具有很高的艺术观赏价值和康娱保健价值，而且具有较高的生态科研价值。一片片森林在一座座青山的坡面、陡崖、峰巅上演绎着生命的顽强和不息。多种景观复合镶嵌构成一幅浓淡相宜的宜人画卷。穿洞一带，松树树干通直，苍劲挺拔，树枝繁茂雅致，冠形挺拔，颇具刚直不屈的气概。漫步林中，

图 12-2 鸿森茶场

踏着富有弹性的枯落松针层，闻着林内飘散的松香，沁人心脾（图12-2）。

茶叶种植基地的云雾景观，以雨后初晴、晴日黎明之雾景最为壮阔，每当此时，登上高耸的山巅远望，云蒸霞蔚，絮云涌聚，茫夕云海如绢纱缥缈，峰尖白云缭绕，谷中薄雾傍山，茶场好似披上了缥缈的轻纱，若隐若现，幻化成天宫妙景，身临其间，如至仙境，让人心旷神怡。

基地位于低纬度、高海拔区域，因宜茶面积大，生态环境良好，所出产的茶叶清香翠嫩，色泽诱人，具有绿色、生态、干净、健康的特点。2014年10月，鸿森茶业公司被六盘水市农业科学研究院茶叶研究所列为全市首家茶叶品质提升研究试点企业。到这里，还可以体验茶研学社会实践活动，不但可以参加采茶培训和实践操作，还可以到制茶工厂参观并亲手炒制茶叶。

老茶园基地里，可以一睹难得一见的"植物黄金"——铁皮石斛。铁皮石斛是一种非常名贵的中草药，素有"千金草""植物黄金""救命草"和"石斛万金"之说，因为培育困难、产量极低而十分昂贵。唐代名学经典《道藏》更是将铁皮石斛列为"中华九大仙草之首"，具有增强体质、明亮眼目、润养肌肤、延年益寿、提高人体免疫力等功效，可以煮水、干嚼、浸酒服用，一直被人们视为珍品。

贵州鸿森茶业发展有限公司把铁皮石斛附种在茶树上，让它们达到双重效果，铁皮石斛吸收了茶叶的一些成分，茶叶里面也吸收了铁皮石斛的一些成分。目前试种的200亩铁皮石斛已经开花，只见每棵茶树上都攀附着铁皮石斛，石斛花的外形跟兰花相似，花瓣呈淡淡的鹅黄色，花蕊柱带紫红色条纹，花形就像迷你版的蝴蝶兰，小小的繁密地点缀在绿色枝条间，煞是好看（图12-3）。

经考证，鸿森茶叶种植基地还曾是"朵贝"贡茶种植的核心区域，也是地处元、明两朝"长官""土官"种植茶叶的区域，具有深厚的历史底蕴和源远流长的茶历史文化。

第十二章—茶旅篇

图 12-3 茶园里的铁皮石斛

在鸿森茶业，不但可以实现休闲旅游的目的，还可以体验一把炒制茶叶的乐趣，同时，还能接受到悠久的茶文化洗礼。

零距离接触过"植物黄金"——铁皮石斛、体验过DIY炒茶乐趣、穿越时空感受过元朝和明朝的"长官茶""马头茶"文化、品饮过鸿森的绿色茶生态茶干净茶健康茶后，带着茶后余香，到落别龙井温泉生态度假区感受舒适的温泉泡汤，洗褪风尘仆仆的一路疲劳。若是炎热的夏天，还可以在这里来一场水上亲子之旅，畅享凉都夏天19℃之清爽。

泡过温泉后，带着惬然，即可一探举世闻名的黄果树瀑布上游之秘，地上可尽览滴水滩瀑布群之壮美，地下可感多凌溶洞群之深幽。

素有"小桂林"之美誉的滴水滩瀑布位于黄果树瀑布上游，地处六枝洒耳景区中心，总落差500m多，属典型的亚热带岩溶地形，这里形成了以滴水滩瀑布为核心、四周分布10多个独特诱人的瀑布组成瀑布群落，风格各异，气韵不凡，为游人展示出一个丰富多彩的神秘世界（图12-4）。

滴水滩瀑布是黄果树瀑布源头最为壮观的瀑布，落差53m、宽40m，

图 12-4 滴水滩瀑布

滴水滩面积约1000m²多。瀑身两旁树木林立清幽寂静、急湍的水流犹如一条白色的巨

龙掩映在绿树丛中，突然翻滚着从数十米高的断崖上咆哮奔泻而下。若站在滴水滩岸上昂首仰望，它仿佛是银河的一条分支，顶端与蓝天相连，闪烁着五彩阳光的晶莹水珠从空中一泻而下，滔滔水声震彻山谷。若春夏之交前去观赏，可见房屋般大的巨浪在碧绿的滴水滩上空扯成千万朵盛开的白莲，上有七彩缤纷的长虹，仿佛神话中喜鹊在天河上为牛郎和织女架起的彩桥。临近日落，黄昏的瑰丽更美好，夕阳洒在瀑布顶端，犹如云河缓缓降临，飘起一团轻岚，可谓流光溢彩，赏心悦目。

在这青山绿水间，静观绝美瀑布，静听流水鸟鸣，静品流年韵味，让心静下来。

完成了滴水滩瀑布的养心之旅，即可前往一个位于地表之下的更安静的地方——多凌洞，在洞天福地里感受凉都喀斯特地貌的巧夺天工之美。

多凌洞距六枝特区落别乡政府驻地约5km。洞口开在多凌一座山腰部，洞内共分4层，全长约12km，最短的分支洞可达3km，最高层和最低层相差80m多，洞内有一个主洞和10个支洞，主洞在可测地段的1500m的长度内，几乎平展，支洞纵横交错在主洞之间，或上或下，或左或右，错综复杂，形成地下迷宫，洞内宫厅有90多个。多凌洞岩溶发育较好，洞内石笋、石幔林立，石浮、石花、石柱奇形怪状，千姿百态，具有较高的地质考察价值和旅游价值。

在静中养心，在闹中悦情。饮过饱满清香的鸿森茶，泡过"浴罢恍若肌骨换"的龙井温泉，赏过优美的自然风光，就可以去布依山寨体验布依人家的热情舞蹈了（图12-5）。落别坝湾一带的布依山寨，在语言、服饰、民间文化、挑花、蜡染、织锦、节日、礼仪等方面都保持了传统的布依习俗及文化风情，具有浓郁的地方特色。每当客人到来，身着艳丽盛装的布依姑娘手捧葫芦向客人敬上醇美的"老根酒"，并表演富有地方特色的

图 12-5 落别布依风情

《竹筒舞》《铙钹舞》《花包舞》等布依民间舞蹈，给游客留下美好而深刻的印象（图12-6）。

路线：

从六盘水南收费站→都香高速→102省道→六枝特区落别乡牛角村鸿森茶叶研学和旅游休闲基地。

图 12-6 落别布依姑娘

二、"品富硒茶神韵+赏云雾茶山美景+听洒志农场旧事+寻夜郎故地文化+访牂牁江之古老神秘"——九层山休闲观光旅游茶场等您来！

在九层山茶场，既可以饱览云海中九层山茶园若隐若现的美景，还可以细尝"九层山"富硒茶的神韵。在这里，循着原洒志农场的旧址，探寻一个时代的故事。同时，还能就近前往旅游胜地"云上牂牁""凉都小海南"——牂牁江，探访古老神秘的夜郎故地。立足原洒志农场，九层山茶场快速发展到连片5000多亩种植面积，地处1600m的高海拔上，与九层山国家森林公园紧紧毗邻，全年气候温和，雨量充沛，辐射能量低，茶场下方是牂牁江，受这种河谷气候的影响，九层山常年云雾缭绕，产区内自然优势突出，生长环境土层深厚肥沃，土壤里富含人体需要的硒等微量元素，茶叶含丰富的有机质及多种矿物质，独特的地理气候和土壤，成就了闻名遐迩的"九层山"富硒茶品牌。九层山扁形绿茶扁平翠绿，汤色嫩绿明亮，滋味鲜爽，嫩香持久。珠形茶成品外形颗粒紧结重实、色泽翠绿油润，茶汤浅绿清澈，滋味浓厚甜润，香气鲜纯浓郁。2017年12月8日，"九层山茶"获国家地理标志产品保护（图12-7、图12-8）。

图 12-7 九层山茶场

品着九层山的茶，遥望老王山月亮洞，一个个美丽的传说，随着茶香弥漫开来。

图 12-8 九层山茶场采茶盛景

据说夜郎王为了选一个有一百座山的地方建造国都，来到九层山察看，他边看边数，可是数来数去，只数出九十九座山，实际上他把自己脚下的那个山头漏掉了。为此，夜郎王感到失望，当即和他的王公大臣们商议，决定将都城建在牂牁江畔，并按照金、木、水、火、土"五行"建了5个卫星城。金城在毛口（即牂牁寨）；木城在郎岱，为夜郎的前名；土城在盘州市（即盘州市的土城）；火城在火炕（即六枝特区中寨乡的火炕村）；水城即现六盘水市中心城区的老城（图12-9、图12-10）。

图 12-9 六枝特区牂牁江

图 12-10 六枝特区牂牁江成为旅游休闲度假胜地

九层山对面是老王山。巍峨雄伟的老王山高耸于云山雾海之中，颇有虎踞龙盘之势。在老王山的绝壁上，有一个形似偃月的洞，名叫月亮洞。据传，月亮洞里葬有夜郎王、王妃的墓。老王山脚下，宽广的牂牁江，从历史的时空中奔涌而来。临牂牁江一带，地势险要、物产丰富、水陆交通比较方便，在冷兵器时代，选择这里作为都邑无疑是最理想的地方。

史学家司马迁在《史记》中曾记载，"夜郎者，临牂牁江，江广百余步，足以行船"。牂牁江，从千山万壑中奔腾而过，冲刷而成的奇岩怪石形成一道道独特的风景。牂牁江岸上的六枝特区牂牁镇，最低海拔约700m，热带季风湿润温和的气候，使这里有着热带蔗林风光的南国情调，人们把这里叫作六盘水的"小海南"。这里地势开阔，土地肥沃、盛产稻谷、甘蔗、水果、蔬菜、药草等。这里的布依姑娘，传说是夜郎王室的后裔，个个端庄秀丽，心灵手巧，刺绣、纺织无所不能。

六盘水将悠远古老的夜郎文明与雄奇壮美的自然山水相融合，在这里建成了"云上牂牁"景区，向世人再现了古夜郎的辉煌。

在九层山茶场品饮着夜郎故地上的香茗，听完有关夜郎王国的那些故事，便可动身前往"云上牂牁"景区，亲身拜访夜郎王王宫，感受老王山千米绝壁上的玻璃栈道，体验一把高低起伏的索道，乘船畅游曾传言出现过"水怪"的牂牁江，大快朵颐地饱餐一顿来自古老而神秘的牂牁江里的野生鱼。

路线：

从六盘水南收费站→杭瑞高速→都香高速→驶出都香高速→九层山茶场休闲观光旅游景点→"云上牂牁"景区。

三、"品饮有机茶＋品尝出口茶＋欣赏'金色茶海'＋追溯'打铁关'历史＋玩转'中国布依第一村'＋一睹'世界第一大铜鼓'"——到月亮河相约一场"沿河"茶旅

从远古流到现代的月亮河，滋养着两岸的人们，让人们在这里生生不息、幸福而宁静地生活着。月亮河沿岸，分布着主产具有"茶中珍品"美誉"白叶一号"和"黄金芽"的虞青茶园、主产"有机茶"和"出口茶"的六枝特区远洋茶业、主产打铁关翠芽的六枝特区双文种养殖农民专业合作社等茶园和茶企。

六枝特区月亮河乡以月亮河命名，到了月亮河乡，当然要先到虞青茶园。在这里，不管喝的是虞青白茶还是虞青黄金芽，不管是虞青刺梨红还是凉都虞美人，都是绿色食品。连片黄金芽茶园如一片金色的海洋绚烂夺目，漫步于"金色茶海"之中，色彩迷人，茗香醉人，将一幅名贵而高雅的"茶海图"尽收眼底，在忙碌之余以景悦己，轻抚因日常烦扰而疲惫的心灵（图12-11）。

图12-11 虞青茶园"黄金芽"

走出"金色茶海"，"月亮河夜郎布依文化生态园"成为月亮河沿线民俗茶旅的首站（图12-12）。山川秀丽、气候宜人、空气甜美的陇脚依山傍水，月亮河由东向西穿境而过，森林覆盖广泛，国家级非物质文化遗产"布依族铜鼓十二则"及民间歌舞彰显出浓郁的布依文化。陇脚不仅是"中国布依第一村"，还有"世界第一大铜鼓"和神秘的《布依族铜鼓十二则》歌舞表演。有着"世

图12-12 月亮河夜郎布依文化生态园

界第一大"美誉的铜鼓主鼓直径达3.6m，其鼓架总高9.99m，鼓心铸有用布依族文字书写的四个大字"夜郎布依"。旁边架着6个副鼓，其中每个直径达1.2m，腹径达1.24m、高0.85m。鼓身上共铸有794个浮雕图案以及288个布依族铭文。鼓架上铸有布依人民的图腾崇拜物蛙和新月，主鼓架在2个长1.7m、高3.7m的鸡形底座上，喻示着排鼓制作于鸡年。支架上铸有318条浮雕角纹，四条鱼龙、六条翼龙。因为在布依族传说中，犀牛是布依族的守护神，铜排鼓的四周，四只犀牛鼎列于四个角的石鼓的基座上，守护着铜排鼓。在这里，还有蒸制糯米饭、染制花米饭、包粽粑、打糍粑、黄甜酒粑、腌肉、香肠、狗肉、野菜以及糯米酒等风味独特的特色食品。山下，西流的东水环山而绕，整个长亭犹如一条蜿蜒的巨龙舞起飞扬的尾巴，昂首回望。据当地人介绍，龙山以布依族月亮阿哥与茅妹悲壮的爱情传说而得名，在龙山脊背上修建的长达666m的龙亭则恰到好处地诠释了"六盘水市、六枝特区、六月初六（布依族的盛大节日）"的含义。

体验过浓浓的布依文化，启程前往月亮河茶旅的第二站——六枝特区远洋茶业。在远洋茶业，您可以现场品饮到远销至迪拜的远洋茶，还可以与圈内人气较高的制茶师论制茶之道。

在远洋茶业品茶论道后，乘兴前往打铁关，细品六枝特区双文种养殖农民专业合作社与打铁关翠芽背后的历史和关隘茶人的故事。

滇黔茶马古道中线上的打铁关，古为兵家必争之地。古道绝壁上有摩崖题刻"岩疆锁钥"（图12-13）。这里地势险恶，古夜郎王国时代，经过这里的朝廷官员必须下马走路，因此常有强盗在这里打劫路过的官家和路人，故而当时叫打劫关。清道光年间，林则徐领旨任云南正考官赴滇。在此驻兵期间，林则徐率人冶炼铁水打造兵器，附近的村寨继承和沿袭了这一技艺，之后便称为打铁关。林则徐留有的《滇轺纪程》对打铁关作了精彩地描绘和记载。凭高踞险的打铁关头，背靠郎岱五十里坝子，下临北盘江，对面老王山的月亮洞内有3座古墓，据传是夜郎王、王妃、王子的坟墓。左侧的九层山，是六枝特区主要的茶叶基地。传说夜郎王选都时见这里地势险要，如铁桶山河之门户般，便选都于此。打铁关既是古时兵家必争之地，又是通往川滇的必经之地。《郎岱古镇》一书中记载：清初吴三桂任平西王时，大军需由郎岱过打铁关西进云

图12-13 "岩疆锁钥"摩崖石刻

南。由于当时的打铁关由少数民族部落割据，吴三桂率大军攻打打铁关后，才得以下毛口渡河从普安西进云南。在这个地方，太平军翼王石达开曾与清军先后于打铁关、西陵渡激战……

清晨，沏一杯打铁关翠芽，品氤氲雾气林间宁静；黄昏，沏一杯打铁关翠芽，听夕阳古道碎碎马蹄……一边细品着来自打铁关的"无公害茶"和"有机茶"，一边聆听打铁关那些悠远传奇、惊心动魄的历史故事，为这场月亮河"沿河"茶旅画上一个圆满的句号。

路线：

从六盘水南收费站→杭瑞高速→都香高速→102省道→月亮河彝族布依族苗族乡→虞青茶园→月亮河夜郎布依文化生态园→六枝特区远洋茶业→六枝特区双文种养殖农民专业合作社→打铁关摩崖石刻。

第二节 盘州市茶旅指南

一、"品'高标准的干净茶'+听九名农民抱团'做茶'的故事+拍风车下的高山茶园+探秘古人类洞穴遗址+赏万亩竹海美景+观古法造纸工艺+品全竹宴+饮竹根水"

暮春时节，阳光照耀下的乡村满眼青翠。车子在蜿蜒的山路上徐徐前行，时有怒放的红色杜鹃花掠过，春色怡人。到沁心茶场，可以一睹深山茶场的模样，听九位农民讲述他们一起发展茶场的故事，不但可以现场观摩茶场"种茶—茶场杂草养兔—用兔粪给茶树施

图 12-14 云雾中的沁心茶场

肥"的生态循环种养模式，体验深山抓兔的乐趣，重要的是能一品这深山里"绿色、健康、生态"的"干净茶"（图12-14）。

盘州市民主镇沁心茶场坐落在低纬度、高海拔的盘南腹地深山区，海拔最高处2324m。方圆几十里没有厂矿企业，周边植被生态良好，是一个不折不扣的大山深处的茶场。2010年之前，这里80%的土地被摞荒，人迹罕至。随着农业产业结构调整的号角

吹响，2010年，沁心茶场通过"基地+农户+合作社"模式投入生产，先后种植茶叶2490亩。近年来，沁心茶场立足自然条件优势，人工除草，只施农家圈肥，不仅在种植上干净，在采摘、加工、包装程序上都严格按照相关标准进行，所生产的茶叶产品不含有对人体有害的物质。同时将传统管理与现代管理方式相结合，致力打造符合现代消费理念的"绿色、健康、生态"的"干净茶"。茶场的产品是经过欧盟标准470项指标检测，"零污染""零农残"的"干净茶"，茶叶品质均得到了上级行业主管部门的认可，先后被农业部授予"无公害农产品"荣誉称号，被贵州省农业委员会授予"无公害基地"荣誉称号。在2019年5月举行的"水城春杯"贵州省第三届古树茶斗茶大赛中获得"茶王"的殊荣。由于产品质量过硬，得到广大消费者的青睐。产品远销全国各大中城市，产值逐年递增。目前，已建成年生产加工干茶360t的茶叶加工厂。

从山脚沿小径蜿蜒而上，一路层林叠翠，来到郁郁葱葱的山头，日落下的沁心高山茶园，蔚为壮观（图12-15）。

图12-15 沁心茶场鸟瞰图

在沁心茶场，一边品饮"高标准的干净茶"，一边听沁心茶人讲述九位创始人一路披荆斩棘终获成功的故事。当然，也可以品尝生长自高山茶园里的茶味兔肉。日出或日落之际，高山茶园、风车自成一景，美不胜收（图12-16）。

图12-16 到沁心茶场可观日出赏风车

饮过沁人心脾的沁心茶后，依山而下，即可前往不远处的盘县大洞竹海风景名胜区（图12-17）。

大洞竹海景区位于盘州市东南部，景区内有可与北京周口店相媲美的全国重点文物保护单位——盘州市大洞古人类遗址。盘州市大洞古人类遗址是一个发育于厚层灰岩中的巨大的溶洞。它东临被称为"十里坪"的宽阔的坡立谷，洞口宽

图12-17 盘州市大洞竹海风景名胜区

55m、高约40m，主洞1600m。进洞即为一个大厅，长220m，平均宽约30m，洞因其大而得名"大洞"。它是世界著名的旧石器文化遗址，也是目前世界已知文化沉淀规模最大的古人类洞穴遗址，距今30万年。大洞遗址于1990年被发现，我国和美国的多名考古学家经过数十年多次的发掘清理，发掘面积86m²，共获人牙化石5枚、石器制品3000多件，含43种哺乳动物的化石标本上万件，还有大量的烧骨、炭屑。在大洞出土的人牙门齿齿冠舌侧面呈铲形结构，齿结节、指状突及犬齿带等结构具有与北京猿人相似的某些特征，又呈现出早期智人的特征。盘州市大洞内古人类活动堆积物的巨厚、丰富的内涵以及多学科、高水平研究结果，使得这一遗址被评为1993年度全国十大考古新发现之一，被列入第四批全国重点文物保护单位。

离开盘州市大洞，一路上带着对人类起源和人类文明的畅想，进入竹海。

竹海景区内有3万余亩成片竹林，其中以碧海听涛、云峰观日、程曦雾浪、竹下清泉、云上杜鹃及林中珍奇为特色景观。境内的平均森林覆盖率达63.8%，核心区的森林覆盖率高达89.7%，使之既有"竹海"之美誉，又有"天然氧吧、避暑胜地"之雅称（图12-18）。

图12-18 云上竹海

"万亩竹海"不仅为造纸提供了原材料，竹林中生长的珍馐美味竹荪，更为老厂竹林增色不少。竹荪是寄生在枯竹根部的一种隐花菌类，形状略似网状干白蛇皮，它有深绿色的菌帽，雪白色的圆柱状的菌柄，粉红色的蛋形菌托，在菌柄顶端有一围细致洁白的网状裙从菌盖向下铺开，被人们称为"雪裙仙子""山珍之花""真菌之花""菌中皇后"。竹荪营养丰富，香味浓郁，滋味鲜美，自古就列为"草八珍"之一。竹荪是名贵的食用菌，历史上列为"宫廷贡品"，近代作为国宴名菜，同时也是食疗佳品。其营养丰富，据测定干竹荪中含蛋白质19.4%、脂肪2.6%，碳水化合物总量60.4%，其中菌糖4.2%、粗纤维8.4%，灰分9.3%。其对高血压、神经衰弱、肠胃疾病等具有保健作用。

竹海似一块碧玉，终年翠绿。每年雨季，一条条溪水从山腰、陡坡、石缝、断崖中飞泻而下，形成无数迷你瀑布，美不胜收，这些溪流经过竹海特有的地层和密密麻麻的竹根过滤，被命名为"竹根水"。1995年，经中国科学院地球化学研究所化验论证，竹根水是具有极低矿化度、极低硬度的优质饮用水。用之泡茶，甘甜清香；用之烹煮羊肉，味道极为鲜美；用于加工豆腐，豆腐洁白似玉，细嫩如脂。

凉爽清新的自然环境，秀美绝伦的竹海景观，古老传承的古法造纸，清澈健康的竹根水，香醇热烈的竹根酒，食之难忘的全竹宴，让竹海景区成为优质的休闲养生秘境。

路线：

从六盘水南收费站→杭瑞高速→S77威板高速→212省道→092乡道→盘州市民主镇沁心茶场→盘州市大洞竹海风景名胜区。

二、"冲泡保基富硒绿茶+寻访龙天佑故居+感受陆家寨生态民俗+畅游格所河峡谷+探秘总兵古墓"

保基乡地处盘州市、水城县、普安县3地交界，群山连绵，层峦叠嶂，云遮雾绕，雨量充沛。特别是茶山箐脚下的冷风村一带，海拔在1600m以上，属于典型的寡日照、高海拔、低纬度山区，比较适宜茶树生长。由于日照少、云层厚、雾雨多、辐射低，加上土层深厚，黄棕土壤占了绝大部分，土壤中的有机物丰富，含各种矿物质和微量元素。生长出来的茶叶氨基酸等维生素营养含量高，锌、硒等元素含量丰富，品质优异，以香气浓郁和茶色绿润而出名（图12-19、图12-20）。

冲泡一壶保基富硒绿茶，闻着丝丝缕缕的茶香，听当地人说着保基茶叶的悠久历史。据《贵州民族志》记载，清乾隆年间，保基茶为地方茶贡品，是当地汉族和彝族每年向地主和土司、土目进贡的必需品，当地汉族和彝族都喜欢饮茶，具有深厚的饮茶文化积淀。1947年，在省会贵阳举行贵州省地方物产展览会，保基茶叶代表盘州茶叶品牌到贵阳参展。

图 12-19 保基绿茶基地

保基茶所在的保基乡是清代"龙总兵"——龙天佑（彝族世袭土司）的土司权力中心"簸箕营"所在地。清康熙十二年（1673年），吴三桂反清。清康熙十九年（1680年），清军南下进入贵州，普安州的龙天佑和永宁州的沙启龙带领兵丁在北盘江搭浮桥渡清

图 12-20 保基云瀑

军过江，龙天佑又带领族人配合清军攻打吴三桂有功，朝廷封龙天佑为总兵，死后第二年追封龙天佑为"光禄大夫左都督"享正一品衔，墓葬保基乡垤蜡村天桥。

今龙天佑故居位于盘州市保基苗族彝族自治乡冷风村（簸箕营）一组，始建于清代，为四合院式建筑，坐南朝北。因年久失修，现仅存正房7间房屋，箱房3间，均为穿斗式建筑。据民间传说，这是龙天佑新迁驻地时摘下随身携带的大簸箕抛出，随风飘了三天三夜后落定所选的住址，占地约10多亩，分为上房、大堂、二堂、一门轩、箱房和操练壮丁场所，上房为主人居住，大堂、二堂用来审案和办公，有专门用来关押犯人的土牢和专门用来训练的场地。1921年娘娘山苗族造反，放火烧毁了大半龙天佑故居，事后虽重新修建，但已经不再有昔日的辉煌。龙天佑花园的富丽锦簇，为后人所津津乐道。如今，只剩一株古柏和金桂诉说着龙氏家族的兴衰变迁。

寻访过龙天佑故居，重现一个土司权力中心的繁荣后，去保基乡陆家寨感受布依人家的生态民俗。

陆家寨位于盘州市东北部保基苗族彝族自治乡境内，是盘州市海拔最低的村寨，以古朴建筑、纺织、靛染、刺绣、小桥流水、榕树人家等景色为主。陆家寨是世居的布依族村寨，至今保留着古朴的建筑和一整套原始的纺纱、织布、蜡染、刺绣等传统民族工艺。陆家寨全手工制作的布依族服饰，刺绣精美，造型独

图 12-21 八音坐唱

特，体现出布依族姑娘的勤劳和智慧。村寨周围长有50余株古榕树，树龄在600年以上，其中最大的一株胸径为10.5m，树冠覆盖面积1641m²，形如巨伞，高20m多，根茎发达，盘根错节，树上生树，茎上缠藤，如巨蟒在树下盘卧。另有一对夫妻榕，根连着根，叶茂根发，风风雨雨厮守几百年，是青年男女"私订终生，白头到老"的见证，也是村民拜祭山神，祈求风调雨顺，农闲纳凉，青年男女"赶表"的地方。每当有远方的客人来时，布依族村民就会表演八音坐唱、大洞箫，用独特的乐声表示欢迎。围绕布依村寨，有上万亩水田，金秋时节，稻花飘香，田园风光美景如画（图12-21）。

古树石桥、禾稻阡陌，在陆家寨，有四季常青的古榕树群和天然的峡谷梯田风光，有"枯藤老树昏鸦，小桥流水人家"的迷人景致，有"山气日夕佳，飞鸟相与

还"的宁静和谐。虽深藏大山之间，却有着江南水乡的毓秀，这便是盘州市保基乡陆家寨村。这里民风淳朴，人文景观别具一格，是寻觅乡愁的好地方。

在陆家寨体验乡愁，到格所河峡谷欣赏自然风光、体验浓郁民族风情。

格所河峡谷景区是典型的喀斯特地貌，包括格所河梯田风光、冲天眼、陆家寨、厨子寨4个小景区。主要有脚踩洞、古榕树群、千亩枫叶林、龙天佑墓、千亩天然混交林、箐外高山、姊妹瀑、刀砍山、枪打眼、谷中谷、蛤蟆山、躲反洞、峡谷激流、陆家寨等20余个景物景观（图12-22、图12-23）。谷长20km多，海拔最高为2379m，最低为735m，峡谷呈大"V"形，有6km伏流，形成落水洞与出水洞等一系列景观，是贵州省高差最大的峡谷。来这里，不仅可以欣赏优美的风景、入住布依民俗酒店及本土农家乐、品尝正宗农家乌骨鸡，还可以欣赏布依族"八音坐唱"，体验浓郁的民俗风情。

图 12-22 大洞箫

图 12-23 千亩枫叶林

路线：

从六盘水南收费站→杭瑞高速→S77水兴高速→鸡场坪收费→204县道→羊柏公路→230县道→保基苗族彝族乡→陆家寨→格所河峡谷景区。

第三节　水城县茶旅指南

一、"品高原湿地茶+天门村+学'三变'+泡温泉+览峰丛+乘索道+过'天生桥'+钻溶洞+忆知青生活+穿峡谷+遇乌蒙大草原佛光"

"鸟鸟投林过客稀，前山烟暝到柴扉"的真龙山景区，是一处修养身心的绝佳胜地。古旧的木屋掩映在群山之中，当清晨的第一声鸟鸣唤醒晨曦，当第一缕和风吹开黎明前的薄雾，当第一束阳光洒在青翠的茶园，闲逸的一天开始了。探过真龙谷的清幽，赏过满山杜鹃的殷红，品过茶叶宴的清甘，再约二三好友在茗香亭品茶听松闲谈，那是一种漫随天外云卷云舒的豁然！

　　贵州真龙山茶旅一体化高原湿地景区位于水城县龙场乡，距政府驻地9km，景区内有着万亩茶园，规模庞大，风景迷人，是游客光景的好去处。景区植物以杜鹃和黄松为主，属于典型高原山地丘陵类型，山峦起伏，山体成西南东北走向，西高东低，真龙山景区沼泽类型繁多，包括泥炭藓沼泽、草本沼泽、灌丛沼泽、森林沼泽及其汇水森林。在"真龙山"顶峰鸟瞰娘娘山、北盘江、乌蒙大草原，方圆1000km²尽收眼底。景区内瀑布成群、水资源丰富、珍稀植物繁多，景观震撼。真龙井常年流水潺潺、冬暖夏凉、甘甜诱人。以真龙山为中心的高山杜鹃，方圆10km²范围多有成片分布，不仅面积大，而且品种多，杜鹃花有黄的、白的、大红的、粉红的，满山遍野，美不胜收（图12-24）。

图12-24　真龙山茶场

　　从真龙山沿山一路下行，前往中国传统古村落——水城县花戛乡天门村。村落里炊烟袅袅，不时传来鸡鸣狗吠。错落的吊脚楼、古朴的青石板、原生态的小广场、慵散的布依人群、金黄的红米梯田……入选第三批中国传统村落名录的水城县花戛乡天门村，以传统古朴的吊脚楼出名，百余栋木瓦结构吊脚楼掩映在古榕树、龙竹、枫香树林中，有成片的，也有分散的，而每一栋吊脚楼均为木结构，靠数十棵柱子支撑，高悬地面，多数为三层（图12-25）。按当地人生活习俗，吊脚楼第一层用于喂养牲畜、堆

图12-25　掩映在古榕树下的吊脚楼

放杂物，第二层供人居住，第三层放置粮食，既通风干燥，又能防毒蛇、野兽。此外，冬暖夏凉，住起来很舒适。而在一层与二层之间，用木板相隔开，二层与三层之间，则是竹楼。在村子里，妇女们仍保持着穿布依服饰的习俗，古老的织布机、碾米的石碓等，每家都保存完好。村民说，他们虽然不富有，但世世代代靠种田为生，衣食上可以自给自足。天门村地势西高东低，傍着寨子周围连片的梯田，田园风光优美（图12-26）。

　　到天门体验古村落的布依风情之后，便可到毗邻的娘娘山景区看湿地、泡温泉了。

娘娘山国家湿地公园位于贵州省六盘水市盘州市、水城县交界处，总面积2680hm²，湿地面积1060hm²，湿地率为39.5%，其中薛类沼泽276.6hm²、草本沼泽12.2hm²、灌丛沼泽62.3hm²、森林沼泽701.8hm²、库塘湿地7.1hm²。娘娘山国家湿地公园发

图 12-26 花戛梯田风光

育于喀斯特高原山地地貌，在娘娘山顶形成大面积垫状连片分布的泥炭沼泽湿地，是典型的喀斯特岩溶山地湿地资源，其泥炭沼泽湿地成为维护区域及其珠江流域水生态安全的重要屏障，被相关专家誉为"珠江沿岸不可多得的水塔"，是中国华南最大的高原湿地。

一边品饮着来自华南第一高原湿地上生长出来的茶，轻踩着水分涵养充足的泥炭薛，立于娘娘山之巅，一边欣赏娘娘山脚下万峰朝拜的宏大场面，听那场于1921年发生在娘娘山上的苗族事变——"辛酉之变"的历史故事，追溯1935年红军过境顺场的红色故事。

饮过茶，听过故事，便可以从娘娘山顶乘着索道前往娘娘山景区的温泉小镇泡温泉了。

娘娘山温泉小镇集旅游观光、休闲养生为一体，其中温泉木屋别墅群是小镇的一大特色。木屋别墅群面朝波光粼粼的银湖，背靠怪石嶙峋的低矮小山，通过环湖公路与景区各旅游点紧密相

图 12-27 娘娘山温泉小镇

连，周边自然环境优美，草木环绕、清幽雅致（图12-27）。

娘娘山的温泉水是从卧落村钻井抽出的天然无污染地热温泉水，钻井深度2900m，出水温度为47℃，经过系统净化过滤杂质，引流到泡池里。温泉中含锶、碘、锂、镁、钙、硫黄等多种对人体有益的矿物元素及微量元素，是保健、治疗、美容型温泉矿泉水的最佳泉水。

到了娘娘山，"三变"成为不可不谈的高频词。娘娘山是全国农村"三变"改革发源地。起源于娘娘山的六盘水市"资源变资产、资金变股金、农民变股东"的"三变"改

第十二章 茶旅篇

323

革在全国多地农村推广，充分调动了百姓的积极性，带动贫困群众脱贫增收。2018年6月，"三变"改革推动的"娘娘山路径"作为优化提升乡村旅游扶贫的"七种路径"之一，被写入《贵州省标准化推进乡村旅游高质量发展工作方案》。娘娘山景区先后被评为国家4A级旅游景区、全国森林康养基地、全省劳动模范疗休养基地等。

晚上，选择适合的拍摄点，架上"长枪短炮"，让娘娘山的湖光山色和璀璨夜景一一定格在镜头中。如果想一睹娘娘山如万瀑倾泻而下，如梦如幻的光影世界，那就得于翌日清晨起床上山，驱车上到山麓或山顶，找一个最佳机位，静候喷薄而出的朝阳将光和温暖撒向永远臣服于娘娘山脚下的绵延山峰并形成光瀑之时的到来

图 12-28 娘娘山天山飞瀑

（图12-28）。娘娘山是慷慨的，很少让人失望。如果有人愿意早一点赶到山顶，多半能拍到宛若仙境的娘娘山云海。

图 12-29 六车河大峡谷

到娘娘山景区，具有"一桥二洞三天窗"的喀斯特地貌奇观的天生桥也是必到之地。天生桥景区位于天桥村，由三个相连的天坑组合而成，是典型的喀斯特地貌奇观。桥长100m多、宽10m多，有"一桥二洞三天窗"之美景。天坑直径200m多、深800m多，集天桥、峭壁、陡崖、溶洞于一身。

走过"天生桥"，便可"钻一钻"娘娘山景区的溶洞了。娘娘山景区的溶洞内，千姿百态的钟乳石、石笋、石幔和石花都给人以美的感受，灯光照射其上，反射出闪闪星光，展示其神秘、梦幻的色彩。

吃完早餐，便可动身开启"穿越六车河大峡谷"之旅。神奇秀丽的六车河峡谷如一幅美丽的山水画卷，位于盘州市与水城县交界处，为乌蒙山国家地质公园的一部分。峡谷全

长20km，石壁岩画拔地千尺，陡峭直立。谷底河宽约10m，水流潺潺，清澈见底，峡谷曲折幽深，峡中有峡。在六车河峡谷谷口，两壁挂满黄褐色的悬垂物，形态各异，大自然的鬼斧神工，对它们进行锉、磨、削、刮，才造就了这奇峰峥嵘、雄伟壮观的陡崖景观。六车河原是一条沿断层构造发育的地下暗河，后暗河穹拱垮塌，形成千姿百态的万古奇景，六车河峡谷因此被誉为"贵州张家界"（图12-29）。

乌蒙大草原是西南地区海拔最高，面积最大的高原草场之一。最高海拔为2857m，年平均气温为11.1℃，是一个夏日避暑的好去处。这里有一望无际的独特高原草场，有万亩高原矮杜鹃林，有充满神奇色彩的高山湖泊，有民族文化浓郁的彝族风情，有融雄、奇、险、峻、幽于一身的牛棚梁子大山、八担山

图 12-30 乌蒙大草原

等。在乌蒙大草原立于山巅，看云涌苍崖，鹰翔蓝天，雾海漫漫，尽感翻江倒海之壮阔、大江东去之豪迈。在这里，还有世界罕见的自然奇观——佛光。乌蒙大草原佛光春、夏、秋三季都会出现，出现时间均在下午4点至6点左右，观看"草原佛光"，乌蒙大草原因频频出现的神奇佛光和草原牧色、云海奇观、日出日落等景观，成为旅游者趋之若鹜的地方，吸引了大批游客到此寻幽览胜。同时，一台台风电机组在乌蒙大草原迎风而舞，似在欢迎远方宾客。傍晚的高山草原，风车飞转，霞光四射，金辉尽染，游客可俯瞰绵延峻岭，仰望旋转风车，体验高山草原的惬意（图12-30）。

路线：

从六盘水东收费站→杭瑞高速→营盘收费站→乡道246→龙场乡→真龙山→中国传统古村落"天门村"→娘娘山景区→乌蒙大草原。

二、"喝喝水城春茶＋领略领略白族风情＋吃吃全茶宴＋赏北盘江美景＋看看黑叶猴＋走走世界第一高桥（北盘江大桥）"

水城县茶文化产业园（白族风情园）位于六盘水市水城县龙场乡娱乐村、顺场乡娘娘山村，246县道（龙普路）从项目核心区纵贯而过。项目规划区范围北至龙顺路以北摩期树，南至八一水库、深沟水库，西至雨江河水库，东至顺场娘娘山村黄昏箐，规划面积约21.33km² （32000亩）。

水城县茶文化产业园（白族风情园）以"产业、文化、旅游、健康、生态"为核心

理念，以茶文化、白族文化、养生文化为发展主题，着力打造集生态农业、文化旅游、养生度假、康体运动为一体的现代高效农业示范区及茶文化生态旅游度假胜地，构建贵州"黔茶体验之城、休闲度假之都"。水城县作为中国三大富硒地带之一，土壤富含有机硒，水城春牌茶叶多次获奖，茶文化及茶山景观享有盛名。境内白族独特的宗教、民俗、建筑和饮食等文化源远流长、内涵丰富（图12-31~图12-33）。

图 12-31 水城县茶文化产业园（白族风情园）

图 12-32 龙场乡万亩茶园

图 12-33 云雾中的水城春茶园

在水城县茶文化产业园（白族风情园）喝喝那"喝着喝着春天就来了"的水城春茶。水城春茶因富含有机茶硒和10余种人体必需的微量元素而享誉国内外，同时也因其优越的生态环境，比同等气候条件下的其他春茶的采摘时间要早。水城春茶生长在海拔1200~2200m之间，每年开园比贵州省遵义、铜仁等主要产茶区早10~15d，比江、浙一带早10~25d。水城春茶，是六盘水市水城县特产、国家地理标志产品。水城春茶以水城县茶文化产业园（白族风情园）等水城县境的优质茶树茶青为原料，运用传统工艺和现代制茶技术相结合，精选精制而成。水城春茶富含有机硒和多种人体所需微量元素，具有风味独特、栗香高长，汤色黄绿明亮，滋味醇厚，回味甘长，叶底嫩绿匀亮的品质特点。

一边品饮水城春茶，啜食凉都春天的芬芳；一边走在蜿蜒曲折的长廊，听一曲白族山歌，领略别样的民族风情。水城县茶文化产业园（白族风情园）地处北盘江畔，古有茶膳、茶疗的传统习俗。以茶入食，清淡爽口，有降火、利尿、提神、去油腻等功效。而水城县茶全宴又独具特色，精巧清淡、绿色健康、富含民族气息。如果累了、倦了，可以到水城春湖荡舟赏景，累了在酒店大厅泡上一壶水城春，任凉都春天的茶香缓缓释放。

当然，也可以就近换个地方，到建于娘娘山旁的生态有机茶园，品尝醇香清韵、茶香独特的国顺、茶香四溢等茶企的高山有机茶，在品茶的同时感受源远流长的传统文化。

稍事休整后，便可出发，依山而下，领略北盘江沿岸风光。北盘江河源至都格为上游，茅口为中、下游的分界，滩多流急，河床切割深，以峡谷为主，间有小型河谷盆地或宽谷，如都格、茅口、盘江等地，由于喀斯特发育，两岸常见峰丛洼地、峰丛谷地、深竖井、落水洞、漏斗，沿河常有暗河、伏流汇入。下游主要流经砂、页岩低山、丘陵区，坡降渐小，宽，峡谷交替，有舟楫之利，白层以下为古代水上货运通道。北盘江水能资源丰富，全流域水能储量达320.7万kW，有多处优良水力坝址。北盘江属亚热带湿润季风气候，由于河谷炎热，甘蔗、柑橘、芭蕉、紫胶生长良好。流域内集中聚居布依族、苗族、彝族同胞。

北盘江畔，有雄奇壮美的北盘江营盘大峡谷。北盘江营盘大峡谷景区是乌蒙山国家地质公园的核心区之一。位于中国凉都——六盘水水城县南部80km处的营盘乡境内，属珠江水系上游，以喀斯特及丹霞地貌大峡谷景观著称（图12-34）。峡谷内峰林怒拔，崇山峻岭依岸对

图12-34 北盘江营盘大峡谷

列，河谷深切，相对高差在300~700m。有大小支流10余条，水势变化无常，时急时缓，江水或静静流淌，或跌落咆哮。两岸峡谷形态多样，喀斯特及丹霞景观均很丰富，多奇峰异石，生态自然纯朴完整，山上云腾雾绕。各种类型的瀑布群颇为壮观。溶洞景观众多，著名的燕子洞、大硝洞等分布沿江两岸。南岸高山上的光叶珙桐、西康玉兰、红豆杉等珍稀植物数十种沿其流域生长，少数民族村寨宝石般地镶嵌于北盘江两岸的崇山峻岭之中，独特而浓郁的民族风情、历史文化等众多的人文景观与自然景观珠联璧合，相映生辉。北盘江营盘大峡谷上飞架着宏伟壮观的高家渡公路大桥、发耳渡口公路大桥、水普公路大桥、北盘江铁路大桥等，其中，北盘江铁路大桥居多个世界第一。此外，还有省级文物保护单位高家渡铁索桥等历史文物，更增添了峡谷的文化意义。

到了北盘江畔，自然要去看看可爱的黑叶猴了。野钟黑叶猴自然保护区，位于六盘水市水城县野钟乡南部的北盘江河谷，海拔780~1680m，面积13.62km²，核心区面积4.15km²，是以国家一级保护动物黑叶猴及其栖息环境为主要保护对象的自然保护区（图12-35）。

图 12-35 野钟黑叶猴

当主要行程临近尾声，该打道回府了。但返程时的路线规划中一定不能忘了把北盘江上的世界第一高桥——北盘江大桥纳入返程路线中（图12-36）。

北盘江大桥是杭瑞高速毕都段的控制性工程，位于贵州省六盘水市水城县都格镇，跨越云南和贵州

图 12-36 世界第一高桥——北盘江大桥

交界的北盘江大峡谷，一端接云南省宣威市，另一端连贵州省水城县。大桥主桥为七跨连续钢桁梁斜拉桥，主跨720m，大桥东、西两岸的主桥墩高度分别为269m和247m，垂直高度和桥梁跨度位于世界前列。大桥桥面设计为双向四车道，全长1341.4m，设计速度80km/h，桥面到谷底垂直高度565m，相当于200层楼的高度，目前为世界第一高、第二大跨径的钢桁梁斜拉桥。

北盘江大桥地处高原边界深山地区，跨越河谷深切600m的北盘江"U"形大峡谷，地势十分险峻，地质条件非常复杂。风大、雾、雨、凝冻等恶劣的自然气候环境，给大型桥梁的抗风、冻雨条件下的结构安全和运营带来严峻考验。在建设中，施工单位按照"多彩贵州·最美高速"发展理念，大桥从设计、施工、运营全过程始终坚持最低程度破坏、最大限度保护，实现低成本、低污染、低耗能的建设目标。通过开展桥梁集中排水、主桥边跨顶推施工和500MPa高强钢筋的应用，最大限度减小桥面污水对土壤及水系的影响，极大减少对土地资源的占用，同时简化钢筋现场绑扎，方便施工，达到节能、降耗、减排和可持续发展的目的。北盘江大桥运用了中跨纵移悬拼施工、"智能"混凝土等多项新技术、新工艺，不仅降低成本，还加快了施工进度。采取大小吊车协同施工的方法精

准安装，将高差控制在0.5mm内，相当于一枚硬币厚度的四分之一。采用自密实高性能混凝土技术，浇筑承台混凝土方量近6000m³，其中塔身泵送最大扬程达269m，相当于90层楼高。整座大桥使用了上万个钢构件，总重量近3万t。针对大桥气候条件恶劣、重载交通突出等系列问题，施工单位还在国内率先提出并研发建立了一个集建、管、养于一体的桥梁健康监测平台，开发了大桥施工信息管理、关键构件定位跟踪、电子化人工巡检、远程决策终端等多个系统，成为大桥管理的数字化"贴身医生"，一旦发现"生病"可立即报警，为大桥安全施工和运营提供了有力的技术支持。

通过技术创新，贵州省公路工程集团大大提高了北盘江大桥（云南岸）的施工效率和高空作业的安全系数，实现了高空作业零事故的安全目标，充分展示了集团高超的造桥技术和水平。结合大桥施工技术，先后申请专利13项、施工工法3项、技术指南2套、软件著作权6项。交通运输部科技司组织评价后，认为《北盘江大跨度钢桁梁斜拉桥建设与养护管理关键技术研究》成果总体达到国际先进水平，其中钢桁梁整节段梁底轨道纵移悬拼施工新工艺处于国际领先水平。

2016年12月29日，横跨云贵两省的北盘江大桥正式通车。这座大桥的建成，标志着以东部杭州为起点，贯穿浙江、安徽、江西、湖北、湖南、贵州至云南瑞丽口岸全长3404km的杭瑞高速全面建成通车。

2018年，有国际桥梁界"诺贝尔奖"之称的第35届国际桥梁大会（IBC）最高奖——古斯塔夫·林德撒尔（Gustav Lindenthal）金奖在美国华盛顿揭晓，"世界第一高桥"——北盘江大桥斩获这一殊荣。

北盘江大桥是杭瑞高速公路的控制性工程，大桥的建成结束了云南宣威与贵州水城不通高速的历史，两地行车时间从4h缩短至1h之内，打通了"黔货出山"和来黔旅游的快速通道，让北盘江大桥成为"民生桥""产业桥""致富桥"和令人向往的文化景观、旅游景点，对构建快进快出高速公路网络具有重大推动作用。北盘江大桥的建成通车，有效改善云、贵、川、渝等地与外界的交通状况，提高区域路网服务水平，充分发挥高速公路辐射带动效应，促进地方社会经济发展，为国家"一带一路"倡议添上了浓墨重彩的一笔。

路线：

从六盘水东收费站→杭瑞高速→营盘收费站→乡道246→水城县茶文化产业园（水城县南部农业产业园区管理委员会）→北盘江营盘大峡谷→野钟黑叶猴自然保护区→"世界第一高桥"——北盘江大桥。

三、"啜饮高海拔早春茶+坐坐'世界第一'山地观光'爬楼'火车+感受彝族源流文明+品尝来自'天下第一锅'的股美味羊肉+小试滑雪身手+体验赛车激情+小憩悬崖酒店"

杨梅生态茶园旅游景区位于杨梅乡杨梅林场林区内，方圆20km。森林覆盖在86%以上，属亚热带高原性季风气候区，年平均气温15.2℃，茶园整体处在一斜坡面上，最低海拔1550m，最高海拔2200m，受到西太平洋——东印度洋暖池海气耦合过程的综合影响，基地的亚热带小气候特征非常明显，是难得的高海拔早春茶生产基地。景区可自行采摘茶叶，体验采茶乐趣，也可以现场体验手工制茶，是理想的茶旅康养圣地（图12-37、图12-38）。

图 12-37 采茶体验

在系统体验完采茶、制茶、品茶的乐趣后，有多个方案可供选择。第一个方案是继续留在这绿意盎然的茶旅康养圣地休闲养生；第二个方案是前往野玉海景区尽情地嗨起来；如果有人能够

图 12-38 杨梅生态茶园

拒绝"坐'世界第一'山地观光'爬楼'火车+感受彝族源流文明+品尝来自'天下第一锅'的美味羊肉+小试滑雪身手+体验赛车激情+小憩悬崖酒店"的茶旅套餐，那就选择带着些许遗憾打道回府。

野玉海景区，由野鸡坪高原户外运动基地、玉舍国家级森林公园和海坪彝族文化小镇组成。

野鸡坪高原户外运动基地地处高原山地，峡谷幽深，天造地设，它有贵州第一个建在悬崖之上的天空之恋酒店，是观赏世界第一高桥——北盘江大桥的绝佳酒店，还有赛车体验中心等休闲娱乐项目。野玉海赛车体验中心赛道全程2km，分为内环、外环2条赛道，是飞跳最多、起伏最大、生态环境最美的CRS超级短道赛道，同时也是标准的全国汽车短道拉力赛道，能够满足全国性的各项短道赛车比赛要求。

海坪彝族文化小镇彝寨千户，民风古朴，宁静安详，遇到晨雾是秋冬常有的事，需要拨开层层迷雾才能见到它的真身，彝族英雄支格阿鲁、彝族始祖希慕遮与云雾相接，薄雾弥散，宛如仙境一般（图12-39）。

这里还有水城烙锅、水城羊汤锅、特色烧烤等美食，酸香辣直接抵达味蕾。水城烙锅、羊汤锅都是凉都美食的标签，而充满彝族文化宴席的彝族特色坝坝宴才是海坪彝族文化小镇独有的魅力，是需要自己去慢慢探索的。

图 12-39 海坪彝族文化小镇

这里，最令人惊艳的要数会世界称奇的"爬楼"火车、天下第一锅、悬崖上的酒店、中国纬度最低的滑雪场、世界唯一的鞭陀文化博物馆。

野玉海单轨高架观光小火车项目全线单程长5200m，全部应用架设钢梁结构，除了在造型上与其他小火车不

图 12-40 "爬楼"火车

同，最主要的还体现在其水螺旋盘升跨式单轨螺旋段轨道设计。其中，最主要的特点就是火车"爬楼"阶段，螺旋观景段轨道呈三层半螺旋式结构，立柱高达47m，钢梁圆形直径为60m，坡度6%，坡长720m。设计在轨道交通桥梁上属于世界首创。乘坐小火车可以一条线游遍野玉海的各个景点，这条"森林之旅"从海坪彝族文化园出发，环线行驶到玉舍国家森林公园，沿途的风景从彝族人文"穿越"到原始森林，山地人文、丛林气息、鸟语花香，让游客非常轻松惬意（图12-40）。

名羊天下第一锅，顾名思义，此锅是迄今为止全世界最大的羊汤锅，锅直径6.24m、高1.2m，一次可容纳约60只全羊的炖煮，同时供500人食用，香飘数里，令人食味大开，品尝此锅能体验到最纯正的彝族美食，而此锅也正在准备申请吉尼斯世界纪录。

天空之恋酒店位于"中国·凉都"玉舍雪山旅游度假区野鸡坪4A景区内，将客房修建在悬崖顶部、云端之上，也称为云端悬崖酒店。在客房阳台遥望恢宏壮丽的北盘江大桥，峡谷风光逸人，人在客房中、即在云端，房在崖上、亦在林荫，春有百花、夏有林荫、秋赏红叶、冬享纯白。酒店建筑面积共3万 m^2 多，其规模宏大、装修豪华、环境优美、项目齐全。另有不同规格的会议室及会所、KTV、健身房、卡丁车、观景小火车、打

靶场、军事博物馆、自驾单车、自助烧烤、赛马场、自摘场、体育场、免费停车场多项服务设施；另有万亩花海、水上乐园、崖顶无边游泳池。丰富周全的经营项目和温馨体贴的高品位服务，优雅华贵的环境，是度假、旅游、休闲、聚会、商谈、拓展、摄影、培训、养生、私人空间的理想场所。

图 12-41 玉舍国家森林公园滑雪场

玉舍国家级森林公园林原茂盛、空气清新、康养胜地，不仅有融入欧式、日式风格的森林水吧，集住宿、餐饮、休闲、观光于一体。玉舍国家森林公园滑雪场位于玉舍国家森林公园内，距市中心约30km，位于北纬26°以南，最高海拔2503m，最低海拔1700m，相对高差803m。因纬度低于北半球纬度最低、海拔最高的云南玉龙雪山约1°，是中国纬度最低的滑雪场，也是贵州首家高山滑雪场，是中国南方同纬度容量

图 12-42 目前全球唯一的世界鞭陀文化博物馆

最大、档次最高、赛道最齐、服务最优的滑雪运动理想目的地（图12-41）。

这里还有世界鞭陀文化博物馆，内藏世界各地鞭陀爱好者捐赠的鞭子和陀螺，系统展示了各类鞭子和陀螺，是目前全球唯一的鞭陀博物馆，适合各类人群参观（图12-42）。

路线：

从六盘水南收费站→杭瑞高速→发耳收费站→212省道→杨梅生态茶园旅游景区→野玉海景区。

四、"喝古时贡茶+寻岳飞后人茶场+访水车文化"

在水城县蟠龙镇木城居委会的绵延群山间，一抹油绿的茶色，一棵棵见证着时代沧桑和历史变迁的古茶树，给人以希望与暖意。

据《六盘水市志·农业志·畜牧志》载：木城乡，为水城特区种茶最早之地，已有二三百年种茶史。迄今，百年老龄茶树仍依稀可见。木城的茶叶在清朝就被定为贡品上

贡朝廷，有专人采摘炒制，然后用马驮到外地销
售，为此当地还形成了马店及茶马古道。二十世
纪六七十年代，木城4个"生产队"的茶叶年产量
超过万斤，由"生产队"统一收购后以每斤2元的
价格卖给供销社。土地承包到户后，数千株茶树
就分给了数百户人家，各自地里的茶叶各自管护，
有的人家一年能采摘六七百斤干茶。从此，木城
户户茶飘香、家家都是炒茶能手。至今，木城茶
保持着"七泡仍有余香"的品质。

　　木城是一个集特色观光农业、旅游度假、休
闲垂钓、莲藕采摘为一体的休闲旅游度假村。在
木城，除了可以采摘古树茶、体验炒茶乐趣、喝

图 12-43 木城荷塘生态美景

木城古时贡茶外，还有柒桶河瀑布、七星栈道、七夕鹊桥、布依风情寨、布依文化广
场、草莓采摘园、生态休闲垂钓区、古茶山庄、百亩竹海等景点，景区古树参天、流水
潺潺、翠竹依依、栈道迂回、亭榭成趣、水车不息，美丽的乡村景色让人怦然心动。木
城还将地方民族文化与田园风光融合起来打造荷叶主题"浪漫木城"乡村旅游精品景
点，不仅可以静观荷花含苞待放的优美姿态，还能品乡村美食，感受"接天莲叶无穷
碧，映日荷花别样红"的荷塘生态美景（图12-43）。

　　喝完"七泡仍有余香"的木城茶、赏完荷花后，可以就近先到水城县蟠龙镇发贡村
坝子组，去寻访南宋著名民族英雄岳飞第二十八代嫡孙、岳飞第二个儿子岳雷的后代岳
朝阳的岳家古树茶场，品饮岳飞后代利用古法制茶工艺制作的"武穆土茶"，听岳朝阳讲
述"武穆精神"的传承史，讲述他与茶的"过命情缘"。

　　品尝了"武穆土茶"，接受过"武穆精神"的文化洗礼后，接着可赶往下站——百
车河景区。百车河景区位于中国凉都六盘水东南隅20km处，占地面积35.16km^2，成河谷
平地，主要干流为百车河，周边老百姓曾因农业灌溉设计水车并在河内安装上百台水车，
故而得名百车河，连绵的山体为景区提供了丰富的地形变化和天然的生态屏障，冬无严
寒，夏无酷暑，被誉为"凉城热土"。景区内有桃花山、梨花山、落水洞、湿地公园、特
色石公石婆、百车河小镇、温泉酒店、水车文化博览园、实景演出文艺广场等众多景点，
境内峰奇岩险，谷深洞幽，水秀林碧，云缭雾绕，集奇险秀幽于一体，汇峰、洞、河、
林为一色，优越的自然气候等条件促使这儿种植了精品水果、蔬菜，农家乐以此为食材
做出具有当地特色的美味佳肴，来这儿可以感受美景、美食、少数民族风情（图12-44）。

图 12-44 百车河景区

路线：

从六盘水南收费站→水黄公路→木城茶旅休闲旅游度假村→蟠龙镇发贡村坝子组岳家古树茶场→百车河。

第四节　钟山区茶旅指南

一、"茶旅'两园行'：茶文化休闲观光体验园+凉都后花园"

大河堡是钟山区打造的农旅一体化项旅游风景区，是省级农业示范园区核心区，按照国家4A级旅游景区标准建设，有"凉都后花园"之美誉，距市中心城区约40min车程。大河堡茶文化休闲观光体验园就位于景区核心区内（图12-45、图12-46）。

除了茶文化休闲观光体验园外，大河堡还主要由凉都花海、恩华温泉酒庄、数字街区、万亩葡萄园、嘎尼庄园、万亩花卉基地、中国农耕历史文化博览园、凉都生态农庄、大地印象等多个景点组成，由一条旅游环线串联，其间生态步道、观光亭、森林、果园、特色民宿、餐饮等业态星罗云布。沿线的数字街区、露营基地等有着"东方瑞士"的异域风味；凉都国学馆让中华深远的历史文化寓教于游；葡萄园、采摘园、花海让生态休闲触手可及。整个生态旅游区彰显文化、生态、运动、休闲等元素的融合，集旅游、休闲、养生、生产、体验、参观、购物等为一体的综合性文化旅游集散地，是钟山区生态文化、魅力之都的一个缩影。

图 12-45 大河堡景区无边界泳池

图 12-46 "凉都后花园"

茶文化休闲观光体验园位于六盘水市钟山区大河镇周家寨村、大地村，闻着阵阵茶香，漫步于山林间，或烹一杯清茶，感受凉风习习，舒适惬意的慢生活，享受茶文化的洗礼。沿着道路往生态茶园内走去，两旁是粉刷一新的民居和绿化树，远处是一望无际的茶海，随着山峰连绵起伏，形成一道独特的风景，感受茶乡的风情。一路畅游观美景，享受悠闲假期的舒适，带来身与心的享受。观光茶园还按照"吃、住、行、游、购、娱"旅游六大要素，建设了娱乐小区、特色农家乐、旅游商品超市等，成为集观光、休闲于一体的旅游胜地。来到这里不仅可以欣赏美景、品茶、吃茶膳，体验采摘、制作茶，感受一次体验式的观光旅行。

大河堡·凉都花海景区位于六盘水市钟山区大河镇，景区主要以精品花卉观光、特色园林欣赏、农旅生态休闲为主题，设有在绿荫丛林中品尝农家美味的生态餐厅、开阔视野高处不胜寒的无边际水池；作为六盘水的后花园，凉都花海一年四季花开不败。三月的郁金香、九月的香水百合、十一月的凤仙，勾画出一副最美的画卷（图 12-47）。

图 12-47 大河堡郁金香花海

景区内设有生态餐厅、西餐厅、自助烧烤、咖啡厅、特色小吃店、花海酒店、风铃巷道、无边际水池等配套设施（图 12-48）。

图 12-48 大河堡花园酒店

恩华温泉酒庄是钟山区唯一一家大型天然温泉特色酒庄。酒庄集温泉、住宿、餐饮、会议、娱乐、度假于一体，占地140余亩，共拥有温泉池98个，客房120余间，能同时容纳350人就餐。温泉区内设有无边界游泳池、儿童水上乐园、鱼疗池、石板浴、红白酒池、超声波喷浪泉、汤屋等特色温泉设施，让人们在私密的个人世界中，与大自然完美接触；客房除传统的标间、单间、套房外，独有的复式客房、观景别墅、情调小木屋等特色房型，让人们在酒庄，足以忘记身外世界的喧嚣，陶醉在此世外桃源中；大型自助餐厅、VIP包间、多功能餐厅，环境优雅，菜品丰富，将中国传统美食文化尽揽于此。酒庄依山傍水，风光旖旎，人们享受温泉养生度

图 12-49 恩华温泉

图 12-50 民族民俗文化馆

假的同时还可观望到大河堡花海美景（图12-49）。

多彩的民族服饰衬出历史古朴的神韵和幽远，热情好客的少数民族姑娘们围绕着摇曳的营火翩翩起舞，一个个精彩的节目接踵而来，香甜可口的水花酒使欢乐的情绪继续膨胀；星光闪烁，晚风徐拂，营火熊熊；在大型节假日，阿哥阿妹围绕篝火尽情地载歌载舞，人们可以纵情在这片欢乐的海洋（图12-50）。

满筐圆实骊珠滑，入口甘甜冰玉寒。在嘎尼庄园，一望无际的葡萄采摘园内四处充斥着游客的欢声笑语，葡萄品种多且优越，有赤霞珠、水晶、玫瑰蜜、夏黑、山葡萄、早黑蜜等。清晨，行驶在嘎尼长廊，两旁的玫瑰在昨夜的露水中娇艳欲滴的醒来，芬芳扑鼻，浪漫如诗，采摘园里成熟的葡萄晶莹剔透的发出美味的信号。而作为"果中珍品"的葡萄还是一种多元化的美容果，在体验了新鲜水果采摘的农趣、农乐的同时，还可以到嘎尼庄园餐厅享受活鸡点杀和新鲜蔬菜烹饪的农家美味。景区内设嘎尼庄园、葡萄酒庄、农家乐、烧烤区、小广场、嘎尼长廊、观景台、嘎尼客栈等配套设施（图12-51）。

中国农耕历史文化博览园高贵别致，坐落于大河镇周家寨村，同摩俄湖依山傍景而建，碧波荡漾，芦苇摇曳，亭台楼阁。最具特色的21个朝代酒店，让人们感受5000年光

辉灿烂的中国文明，梦回唐朝，今宵杯中映着明月，眼界无穷世界宽，安得广厦千万间之感。

凉都国学馆商业街有让您垂涎欲滴的各种美食（特色烙锅、特色烤鱼），特色小吃琳琅满目（怪噜洋芋、凉皮、凉粉、特色奶茶、特色羊肉粉、特色大排粉、特色蹄花粉），诱人大餐味蕾冲击，万种风情的音乐酒吧、肾上腺飙升的重金属嗨吧、自弹自唱的朴素民谣吧、素静曼妙的书吧、巧夺天工的民族工艺品品鉴吧等娱乐内容精彩纷呈。横跨摩俄湖的拱桥在夜色中显得楚楚动人，"你在桥上看风景，看风景的人在看你，大河的明月装饰了你的窗户，你装饰了别人的梦"。每年"七夕"我们都会在拱桥上准备万颗红线供单身的游客寻找这"千丝万缕的爱"，国学馆

图 12-51　葡萄采摘体验

图 12-52　凉都国学馆

六艺堂内穿古装、说古话、行古礼的少年们传出朗朗上口的弟子规，摩俄湖上缓慢行驶的船楼上弥漫着沁人心脾的茶香，耳畔是古筝和琵琶弹奏的高山流水。来到凉都国学馆，感受造物者的伟大神奇，体验独树一帜的酒店文化，品尝新奇独特的朝代餐宴，夜生活开始于葡萄美酒夜光环，停止于回到酒店的醇醺入睡（图 12-52）。

图 12-53　阿加农场

凉都生态农庄按照依山就势、错落有致、人与自然和谐统一的设计理念，高标准规划、高标准设计、高标准建设，倾力打造农业观光、旅游、休闲度假城市近郊生态农庄（图12-53）。

图 12-54 露营基地

大黑山旅游公路把大黑山雾居图如水墨画一般呈现；把大河镇全域景区的各景点串联起来，由奢呆罗苗寨、摩俄松林（妄想栈道、发呆栈道、做梦栈道、放空栈道）、数字街区、露营基地、大箐科技果园、神树、风车走廊、大黑山露营基地等旅游景点组成（图12-54）。

青草的清香、夏花的芬芳，泥土的质朴，缤纷的欧式建筑房屋。窗沿上散布的彩色小花含苞待放；彝家姑娘的小背箩里是刚挖出来的野菜；绿油油地垂在姑娘的肩头，你路过她身边时，她会跟你打招呼："子莫格尼"，这是吉祥如意的意思，一路途径，一路震撼。走进由十万个风车组成的风车巷道，像是走进了浪漫的时空隧道，让人们沉浸在这百里画廊中。

钟山区茶旅一体化扶贫攻坚示范产业项目位于六盘水市钟山区大河镇周家寨村、大地村。项目整体规划以扶贫攻坚为主，以生态保护与可持续发展为前提，项目拟打造为六盘水市钟山区最具影响力的以茶文化为主及科普、休闲度假、观光体验为一体的茶文化休闲观光体验园（图12-55）。项目以茶产业扶贫，带动当地贫困户、闲置劳动力等脱贫致富，采用农投企业（60%）+农民专业合作社（40%村集体）+基地+农户的合作模式。

图 12-55 钟山区茶旅一体化扶贫攻坚示范产业项目

农投企业主要负责资金及技术、管理、市场销售；农民专业合作社主要负责管理与建设；农户主要负责参与建设务工获得收益，脱贫致富。

本项目统一规划，分期建设。根据规划共分3阶段建设：第一阶段，建设3000亩有机茶园，包含茶园土地整理、茶园道路建设、茶园水保设施建设、茶园防护林种植、茶树种植、苗期茶园管理、成龄茶园管理；第二阶段，建设生态茶叶加工厂，扩建茶园；第三阶段，建设综合服务区（含游客服务中心、生态广场、生态餐厅）、科普教育（含农事体验、手工茶坊等寓教于乐性质的体验性活动）、休闲娱乐区（休闲度假区内有大量的休闲娱乐设施，如景观环道、观景亭、茶韵大道、儿童游乐场、茶园露营地等）。

路线：

从六盘水市中心城区→212省道→钟山区大河镇周家寨村→钟山区茶旅一体化扶贫攻坚示范产业项目。

第十三章　扶贫篇

聚焦全面小康、聚力脱贫攻坚，六盘水坚定不移地把脱贫攻坚作为头等大事和第一民生工程统筹推进，并明确了农业结构调整的重点，大力推进农村产业革命，发展"凉都三宝"——春茶、刺梨、猕猴桃。春茶，成为助力六盘水脱贫攻坚的重要特色产业之一。

作为中国农村"三变"改革的发源地，六盘水市以"三变"为统领，坚持"生态产业化、产业生态化"发展理念，以农业发展和结构调整总体目标为前提，以资源为基础、以市场为导向、以产业化为突破口，抢抓政策机遇，采用"公司＋合作社＋农户""公司＋扶贫车间＋扶贫分厂＋贫困户""合作社＋基地＋农户""专业合作社（专业协会）＋龙头企业＋基地＋农户""劳务反承包""村集体以荒山资源入股企业参与分红"等"三变"模式，不断巩固现有产业基础，高标准建设新茶园，配套茶叶加工设施，扶持龙头企业，实施品牌战略，发展高山茶、早春茶、生态茶、有机茶、古树茶，着力将六盘水茶产业打造成一个特色产业、生态产业、健康产业、文化产业和富民产业，不断促进农民增收和农村经济发展，全面助力攻坚深度贫困地区产业扶贫这场硬仗。

第一节 "三变"改革持续激发凉都茶产业发展活力

青山翠微，云雾缭绕。六盘水以"三变"为统领发展茶产业，让小茶叶发挥大作用、让小茶叶变身成大产业，在凉都脱贫攻坚战场上托起了群众的致富梦想。

"资源变资产、资金变股金、农民变股东"，发端于六盘水的"三变"改革，成为脱贫攻坚、产业革命、乡村振兴的"助推器"，为全国深化农村改革提供了先行先试的"六盘水样本"。以六盘水"三变"改革为题材的电影《三变》、纪录电影《三变山变》，全面反映了六盘水"三变"改革的发展模式、创新意义、实践经验。

"三变"，融入了六盘水农业农村及产业发展的方方面面。形式多样的"三变"，将凉都的茶园、茶农和茶企的利益紧紧地连在了一起，将凉都茶产业发展与决战决胜脱贫攻坚紧紧地连在了一起。

一、"三变"之"公司＋合作社＋农户"

在盘州市，贵州宏财聚农投资有限责任公司采取"公司＋合作社＋农户"的模式科学推进。即农户将土地入股合作社，公司与合作社、乡镇（街道）签订"三方协议"实施茶叶种植，产业收益前农户入股土地按荒地300元/亩、耕地400元/亩、田地500元/亩的比例进行保底分红，产业产生效益后，公司以投入成本享有70%收益权，合作社以入股农户土地折价享有30%收益权。在产业效益的空档期，公司想方设法、多渠道增加合作社及广大农户的收入。首先是通过承包、返租倒包等形式，全面引导广大农户（尤其是贫困户）参与茶叶管护，增加二次收入；其次是组织广大农户实施林下套种，公司负责保底收购，让农户确实受益。贵州宏财聚农投资有限责任公司茶叶项目覆盖民主镇、保基乡、保田镇、坪地乡、石桥镇、新民镇6个乡镇，惠及36个村级合作社、13001户39723人，其中贫困户3645户6878人。

图13-1 茶农通过"三变"方式入股分红

水城县茶叶发展有限公司以"三变"为统领，采取"公司+合作社+农户"的利益联结机制，流转农户土地，参与入股分红。前期由公司进行投入资金、提供技术，合作社负责组织农户按照技术标准种植管护，公司保底收购茶青负责生产加工销售一体化工作。同时茶叶加工厂连片茶山的建设及配套的加工厂推进了水城县茶产业发展进程，为茶园周边农户的就近务工提供了至少数千个岗位，为周边老百姓带来了丰厚的经济收入，改善了生活条件（图13-1）。

二、"三变"之"公司+扶贫车间+扶贫分厂+贫困户"

六枝特区朝华农业科技有限公司主要以茶叶种植为主，通过产业扶贫、就业扶贫等形式，采取"公司+扶贫车间+扶贫分厂+贫困户"帮扶机制，吸收贫困群众就业户607户，帮助脱贫人口1830多人。公司茶叶基地覆盖

图13-2 茶企丰收季亦是茶农收获季

六枝特区 30 余个村（其中深度贫困村 5 个），带动建档立卡贫困户 280 户 1135 人，平均每年每户可收入 12000 元左右，同时带动脱贫的贫困群众 168 户，脱贫人口 671 人，平均每人每月可收入 2000 元左右。为进一步助力脱贫攻坚、巩固农民收入特别是贫困户稳定增收打下坚实基础（图 13-2）。

三、"三变"之"合作社+基地+农户"

盘州市民主沁心生态茶叶种植农民专业合作社以"合作社+基地+农户"的运作模式，带动民主镇成立 18 家种茶合作社，参加合作社农户共 1866 户，其中贫困户 1236 户，截至 2019 年上半年，已脱贫 810 户。成立了贵州省茶产业园区。如今，沁心茶场已经成为民主镇群众和周边白姓增收致富的"拾金地"和"聚宝盆"。

四、"三变"之"合作社（协会）+龙头企业+基地+农户"

贵州鸿森茶业发展有限公司采取"合作社（协会）+龙头企业+基地+农户"的经营模式，辐射带动农民 2000 人，带动 1000 名农民脱贫致富。

五、"三变"之"劳务反承包"

贵州多彩黔情生态农业有限公司的虞青茶园，平均每年带动 200 多户农户参与劳务用工，累计带动 1000 多户贫困户参与劳务用工。2018 年初，茶园开始采用劳务反承包模式，由公司提供统一管护标准及投入物资，农户主动承包划片区域茶园全年的劳务用工，不仅提高了茶园管护效率及品质，更提高了参与农户的经济收入。2018 年 11 月荣获六枝特区人力资源和社会保障局授牌"就业扶贫车间"。

六、"三变"之"村集体以荒山资源入股固定分红"

六枝特区落别乡木厂村集体将 1000 亩荒山资源作为股权入股六枝特区朝华农业科技有限公司，参与公司茶叶产业发展。以村集体入股的荒山采取固定分红的模式进行分红为利益联结机制，其效益如下：基地建设阶段，村委会每年从公司固定分红 30 万元。茶叶基地建成达产后，村委会每年从公司分红 36 万元。村级积累资金的 30% 用于实施精准扶贫，30% 用于该村的基础设施、社会保障基金等村公益事业建设，40% 的资金用于壮大村集体经济积累。

第二节　一片"小茶叶"凸显助贫"大作为"

巍巍乌蒙，莽莽群山。一片"小茶叶"，不仅在凉都的高山上、云雾中成就了独一无二的优异品质，还在乌蒙山脉上不断凸显其以产业化发展，助农增收成效显著，助力脱贫攻坚的强大后劲和巨大作为。

在六枝特区，贵州合力茶业有限公司立足于市场，致力打造"茶旅"一体化的新型茶产业，以现有的茶山和当地自然民族风情为依托建设旅游基地，宣传和弘扬我国几千年的茶文化，先后承办"画廊六枝——凉都茗香杯六盘水市手工茶大赛""画廊六枝——凉都茗香夏季品茗暨茶园旅游活动节""万花争艳——画廊六枝秋季品茗大赛暨斗茶大赛"等，竭力促进六枝本地茶文化交流。贵州合力茶业有限公司采取"三变"模式，通过不同的利益联结方式，将农户变为公司股东，茶叶基地覆盖六枝特区境内的110个贫困村，其中深度贫困村9个，覆盖建档立卡户2500户10053人。在茶叶种植管理、生产、加工、销售中解决近4000人就业问题，其中退伍军人60余人，人均增收2100元左右。

六枝特区双文种养殖农民专业合作社在郎岱镇驿陇村和月亮河乡郭家寨村种植茶叶3200亩，加上原在上寨村打铁关的老茶园和田坝村的新茶园，茶叶种植面积5000余亩，产业覆盖39个村民组2200多户7200多人。据统计，在双文合作社常年务工人数达到160余人，临时务工人员累计达到6000多人次，为当地群众脱贫增收提供了好渠道。

六枝特区九层山土特产开发有限公司的茶园里，茶农土地入股每年每亩达800元，春茶采收期间茶农户通过采摘茶青务工人均增收可达4000元以上。2019年春茶采摘持续到5月上旬，春茶产量32t，产值达1200万元，有效带动了郎岱镇把利村、上寨村、洒志村、样河镇半坡村等周边500户1000余名茶农务工增收，户均增收4000元，持续助力巩固并提升了当地脱贫攻坚战果。

贵州省志靖云农业开发有限公司充分利用基层劳动就业和社会保障平台，引导公司积极发挥就业主渠道作用，重点解决一批建档立卡贫困户劳动力就业，实现稳定增收，带动木岗镇瓦窑村、抵岗村、抵簸村劳动就业128户425人。公司还加大农民技能培训，提高就业质量，增强劳动力的可持续就业能力。2016年以来，先后以茶叶种植、茶园管理、茶叶采摘技术为重点，开展各类实用技术培训10多场次，累计培训贫困对象600多人次。经过产业精准扶贫工作，使贫困户家庭茶叶增收项目得到有效培植，经济收入得到有效提高。无论从贫困户的资产性收入到劳务性收入，还是政策性收入及生产资料支持等方面，均赢得贫困户的一致称赞和好评（图13-3）。

六枝特区远洋种养殖农民专业合作社采取"公司+合作社+农户"的产业发展模式大力发展茶产业，有效带动100余户2000余人次实现"家门口"就业的梦想，人均年增收2000元以上，为月亮河乡决胜脱贫攻坚和稳固脱贫成果起到了积极的助推作用。

在盘州市，贵州盘州盛农投资有限责任公司以"三变"改革为引领，加强组织、科学统筹、拓展模式、深化保障，盘活有关要素，充分利用产业扶贫基金，围绕脱贫"摘帽"工作，大力发展茶叶产业，创新利益联结机制，做强产业规模，

图13-3 拿到分红时茶农笑开颜

实施精准扶贫，助力脱贫攻坚，走出了一条新型的农业产业扶贫之路。截至2019年8月，公司牵头完成茶叶种植5.1万亩，收购老茶园3000余亩，项目覆盖6个乡镇，涉及合作社36个，惠及建档立卡贫困户3645户6878人。全市茶叶成活率平均70%以上，长势喜人。收购的老茶园及部分新茶园已投产。茶叶已完成投资1.85亿元，其中土地保底分红费万4698万元、种苗费3665万元、种植费4328万元、管护费5880万元。公司茶叶投产可采摘的面积约2.35万亩，农户可自行到茶基地采摘茶青，公司负责保底收购，参与采摘茶青的农户每年仅此一项就能增加收入1000元左右。据统计，仅2018年，茶叶产业就为广大农户带来务工收入2180万余元，直接或间接解决广大农户就地就业达4000余人次。

盘州市民主镇曾经有民谣传唱："山高坡陡石旮旯、人背马驮种庄稼、苦荞洋芋当主餐、吃米要等生娃娃"，传统的种养殖模式，只能让当地群众在温饱线上苦苦挣扎。2010年6月，盘县县委、县政府《关于加快盘县茶产业发展的意见》出台，趁着茶产业发展的东风，沁心茶场在民主镇成立，并形成了以9名村民作为原始股东、其他村民入股参与的抱团发展茶产业的格局。合作社自建设运行以来，积极引领产业扶贫，履行社会职责，2013年10月，被六盘水市扶贫局确定为市级扶贫龙头企业。2016年3月，经有关部门授牌，合作社成立刑满释放人员安置帮教基地，累计吸纳16名安置帮教人员在茶叶产业基地就业，无一人重新违法犯罪，有的通过自身努力成为基地的股东。在合作社建设及运营过程中，共吸纳土地入股农户321户958人，股农户每年可享受36万元土地保底分红，春茶采摘期间临时用工约1.9万余人次，固定用工200余人，年均带动占股农户户

均增收40000元，其中，茶园和养殖场共吸纳建档立卡贫困户48户153人在该基地务工，年人均增收6800元，2017年全部实现稳定脱贫；仅2018年就开支310万元，解决就业人员问题4万人次，其中贫困户人口总数28%左右，带动创建种茶合作社35家，种植茶叶36000余亩。2019年采茶时节基地又带动89户贫困户在基地务工，在务工期间合作社不仅发放相应的务工工资，还给予属于贫困户的务工人员每天10元的补助，以带动更多人脱贫致富。

2015年，沁心茶场依托良好的生态优势和2400余亩优质茶园，获得盘县县委、市政府与贵州贵茶（集团）有限公司投资各400万元，建成占地3400m²、年生产加工干茶360t的全自动现代化茶叶加工厂，主要加工红、绿宝石系列茶叶，茶叶加工厂可容纳30人就业增收（图13-4、图13-5）。

图 13-4 沁心茶场日常管护

图 13-5 沁心茶场收购茶青

贵州亿阳农业开发有限公司通过土地入股分红，惠及贫困人口300余人。每年在采茶、除草、施肥、管护茶山和果园等方面，为周边贫困户提供了5000余人次的劳动机会，让周边村民在家门口就能上班并赚到钱，助力当地脱贫攻坚。2018年10月，亿阳农业将已投资近千万元承包流转的2000余亩花都溪谷项目无偿赠送给当地农户，其中投资近600万余元的果木均已挂果，让农户得到了实实在在的收益。

"巍巍乌蒙山、悠悠盘江水"。在水城县委、县政府的关心和相关业务部门的支持下，水城县茶叶发展有限公司以茶产业助推脱贫攻坚，引领茶产业健康发展，促进茶产业从传统种植生产向产业化步伐迈进，以"种、管、销等多方投入、多渠道并进、多模式参与"的方式大力发展水城县茶产业，通过产业带动，更多的贫困户和群众不断转变思维，从观望到参与，再到积极主动投入。有了群众的广泛参与，水城县茶产业助推脱贫攻坚的成效不断显现。

"喝着喝着，春天就来了"，这句经典广告词的背后，受益最大的当属"水城春"茶。在水城县，茶产业的发展使昔日的荒山变绿海、荒坡披绿毯、荒沟贴绿条，"绿色"已成为水城县经济社会可持续发展健康亮丽的底色，"产业兴、百姓富，生态美"的图景正在水城县版图上徐徐展开。可以说，"水城春"是一杯干净茶、故事茶、三变茶和古树茶。截至2019年8月，水城县茶叶发展有限公司完成早春茶基地提升改造1800亩，并对贫困户实行茶青保底收购。公司共生产中高低端成品茶110t，产值1.5亿元，销售金额6100万元，覆盖农户12391户43254人，其中覆盖贫困户1414户4890人。

在水城县蟠龙镇发贡村坝子组，岳家种植场已有76家种植户加盟，员工达200余人。在岳朝阳的带领下，种植场正朝着同步小康的大道快速迈进。发贡村坝子组62岁的村民刘国付，因为左脚髌骨骨折而落下残疾成为贫困户，岳家种植场成立以来，刘国付就一直在种植场打零工，加上土地入股分红，2019年已经脱贫。

"这三亩地的茶苗是岳朝阳免费提供的，现在每年我卖茶青就有5000元收入，还能在种植场务工挣钱。"当地群众罗祥文说。

截至目前，岳家种植场年产值达到300万元以上，惠及周边200户农户1000余人，人均每年增加收入1000元以上。岳家种植场也不断吸引着周边的种植农户。目前，种植场已有76家种植户加盟，员工达200余人。在岳朝阳的带领下，种植场正朝着同步小康的大道快速迈进。

自2017年以来，茶产业作为六盘水市主推脱贫攻坚五大产业之一，取得了长足发展，产业效应凸显。茶产业通过"公司+合作社+农户"或"合作社+农户"等模式，有效带动了农户脱贫增收。据统计，2017年，全市茶园面积30.86万亩，投产茶园17.34万亩，全市茶叶产量2445.9t，产值5.396亿元，带动贫困户5100户16500人，人均增收2000元以上；2018年，全市茶园面积31.35万亩，投产茶园24.9万亩，全市茶叶产量3882.91t，产值7.636亿元，带动贫困户4792户14488人，人均增收2000元以上；2019年，全市茶园面积31.36万亩，投产茶园25.87万亩，全市茶叶产量5472.95t，产值13.09亿元，带动贫困户1815户4113人，人均增收2000元以上。六盘水市发展茶叶产业，持续有效地助推了脱贫攻坚。

第十四章　展望篇

为加快推进全市农业现代化进程，加大农业产业结构调整步伐，促进农业转型升级，确保农业增效、农民增收和全面小康，努力走出一条生产技术先进、经营规模适度、市场竞争力强、生态可持续发展的新型农业现代化道路，切实将茶产业作为六盘水的特色产业、生态产业、富民产业、健康产业和文化产业来抓，制定并出台支持茶产业发展的规划和政策文件，按"标准化、产业化、市场化、规模化、品牌化、国际化"的要求，全力推进全市茶产业实现历史性跨越和飞跃式发展。

有了党委、政府的高度重视，有了产业政策的支撑，有了市场主体的加入，有了广大群众的参与，六盘水茶产业发展距"规模化、产业化、市场化、标准化、品牌化、国际化"的目标必将越来越近。

第一节 六盘水市茶产业发展主要规划

六盘水市先后编制了《贵州省六盘水市"十二五"农业和农村经济发展规划》《六盘水市茶产业发展规划（2012—2020年）》《六盘水市茶产业建设发展规划（2020—2025年）》等多个茶产业发展规划，对进一步优化六盘水茶产业布局，构建现代产业体系，提升茶产业综合竞争力具有重大意义（图14-1）。

2008年1月4日，六盘水市农业局编制了《六盘水市茶叶产业发展规划》，主要内容体现在确定产业发展目标和制定优惠政策上。

图14-1 六盘水市主要茶区规划布局示意图

确定产业发展目标。根据适度规模、适度发展的要求，到2020年全市茶园面积达到25万亩，其中投产面积达到20万亩，茶叶产量8000t，其中名优茶产量占30%，茶叶产值超过3亿元，各县（市、区）分别建成龙头企业，打造国内知名品牌。全面普及无公害及标准化生产技术，建成一批稳定的出口茶叶生产基地。

制定优惠政策。鼓励企业的制度创新和技术进步，加快产学研、科工贸一体化的进程，与科研院所建立起紧密的科学研究和合作关系，加强茶叶技术推广服务体系建设、茶叶信息服务体系建设以及产品质量监督检验体系建设。

x

x

2011年12月，六盘水市农业委员会编制了《贵州省六盘水市"十二五"农业和农村经济发展规划》，有关茶产业发展的主要内容体现在当时六盘水市茶产业的基础和优势、发展前景和主攻方向目标上。

从当时六盘水市茶叶产业基础和优势上看，虽然六盘水市茶叶种植、生产和发展起步较晚，在民国时期仅水城县有零星种植，进入20世纪70年代后才开始大面积种植，经过几十年的发展，茶叶生产取得了一定进展。到2010年，全市茶叶面积达到6.17万亩，产量300t多；境内有六枝茶叶公司、盘县茶叶公司、水城茶叶公司、津黔科技茶场4家较具规模的茶叶生产企业；创建了"乌蒙春""水城春""碧云春"等茶叶品牌和"乌蒙剑""碧云剑"和"倚天剑"等高档名优茶品牌，为做大茶叶产业奠定了较好基础。

从发展前景看，六盘水市茶叶产业在当时具有极为有利的发展条件：一是各级党政高度重视，已经把发展茶叶产业列入重要工作日程。贵州省政府将茶叶产业作为重点农业产业之一加以发展，六盘水市政府在《六盘水市农业优势特色产业开发规划》中，将茶叶产业列入重点开发的农业六大产业之一。盘县县级财政从2009年起，每年投入500万元资金，用于扶持新茶园建设。二是六盘水市大部分土壤富含硒元素，生产的茶叶含硒，具有较高的保健价值，茶叶市场竞争力较强，市场前景比较广阔。

在主攻方向和目标方面：一是突出标准茶园建设。新建茶园按照无公害茶叶、绿色茶叶和有机茶生产技术规程的要求进行建设，确保茶叶质量，特别要提高高档名优茶比重，全面提高茶叶市场竞争力和经济效益。二是突出茶叶品牌在发展茶叶产业中的带动作用。加大品牌宣传和产品推介力度，积极组织茶叶生产企业参与名特优农产品展销等活动，提高品牌知名度。三是加大对茶叶生产企业的扶持力度。制定优惠政策措施，重点在设备更新、技术改造等方面扶持好茶叶加工企业，增强企业生产能力。同时，积极帮助企业争取实施国家和省级茶叶重点项目，增强企业实力。四是组建市级茶叶产业协会，协调和指导茶叶产业发展。

2012年7月，六盘水市农业委员会、贵州大学经济学院编制了《六盘水市茶产业发展规划（2012—2020年）》。主要内容体现在发展定位、发展目标、发展模式、重点任务等方面。一是利用六盘水高海拔和特殊地理位置，形成的冬暖夏凉、多雾寡照、散射光丰富等独特的气候条件，在茶叶种植主产区建立新的茶园、低产茶园更新改造等，大力推广有机茶种植新技术、新品种、新标准、新模式，建设中国高山优质高效绿茶生产基地；二是通过茶产业与种植业协同、茶产业与畜牧养殖业协同、茶产业与花卉苗木协同、茶产业与旅游业协同，充分利用产业关联关系和农业多功能性，实现茶产业与相关产业协调互动发展，获取范围经济效益，实现茶产业高效持续发展，建设贵州省茶业为主多业协同发展试验示范区；
三是总结茶产业发展的具
体实践，完善茶产业的配
套措施，大力发展茶园观
光旅游业等相关服务产业，
形成资源综合利用型（资
源循环利用型产业开发模
式、茶园套种间种型产业
开发模式、旅游型茶产业
开发模式）、产业组织带动
型（龙头企业带动型产业
开发模式和合作组织带动
型产业开发模式）和市场
建设驱动型（建立区域性
的专业茶产品交易市场，
驱动茶产业发展）3种产业
发展模式，将茶产业作为
六盘水市产业转型的先导
产业（图14-2）。

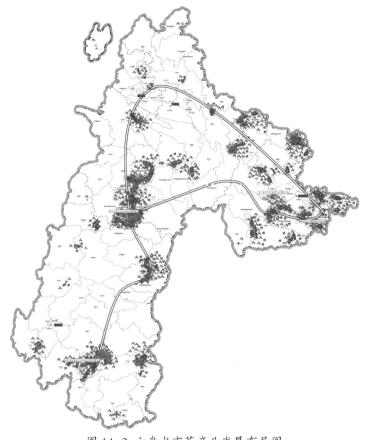

图 14-2 六盘水市茶产业发展布局图

根据规划布局，2012—2020年六盘水市茶产业发展的重点任务为：做好标准茶园建设，大力发展良种育苗基地，加强茶叶产业配套项目建设，加快茶叶市场体系建设进度，发展特色茶园及其他配套产业，加大茶叶市场监测和监管力度，逐步完善各项基础设施建设。

2019年，《贵州六盘水产业转型升级示范区建设方案（2019—2025年）》印发。方案指出，六盘水地处长江和珠江两大水系上游交错地带，山地占土地面积的97%，喀斯特地貌占土地面积的63.2%，高原山地气候特点突出，立体气候特征显著，有利于特色农业梯次空间布排和适度规模生产，为发展山地特色农业和全域旅游创造了良好条件。当前，六盘水山地特色农业种植面积达320万亩，以红心猕猴桃、刺梨、早春茶叶为代表的"凉都三宝"逐步风行天下，为发展山地特色农产品精深加工提供了优质原料保障。要聚焦山地特色农业和全域旅游发展，在产业生态化和生态产业化上做示范。发挥红心猕猴桃、刺梨、早春茶叶"凉都三宝"等山地特色农产品规模化种植及独特的高山品质优势，强化产品研发和关键技术创新体系建设，打造山地特色农产品精深加工基地。

以规模化为着力点，大力推广"龙头企业＋合作社＋农户"组织方式，持续推进猕猴桃、刺梨、茶叶、食用菌、小黄姜、软籽石榴、生态畜牧业、水城桃花蛋鸡、温氏养猪等产业集聚发展。以标准化为切入点，建立一批技术创新联盟，加快制定和发布猕猴桃、刺梨等特色产业标准，打造一批标准化基地。以品牌化为关键点，实施区域、企业、产品三位一体品牌战略，以"人民小酒""九龙液""盘县火腿""弥你红"红心猕猴桃、"刺力王"刺梨汁、水城春"早春茶"等品牌创建为突破口，加快发展农产品精深加工业，提升产品附加值。以股权化为落脚点，全面深化"三变"改革发展，完善利益联结和分配机制，让更多的农民充分享受全产业链发展增值效益。以联通化为支撑点，加快推进基础设施建设、冷链物流体系、产销对接等为重点推进农业生产的联通化，全面增强农业发展后劲。以智能化为突破点，积极发展现代农业产业园物联网、农村电子商务和建立农产品质量安全可追溯体系，畅通特色农产品销售渠道，全面优化农业生产方式。

实施山地特色产业培育行动计划，发展山地特色农业及农产品精深加工。充分利用猕猴桃、刺梨、茶叶、中药材、小黄姜等山地特色农产品资源优势，积极引进优强农产品精深加工企业，打造山地特色农业发展新标杆。提升开放对产业带动能级积极融入长江经济带、长三角和粤港澳大湾区发展，积极引导促成中东部地区产业与六盘水产业对接配套。探索产业转移合作新模式，鼓励共建"飞地"产业园区，推进产业组团式、链条式、集群式承接转移。发挥六盘水驻欧洲投资促进代表处作用，加强与大连市的对口帮扶协作，借助大连市对接韩国、日本等东北亚国家，用好招商引资政策，提高利用外资水平和质量，扩大山地特色产品出口，重点推动茶叶、刺梨、猕猴桃三大特色产品生产企业实现自营出口，引进高附加值、高技术含量、高创汇的加工贸易项目。

围绕六盘水农业特色产业"3155工程"及周边地区丰富农业资源和产品，培育农业创新主体，集聚科教资源，促进产学研协同创新成果产业化，推进一二三产业融合发展，加快转变农业发展方式，助力脱贫攻坚。在猕猴桃领域重点发展猕猴桃果酒、猕猴桃调和酒、猕猴桃饮料、果干、休闲食品、美容化妆品等猕猴桃系列高端产品。在其他特色农产品领域积极发展刺梨、茶叶、核桃、马铃薯、苦荞、辣椒、生姜等特色农产品精深加工，发展调味品制造、保健系列制品、果汁、干果、旅游食品等产业。

2020年1月，六盘水编制了《六盘水市茶产业建设发展规划（2020—2025年）》。主要内容体现在六盘水市茶全产业链发展规划布局、重点项目建设、利益链联结等方面（图14-3）。

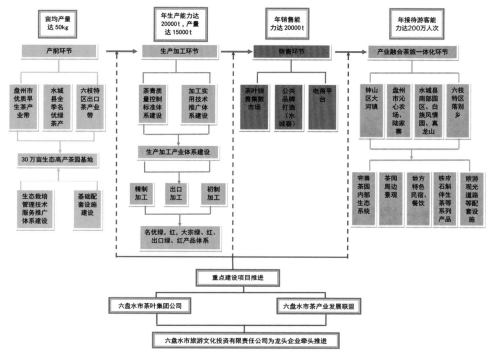

图 14-3 六盘水市茶产业发展规划产业链布局示意图

2025年底，根据规划布局建设任务完成后，六盘水市将形成产前、产中、产后的全产业链综合体，融合一二三产业，成为整体性、紧密型、集约型的产业结构体，密织形成完善的一体化产业主体。以重点项目建设为中心基础，针对六盘水市现有产业状况、产业基础和产业需求等，通过对本地环境、地域特点等进行科学分析，结合现有茶园高效管理技术体系、物料高效运输体系和加工实用技术推广体系等建设，形成盘州市全季名优绿茶产业带、水城县优质早生茶产业带、六枝特区出口茶产业带、钟山区茶叶销售集散市场等（图14-4）。

到2025年底，全市高产茶园稳定在30万亩左右，茶叶加工企业将发展到500家左右，其中，钟山区约10家，盘州市约130家，水城县约130家，六枝特区约230家，初步建成大、中、小型茶叶加工企业合理布局，初制与精制相结合的加工产业集群，全市年茶叶设计生产能力达2000万kg，亩均产量达50kg（名优茶7.5kg，大宗茶42.5kg），名优茶按照800元/kg，大宗茶160元/kg计算，亩产值达12800元/亩，全市年产量达1500万kg，干茶产值达38.4亿元；名优茶鲜叶70元/kg，大宗茶鲜叶20元/kg，名优茶制茶比例按照4.5∶1，大宗茶制茶比例按照4∶1，年消耗茶青6112.5万kg，全市年产量达6112.5万kg，鲜叶产值达172875万元；全市茶叶种植业产值达25.8亿元，茶旅综合效益10亿元。

全市茶产业发展将依托项目建设进行推动，总体上分为重点建设项目和其他建设项目2种类型，以六盘水市旅游文化投资有限责任公司为龙头企业，依托县（市、区）平台公司组建贵州凉都水城春茶叶股份有限公司和六盘水市茶产业发展联盟，预计总投资22.98亿，建设茶叶精制加工厂10家，出口毛茶加工厂30家，茶叶综合贸易市场1个，吸纳150~200家上游初制加工企业，形成名优绿、红茶，大宗绿、红茶，出口绿、红茶的系列产品体系；建设茶旅一体化示范项目4~6个，开发铁皮石斛伴生茶等系列产品。通过项目建设推动生态茶园建设和茶园提质增效，努力将茶产业打造成全市的特色产业和实现乡村振兴的支柱产业。

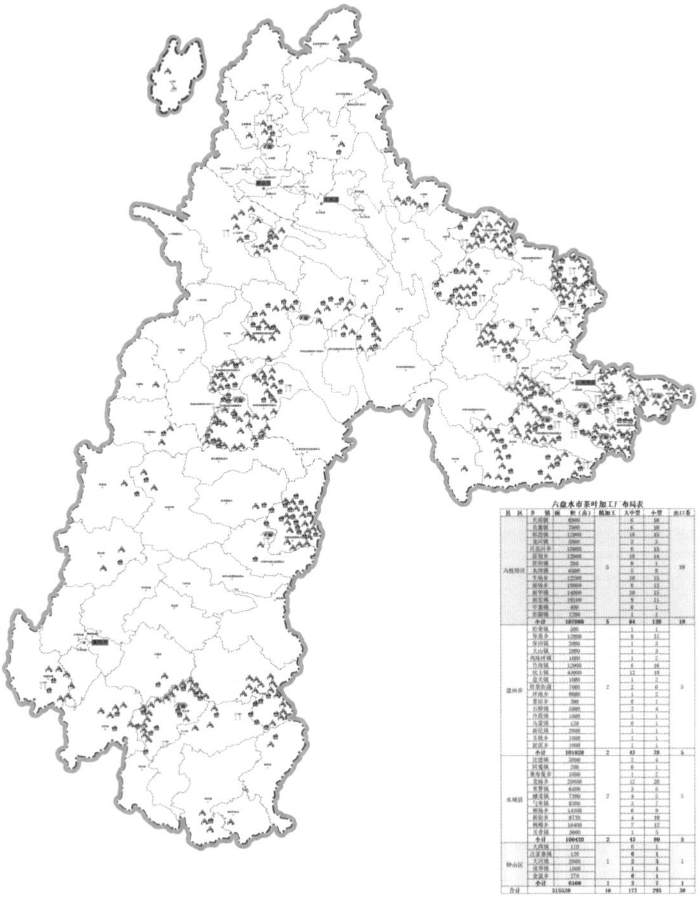

图 14-4 六盘水市茶叶加工厂建设布局图

到2025年，全市高产茶园面积稳定在30万亩，以茶园生态化、高效化、绿色防控为总体发展思路，改善现有茶园基础设施条件，提升茶园管理力度，重点打造盘州市全季名优绿茶产业带、水城优质早生茶产业带、六枝出口茶产业带。其中，盘州市全季名优绿茶产业带利用其暖温带季风湿润气候区，雨水充沛的特点，突出其全季可生产优质名优绿茶的优势。依托现有茶园面积，以民主镇、竹海镇、保基乡、坪地乡为重点，茶园面积稳定在10万亩。茶树品种以龙井43、福鼎大白、乌牛早、白叶一号、金观音为主。水城县优质早生茶产业带利用其北亚热带云贵高原山地季风气候特点，突出其正月春茶即可上市的优势。依托现有茶园面积，以龙场乡、顺场乡、杨梅乡为重点，茶园面积稳定在10万亩。茶树品种以福鼎大白、黔茶1号、白叶一号、金观音为主。六枝特区出口茶产业带利用其茶园基地相对集中连片的产业发展现状，重点推广"手采+机采"相结合的生产模式，以绿色防控为基础，打造出口茶产业带。依托现有茶园面积，以郎岱镇、月亮河乡（原陇脚乡）、落别乡、牛场乡、新场乡、新华镇（原新华乡）、新窑镇（新窑乡）为重点，集中打造7

个万亩茶园乡镇，总体面积稳定在10万亩。茶树品种以福鼎大白、龙井43为主。

在茶园基础设施提升规划方面，根据茶园规模和地形、地貌合理划分区、片、块，平均以50亩为一个小区单位布局道路。道路系统连接场部、茶厂、茶园和场外交通，形成道路网络，便于运输和茶园管理。机耕道、农耕道路面宽3.5m（不设路肩），步道路面宽0.8~1m。

在生产加工体系建设上，积极推进茶青生产质量控制标准体系规划建设。茶青质量是决定茶叶加工品质的关键因素，不同茶叶加工企业根据自身产品品质特点制定相应的茶青采摘标准。经标准培训后由种植专业合作社、大户、采工执行标准，企业针对合格采工和不合格采工分别制定奖惩办法，对经多次培训仍不能达到的，进行淘汰处理，另行安排其他工种（图14-5）。

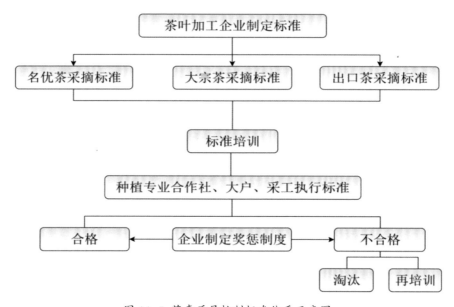

图14-5 茶青质量控制标准体系示意图

为提升全市茶叶加工能力，规划布局茶叶加工企业共计508家（含现有60家），具体类型及分布详见表14-1。

表14-1 六盘水市茶叶加工产业体系建设规划布局

县（市、区）	规划建设布局及数量				
	精制厂	大中型加工厂	小型加工厂	出口产品加工厂	合计
钟山区	1	3	7	1	12
盘州市	2	43	78	5	128
水城县	2	43	80	5	130
六枝特区	5	84	130	19	238
总计	10	173	295	30	508

根据规划布局，打造盘州市全季名优绿茶初加工产业集群、水城县优质早生茶初加工产业集群、六枝特区出口茶加工产业集群。

盘州市全季名优绿茶初加工产业集群。建设思路：以六盘水市旅游文化投资有限责任公司为全市茶产业发展龙头企业，依托贵州宏财聚农投资有限责任公司，组建贵州凉都水城春茶叶股份有限公司和六盘水市茶产业发展联盟，通过重点建设项目示范推进，招商引资，推广建立在智能化加工机械基础上的标准化加工技术，稳定茶叶初加工品质，重点开发1芽1叶、1芽2叶名优茶产品降低生产成本，辅助生产大宗茶和出口茶，发展茶叶精加工产品。建设地点：以民主镇、竹海镇、保基乡、坪地乡为重点，就近茶园基地建设，打造盘州市全季名优绿茶初加工产业集群，辐射其他乡镇。建设内容：新建精制加工厂2个，年设计生产能力1000t/个，规划布局大中型茶叶加工厂43个，小型加工厂78个，出口茶加工厂5个。小型茶叶加工厂生产车间面积200~300m²，日处理茶青150~250kg；中型加工厂生产车间面积300~500m²，日处理茶青250~500kg；大型加工厂生产车间面积1000~1500m²，日处理茶青1000~1500kg；出口茶加工厂生产车间面积1500~3000m²，日处理茶青5000~10000kg。建设目标：至2025年，标准化加工厂达120个左右，每个标准化加工厂覆盖茶园面积200~600亩，精加工茶产品年产量2000t干茶，茶叶亩均产量达50kg，其中名优茶20kg。

水城县优质早生茶初加工产业集群。建设思路：以六盘水市旅游文化投资有限责任公司为全市茶产业发展龙头企业，依托水城县茶叶发展有限公司，组建贵州凉都水城春茶叶股份有限公司和六盘水市茶产业发展联盟，通过重点建设项目示范推进，招商引资，推广建立在智能化加工机械基础上的标准化加工技术，稳定茶叶初加工品质，重点开发1芽1叶、1芽2叶名优茶产品降低生产成本，辅助生产大宗茶和出口茶，发展茶叶精加工产品。建设地点：龙场乡、顺场乡、杨梅乡为重点，就近茶园基地建设，打造水城优质早生茶初加工产业集群，辐射其他乡镇。建设内容：新建精制加工厂2个，年设计生产能力1000t/个，规划布局大中型茶叶加工厂43个，小型加工厂80个，出口茶加工厂5个。小型茶叶加工厂生产车间面积200~300m²，日处理茶青150~250kg；中型加工厂生产车间面积300~500m²，日处理茶青250~500kg；大型加工厂生产车间面积1000~1500m²，日处理茶青1000~1500kg；出口茶加工厂生产车间面积1500~3000m²，日处理茶青5000~10000kg。建设目标：至2025年，标准化加工厂达120个左右，每个标准化加工厂覆盖茶园面积200~500亩，精加工茶产品年产量2000t干茶，茶叶亩均产量达40kg，其中名优茶30kg。

六枝特区出口茶加工产业集群。建设思路：以六盘水市旅游文化投资有限责任公司为全市茶产业发展龙头企业，依托六枝特区平台公司，组建贵州凉都水城春茶叶股份有限公司和六盘水市茶产业发展联盟，推广"手采+机采"生产模式，以规模化、机械化、标准化为方向，采取初制分散，集中精制的总体思路。建设地点：以郎岱镇、月亮河乡（原陇脚乡）、落别乡、牛场乡、新场乡、新华镇（原新华乡）、新窑镇（新窑乡）为重点，打造六枝特区出口茶加工产业集群，辐射其他乡镇。建设内容：规划布局出口茶初制加工厂19个，精制厂5个，大中型茶叶加工厂84个，小型加工厂130个。小型茶叶加工厂生产车间面积200~300m²，日处理茶青150~250kg；中型加工厂生产车间面积300~500m²，日处理茶青250~500kg；大型加工厂生产车间面积1000~1500m²，日处理茶青1000~1500kg；出口茶加工厂生产车间面积1500~3000m²，日处理茶青5000~10000kg。建设目标：至2025年，标准化加工厂达240个左右，其中出口茶初制加工厂20个左右，每个初制加工厂覆盖茶园面积2000~3000亩，精加工茶产品年产量达5000t干茶，茶叶亩均产量达60kg，其中名优茶10kg。

六盘水市茶叶加工实用技术推广体系建设。技术来源：以贵州省农业科学院茶叶研究所、贵州大学、中国农业科学院茶叶研究所、浙江大学、六盘水师范学院、六盘水职业技术学院、六盘水市农业科学研究院等省内外科研院所及高校为技术支撑。推广路径建设：围绕产业带布局及特点针对性地依托龙头企业建立实用培训基地。新建培训基地3个，其中优质早茶加工实用技术培训基地1个，全季名优绿茶加工实用技术培训基地1个，出口茶加工实用技术培训基地1个。设立"茶产业农技人员培训基金"，采取走出去、请进来的方式培养人才。茶农向产业技术工人转变：结合农民培训、财政支持茶叶项目，以实践培训为主，加大茶农培训力度。鼓励农村初、高级中学对未能升学的毕业生进行以茶产业技能为主要内容的职业培训。引导和鼓励茶叶从业人员参加"茶艺师""评茶师""炒茶师"等职业技能培训和资格认证，提高从业人员技术水平。

建设茶叶销售集散市场，打造区域公共品牌。建设六盘水市茶叶交易中心，选址位于钟山区，店面200家，建立电商交易平台，节省贸易成本。打造区域公共品牌，建立在智能化加工基础上的标准化加工技术的推广，使区域公共品牌打造成为现实。区别于"三绿一红"区域公共品牌的打造，产品选择直条形和微扁形茶叶，以国家地理标志产品"水城春"或"贵州绿茶"大地标为品牌载体进行市场推广，以高性价比（1芽1叶、1芽2叶）赢得消费者青睐。

茶旅一体化。结合区域自然景观、少数民族风情景观、精品水果产业、经济林产业发展现状，遵循"政府主导、企业主体、市场运作、风险可控"的原则，按照"借人气"的总体思路，分别在钟山区大河镇，盘州市民主沁心生态茶叶种植农民专业合作社、陆

家寨风景名胜区及格所河，
水城县南部园区、白族风
情园、真龙山旅游景区，
六枝特区落别乡等已具备
条件的区域重点打造茶旅
一体化项目4~6个。在此
基础上，规划设计1~2条
精品旅游线路，通过与省
内旅游公司合作，进行重
点推介。充分发挥六盘水
及临近市（州）现有人气
较旺的人文、自然旅游资
源，吸引其前往茶旅一体
化重点建设项目区游玩、
消费。促进产业结构由
"三一二"向"三二一"转
变，形成多产融合发展格
局（图14-6）。

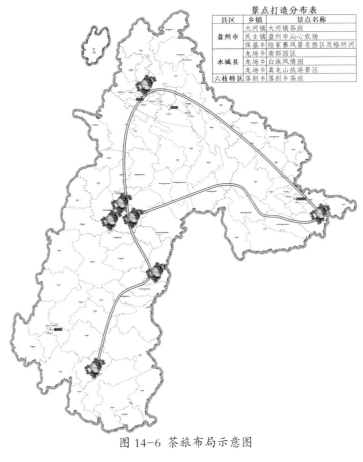

景点打造分布表		
县区	乡镇	景点名称
盘州市	大河镇	大河镇茶旅
	民主镇	盘州市沁心农场
	保基乡	陆家寨风景名胜区及格所河
水城县	龙场乡	南部园区
	龙场乡	白族风情园
	龙场乡	真龙山旅游景区
六枝特区	落别乡	落别乡茶旅

图14-6 茶旅布局示意图

根据项目建设规划，重点建设项目主要有年产10000t出口茶初制加工建设项目、年产10000t茶叶精制加工建设项目、年接待200万人次茶旅一体化建设项目、年销售20000t茶叶综合贸易市场建设项目及其他建设项目。年产10000t出口茶初制加工建设项目，以六盘水市旅游文化投资有限责任公司为龙头企业，以各县（市、区）平台公司为实施主体，建设总投资预计1.8亿元，建设30个出口茶初制加工厂，其中钟山区1个，盘州市5个，水城县5个，六枝特区19个。产品以大宗绿茶、红茶、出口茶毛茶为主，年产值达10亿元。年产10000t茶叶精制加工建设项目，以六盘水市旅游文化投资有限责任公司为实施主体，建设总投资预计3亿元，分别在钟山区、盘州市、水城县、六枝特区新建年产1000t、2000t、2000t、5000t茶叶精制加工项目，共计建成10个精制加工厂，年设计生产能力1000t/个，吸纳30家上游初制加工企业，组建茶产业发展联盟，产品以大宗绿茶、红茶、出口茶为主，年产值达15亿元。年接待200万人次茶旅一体化建设项目，以六盘水市旅游文化投资有限责任公司为实施主体，建设总投资预计6亿元，分别在钟山区大河镇，盘州市民主沁心生态茶叶种植农民专业合作社、陆家寨风景名胜区及格所河，水城县南部园区、白族风情园、真龙山旅游景区，六枝特区落别乡等已具备条件的区域重点打造茶旅一体化项目4~6个，重点完善茶园内部生态系统、茶园周边景观、茶叶体验区、旅游观光步道、观光车道、地方特色民宿、餐饮等主体工程和配套基础设施建设，建设铁皮石斛伴生生态茶园，开发系列旅游产品。年接待游客能力达200万人次，产值10亿元。年销售20000t茶叶综合贸易市场建设项目，以六盘水市旅游文化投资有限责任公司为实施主体，建设总投资预计1.0亿元，在钟山区建设茶叶综合贸易市场，打造线上交易平台，吸纳茶叶企业200家，年销售能力达20000t，产值30亿元。

在利益链联结方面，根据六盘水市茶产业生产组织现状，遵循"政府推动、国企引领、私企参与、农民主体、共同推进"联动发展的有效模式和保障机制，拟实行"基本模式+"的3种组织模式。其中加的内容为"贫困户、技术支撑单位"，3种模式为"大型企业+合作社+农户"+"贫困户、技术支撑单位""小型企业+农户"+"贫困户、技术支撑单位（其中中介组织包括专业合作社、村集体经济组织、种植大户等）""专业合作社"+"贫困户、技术支撑单位"。根据全市茶产业利益链拟实行的3种组织模式，拟实行股份合作式利益联结、合同式利益联结、资产返租型利益联结、合作式利益联结4种利益链联结方式。股份合作式利益联结按照"群众自愿、土地入股、集约经营、收益分红、利益保障"的原则，鼓励贫困户以土地等资源经营权、财政扶贫到户资金、扶贫小额信贷资金以及折股量化到户的集体资源资产资金等入股茶企，同时参与、监督企业的经营管理，企业以技术、资产、基地、资金等要素入股，采取按股分红和二次利润返还等方式，让农户享受到加工和流通环节的利润，形成企业和农户通过双向入股的形式进行利益联结，建立股份合作式农企利益共同体。合同式利益联结是在茶叶开采之前，企业与基地或农户订立具有法律效力的茶叶购销合同，双方约定交售产品的品质、数量、时限、收购价格等事项。对于可提供产品的贫困户则实行产品收购特殊照顾合同；对于到企业临时就业或劳动定员就业的贫困户劳动力实行特殊照顾工资。资产返租型利益联结适宜基地面积大、劳动力相对缺乏的企业，将自家茶园基地连片返租给农民，并提供茶园管护技术及相应器具，对承包户进行统一管理、统一指导、统一服务、统一监督，增强农户对茶园的拥有感，同时保障茶青收购量和价格，从而提高现有茶园茶青下树率及管护水平，实现茶企、农户共赢。合作式利益联结通过茶产业联盟、协会、合作社等合作组织，将企业和农户之间以契约的形式建立合作关系，将茶叶生产、加工、流通等环节联结起来。中介组织分别与农户和企业签订协议，龙头企业把一些技术和利润给中介组织，中介组织再把相关的利润返给农户；对于可提供产品的贫困户则实行产品收购特殊照顾合同；对于到企业临时就业或劳动定员就业的贫困户劳动力实行特殊照顾工资。

按照"公平合理，风险共担，利益共享"的原则，根据3种组织模式和4种利益链联结方式的有机组合，实施好利益创造、利益分配、利益保障、利益调节和激励约束5类利益链联结机制。

第二节　贵州凉都水城春茶叶股份有限公司

近年，六盘水茶业呈蓬勃发展之势，各类茶企、茶品牌如雨后春笋般迅速崛起。六盘水茶产业快速步入规模化、产业化、市场化发展的"快车道"，标准化、品牌化发展成为六盘水茶产业发展进程中的新命题。

为了解答好茶产业标准化、品牌化发展命题，六盘水市委、市政府在借鉴凉都"弥你红"红心猕猴桃产业抱团发展取得成功经验的基础上，充分利用六盘水得天独厚的地理位置、气候优势和区位优势，以"稳定面积、提高单产、提升品质、提高效益"为原则，以"整合资源、提升改造、打造品牌、开拓市场"为主线，以产业扶贫为根本，以提升质量和效益为核心，打造区域公共品牌，以国家地理标志保护产品"水城春"为品牌主体，突出品质优势、生态安全优势，促进生产规模化、质量标准化、营销网络化、利益股份化，对全市茶叶产业进行主导布局，通过整合与提升，于2019年开始筹备组建贵州凉都水城春茶叶股份有限公司（以下简称凉都茶叶股份公司），通过抱团发展，形成点带线、线带面，点面结合的发展格局，以此提高六盘水系列茶品的市场占有率、品牌知名度和美誉度，推进茶叶全产业链培育、裂变式发展、泉涌式增长，带动当地经济发展，助力脱贫攻坚，促进脱贫致富，真正地实现茶区生态美、百姓富。

针对当前全市茶企各自为政、茶产品品牌不一、抵御市场风险能力不足等现实情况，凉都茶叶股份公司重点以"整合资源、提升改造、打造品牌、开拓市场"为主要目标，推进全市茶产业向好向优发展。

在整合资源方面，凉都茶叶股份公司以"稳定面积、提高单产、提升品质、提高效益"为原则，以"提高产量、提升质量、增加效益"为目的，以"整合资源、提升改造、打造品牌、开拓市场"为主线，以农业产业发展"六统一"（统一品种、统一标准、统一品牌、统一包装、统一价格、统一销售）充分整合六盘水市茶叶产业现有资源，由公司牵头统一制定茶园管护标准、采摘标准、生产工艺标准、价格制定、品牌策划、广告宣传、市场营销等，引导全市茶企抱团发展，促进六盘水茶叶产业良性健康发展。具体由六盘水市旅游文化投资有限责任公司牵头，六盘水市农业投资开发有限责任公司和各县（市、区）参与组建凉都茶叶股份公司，先以县（市、区）为单位整合辖区内有意向的各茶叶产业（包括民营企业、合作社等），再由凉都茶叶股份公司将各县（市、区）茶叶产业集中整合。

在提升改造方面，围绕提质增效加强茶园基地建设。重点推进茶叶基地扩面工程，优化茶叶标准化基地布局，全市以郎岱镇、落别乡、民主镇、保基乡、龙场乡、顺场乡、杨梅乡、大湾镇等43个乡镇为主建设标准化茶园，规范建成杨梅、龙场、民主、新华等一批标准化茶园聚集区。加强茶园基础设施建设，示范推广病虫害绿色防控技术、测土配方施肥、机械化采茶等标准化生产技术。提高茶园管护水平，加强施肥、除草、修剪，提高茶园单产水平和产品品质。调整优化种植品种结构，以茶叶主产县为核心，采取改种换植或新建茶园方式，推广黔茶1号、黔茶8号等地方自育品种及白叶一号、黄金芽等优良特色品种。开展茶园综合利用，推行林下套种、茶旅融合等业态，提高茶园综合效益。

在打造品牌方面，通过合力打造公共品牌，增强产品竞争实力。以兼并重组、品牌共建、利益共享等方式，以凉都茶叶股份公司为主体整合全市分散而名目繁多的同质同类茶叶品牌，充分进行市场调研，积极推进产品策划工作，完成六盘水绿茶公共品牌制定，同时重视品牌包装策划、广告宣传、市场营销等方式提高知名度，形成在全省乃至全国有影响力和市场竞争力的知名拳头茶叶产品（图14-7）。鼓励市内茶叶加工企业与贵茶集团等省内外行业优强企业及科研院校联合开发抹茶、含笑花茶等新产品，丰富产品线、提升附加值。切实推进夏秋茶采摘和加工，提高夏秋茶产品比重，积极发展红茶等种类，提高茶叶资源利用率，降低生产成本。支持茶叶企业、合作社和种植大户引进先进设备，优化加工工艺，提高加工能力、提升加工品质。充分发挥六盘水茶叶"早、古、高、优"的优势，充分挖掘茶文化内涵，整合六盘水市茶叶企业，共同把"凉都水城春"打造为全省拔尖、全国知名的品牌。坚持做强龙头、利益驱动、先易后难、循序渐进的总体思路，采取授权使用、委托生产、合资生产等整合方式，按照统一品牌、统一管理、统一标准、统一包装、统一价格的"五统一"要求，有序推进品牌整合，提高全市茶叶品牌影响力、知名度和竞争力。精心打造以"凉都水城春"为六盘水绿茶的公共品牌，倾力打造具有防雾霾、清肺养胃功效的凉都"铁皮石斛"红茶，使其成为最具有市场核心竞争力的高端红茶。尽快开展茶品研发、产品策划及广告宣传等谋划工作。以市场为导向，充分利

图 14-7 凉都水城春产品

用六盘水茶叶的优质品质及"中国凉都"城市品牌，建设标准化凉都公共茶叶品牌体系。

在开拓市场方面，开展本土茶叶进超市、进商场活动，支持鼓励茶叶企业（合作社）开设体验店、专卖店、专柜，不断提高本地市场占有率。在六盘水市中心城区建立茶叶交易市场，集中展示、销售各种茶品，并推广六盘水茶叶的优点、茶叶相关知识、泡茶的方法及茶艺展示等（如：大剧院旁边麒麟苑）。进行市场调研，充分研究当地人群饮茶消费习惯，精心设计茶叶产品及制定茶叶价格，牢牢守住本土消费人群；进一步拓展省外市场，通过区域消费群体研究制定出茶叶销售出省战略，研究制定一系列营销制度，激励增设外省专营店、壮大营销商团队，实现线下销售稳步扩张。以贵阳、重庆、沈阳、大连和珠三角城市为重点，通过广播电视、报刊杂志、网络平台、户外广告、微信、微博等媒介，利用农产品展销会、农产品交易会等渠道，大力推介凉都茶产品，拓展省内外市场。进一步与大连大商茶叶公司开展合作商谈，力争尽快达成一系列具体合作事宜，充分利用大连大商城市商场的销售终端上架销售六盘水高、中档茶叶，并以大商茶叶公司为媒打通六盘水机采低端茶叶出口通道。进一步稳定、筑牢各茶企现有销售渠道，并统筹协调、充分共享；支持企业开设网络营销平台，充分利用电商平台开展网络销售，加快六盘水茶叶产品走向国内国际市场的步伐，扩大茶产品营销辐射范围。加快线上网络营销推进力度，加大与"天猫""淘宝""京东""拼多多""抖音"等知名电商合作力度，与时俱进不断创新销售方式，实现线上销售额逐步扩大。通过充分开拓市场，建立稳定的销售渠道。

在擘画六盘水未来茶产业发展宏图过程中，凉都茶叶股份公司将担负起"领跑者"的责任，以科学规范的管理、开拓创新的精神和国际化视野，全力引领并推动六盘水茶产业不断取得新的成绩。

第三节　擘画凉都茶业发展新未来

"凉都茶是'高山茶''早春茶''生态茶''有机茶''古树茶'，立足这五大优势，通过茶园改造稳规模、精细加工提质量、品牌引领拓市场、品质为要保效益、集群发展壮筋骨"，六盘水市农业农村局党组书记、局长李明表示，六盘水将充分挖掘凉都茶"五大优势"，全力振兴凉都茶业，全面助力脱贫攻坚。

李明说，六盘水市属典型的喀斯特地貌，主要产茶区域海拔在1400m以上，年均温13~14℃，立体气候明显，大部分土壤为黄壤和黄沙壤，具有低纬度、高海拔、寡日照、多云雾、无污染的特点。

在凉都长的茶是"高山茶"，六盘水茶叶种植基地处于北纬25~35℃黄金纬度，90%以上的茶园位于海拔1400m以上的区域，平均海拔在1600m以上，造就了国内唯一兼具低纬度、高海拔、寡日照的产茶区。

在凉都采的是"早春茶"，六盘水茶采摘时间平均在2月10日左右，2019年水城春第一锅"早春茶"生产时间为1月13日。在同等气候条件下，春茶开园比省内其他茶区早10~15d，比江浙一带早20~25d。

在凉都喝的是"生态茶"，《茶经》曰："茶者，上者生烂石，中者生砾壤，下者生黄土"。独特的喀斯特岩石地貌经过数万年的风化，形成了富含肥力、黏性小，最适宜茶树生长发育的砂质土壤。这种原始土壤，经过科学种植，科学加工，生产出的茶叶保持了无污染、无农药残留的品质，符合欧盟、美国等国际标准要求。

在凉都饮的是"有机茶"，凉都多夜雨，随风洗轻尘。六盘水属于高原山地地区，云雾多，漫射光多，昼夜温差大，由于特殊的纬度、海拔和地形地貌，气候独特而宜人，四季寒暖干湿交替突出，避免极端气候和各种病虫害对茶树的侵害。茶区所处地质结构以沉积岩为主，富含茶叶生长需要及对人体健康有利的众多矿物微量元素。所生产的茶属于无公害、绿色有机茶。茶叶水浸物、氨基酸和茶多酚的平均含量均高于国家标准，具有香高馥郁、鲜爽醇厚的独特品质。

在凉都品的是"古树茶"，水城古树茶，茶汤色泽橙红明亮、回味甘醇、清香宜人，饮后口齿留香。早在清乾隆年间就作为贡茶，供皇室享用。水城县木城有百年古茶树万余株，千年古茶树上千株，辖区内古茶树面积达1000余亩。在2019年"冰城春杯"贵州省第三届古树茶斗茶赛中水城春古树红条茶荣获古树红茶"茶王"称号，古树绿茶斩获金奖。

"近年来，六盘水市高度重视茶叶产业发展，根据《贵州省茶产业提升三年行动计划（2014—2016年）》和《贵州省茶产业助推脱贫攻坚三年行动方案（2017—2019年）》，结合六盘水市实际，制定了《六盘水市茶产业提升三年计划实施意见》及《六盘水市茶产业助推脱贫攻坚三年行动方案（2017—2019年）》。各县（市、区）狠抓落实，实现了基地、加工、品牌、市场开拓等各方面有序推进与突破。"李明说，为推进六盘水茶产业发展，农业农村部门在科技创新、人才支撑、金融服务、文化宣传、质量安全保障、资金政策扶持等方面下足了功夫，也取得了一定成效。

在科技创新、人才支撑、金融服务、文化宣传方面，采取"请进来，走出去"的模式，与贵州大学、贵州省农业科学院茶叶研究所联系合作，争取在产业规划、技术、人才培训等方面的大力支持。多次派出技术人员到西南大学、贵州大学、贵州省农业科学院等地进一步深造学习。2018年，全市组织茶叶企业外出参观学习40余次，共2000余人次，利用茶产业发展资金开展茶叶职业技能培训50期，培训茶叶企业、合作社负责人、技术干部及茶农30000人次，较大提升了六盘水市茶叶从业人员技能水平。2018年3月，六盘水市农业农村局聘请原水城县茶叶发展有限公司高级农艺师、高级评茶师担任六盘水市茶叶产业顾问，指导全市茶叶产业发展。

在质量安全保障方面，认真贯彻落实《贵州省茶树病虫害绿色防控技术方案》《贵州省茶园用农药规范化专营店（专柜）实施方案》和《食品安全法》，严格农药销售登记备案制度，开展茶青质量安全和茶叶专用物资市场专项整治和抽检、检测工作，不断健全产茶乡镇对茶园基地的巡查制度和产地证明制度，实现市、县、乡三级联动，加强茶园投入品生产、销售、使用监督检查，在茶园推广色板、杀虫灯等绿色防控技术。

李明说，下一步，六盘水将打好茶产业发展的"组合拳"，全力念好"茶叶生产组织现代化、茶叶服务体系现代化、茶叶生产功能现代化"的"凉都茶经"，进一步推进茶农组织化、原料基地化、生产技术化、环境有机生态化、经营企业化、市场国际化、地方特色化、茶与文化一体化、产品功能化、形象品牌化；进一步围绕茶业供应链，推进茶叶服务体系功能化、产业化、企业化、集群化；进一步推进茶叶生产功能现代化，立足茶叶产品功能、生态功能、文化功能和观光休闲功能，提升茶叶开发、研发能力和水平，拓宽六盘水茶产业幅、延伸产业链，促进茶叶资源综合利用，全力振兴凉都茶业。

"具体讲，有五项措施"，李明说，六盘水市将围绕巩固建设现有茶园的目标，多措并举，提质增效，综合施策，抓好全市茶产业发展。

提升茶园基地，夯实产业发展基础。推动合作社成为茶园标准化生产、质量安全控制的重要主体。加强茶园肥水、病虫害防治等关键环节管理，促进幼龄茶园尽早投产。加强投产茶园管护，配套完善茶区水电路基础设施，推广茶园平衡施肥，病虫害绿色防控，机械化管护与采摘。大力推进老茶园提质改造，重点推进低质低产茶园换种改植，扩大高标准茶园面积。

培育公共品牌，提升知名度和影响力。根据六盘水市茶产业发展实际，突出比较优势，从现有品牌中选择社会知名度和市场影响力相对较大的"水城春""九层山"等品牌，树立为全市集中扶持的公共品牌。制定和完善统一的公共品牌产品标准，统一公共品牌产品的外在形态、内在品质、包装标识等。全市所有符合公共品牌产品标准和使用管理条件，愿意参与公共品牌建设维护的企业，均可冠名使用公共品牌，共享公共品牌价值。

推进加工升级，增强产品竞争力。制定和完善公共品牌茶叶采摘、运输、保鲜、初制加工工艺和精制加工工艺技术基本规程，规范初制加工，升级精制加工。引进培育一批大型加工企业，提高规模化、集约化水平，提高产业集中度。加大早春茶、古树茶、秋茶、抹茶、含笑花茶开发力度，丰富和优化产品结构；鼓励支持企业研发茶食品、茶酒、茶枕、茶化妆保健品等，延长茶产业加工链，提高茶资源利用价值。

积极开拓市场，提高市场占有率。鼓励支持企业在全省城镇开设茶叶经销网点。支持公共品牌企业在大中城市建设六盘水茶专卖店、销售专柜等。加强与国际茶商和茶叶行业组织的交流合作，积极引进国内外知名茶叶国际贸易企业，推动茶叶出口。鼓励支持茶叶企业在大型电商平台、跨境电商平台开设销售店，支持公共品牌茶叶企业扩展经营电商业务。

严格质量安全管理，夯实核心竞争力。对全市连片500亩以上茶园编录建档，实行一茶园一档案管理，从严防范茶园外源性污染。严格禁止施用118种茶园禁用农药，从严打击违规使用农药、催芽素、除草剂等行为。大力支持各地积极申报茶叶农产品地理标志。

进入新时代，茶产业既是特色产业、生态产业，更是脱贫主导产业、乡村振兴产业，六盘水市将认真贯彻国家、省、市的安排部署，坚持生态产业化、产业生态化，推进全市茶产业持续健康发展。

中国唐代有陆羽的《茶经》，当代六盘水有"凉都特色茶经"。新时代六盘水立足凉都"高山茶""早春茶""生态茶""有机茶""古树茶"五大茶产业发展优势，站在新的起点上，努力念好"茶叶生产组织现代化、茶叶服务体系现代化、茶叶生产功能现代"的"凉都特色茶经"，全力擘画凉都茶产业发展的新未来。

参考文献

杨亚军，梁月荣.中国无性系茶树品种志[M].上海：上海科学技术出版社，2014.

金开诚.中国文化知识读本[M].长春：吉林文史出版社，2010.

陈宗懋.中国茶叶大辞典[M].北京：中国轻工业出版社，2000.

虞富莲.中国古茶树[M].昆明：云南科技出版社，2016.

中国茶典编委会.中国茶典[M].贵阳：贵州人民出版社，1999.

爱梦.品茶大全[M].哈尔滨：哈尔滨出版社，2007.

《收藏经典版》编委会.中国茶道大全集[M].长沙：湖南美术出版社，2011.

贵州省茶叶协会中国国际茶文化研究会，民族民间茶文化研究中心，贵州省茶叶研究所.贵州古茶树[M].北京：中国农业出版社，2018.

李金顺.黔山茶话[M].贵阳：贵州人民出版社，2010.

贵州省文史研究馆.贵州通志[M].贵阳：贵州人民出版社，2008.

贵州省科学研究院历史研究所.贵州风物志[M].贵阳：贵州人民出版社，1985.

贵州省毕节地区地方志编纂委员会.大定府志[M].北京：中华书局，2000.

六盘水市地方志编纂委员会.六盘水市志·农业志·畜牧志[M].贵阳：贵州人民出版社，1995.

佚名.六盘水市志[M].北京：方志出版社，2014.

六枝特区地方志编纂委员会.六枝特区志[M].贵阳：贵州人民出版社，2002.

李本良.盘县特区志[M].北京：方志出版社，1998.

思想战线编辑部.西南少数民族风俗志[M].北京：中国民间文艺出版社，1981.

侯贵玉.水城县（特区）志[M].贵阳：贵州人民出版社，1994.

六盘水市地方志编纂委员会.六盘水旧志点校[M].贵阳：贵州人民出版社，2006.

柳远胜.贵州六盘水市彝族辞典[M].北京：民族出版社，2002.

柳远胜.六盘水民族风情[M].贵阳：贵州民族出版社，2005.

汪龙舞.六盘水民间美术图志[M].成都：四川人民出版社，2018.

池再香.喀斯特山区主要特色作物农业气象技术及气候区划：以贵州省六盘水市为例[M].北京：气象出版社，2019.

后记

2018年9月，六盘水市人民政府办公室成立了《中国茶全书·贵州六盘水卷》编纂工作领导小组，由六盘水市农业农村局进行业务指导，并下设办公室在市农业科学研究院，叶发荣兼任办公室主任，刘彦任办公室副主任，承担编纂日常事务工作，具体负责综合协调、督促落实、统筹推进及编纂等工作。

2019年3月，聘请原六盘水市农委调研员胡书龙为主编，叶发荣、刘彦、张冬莲、陈高泽为副主编，全程参与了《中国茶全书·贵州六盘水卷》整体编撰工作。

提供稿件、资料的个人还有熊定才、施昱、张润琼、汪龙舞、王永恒、张家柱、陈文洪、陈龙学、陈秀峰、杨德松等，单位有六盘水市农业农村局、六盘水市农业科学研究院、六盘水市水务局、六盘水市科学技术局、六盘水市职业技术学院、六盘水市气象局、六盘水市档案馆、贵州三线建设博物馆、六枝特区农业农村局、水城县农业农村局、盘州市文学艺术界联合会、盘州市671三线文化园等。所有来稿和资料均按《中国茶全书·贵州六盘水卷》编委会的要求、写作规范和编辑体例进行了编撰。

本书在写作过程中，参考和征引了茶界、各学术界同仁的许多记述和研究成果，增强了本书的系统性、科学性、严谨性，较好地体现了地方特色和文化底蕴，特附主要参考书目于书末，以表谢忱。书中插配摄影图片和资料图片，由肖钧、刘彦、张冬莲、叶华、罗浩、陈高泽、孙大方、何酉食、胡小柳、聂康、肖润贤、张从文、彭仲恭、陈文洪、陈秀峰等拍摄和收集。

集体是力量的源泉，众人是智慧的摇篮。值此书出版之际，谨向《中国茶全书·贵州六盘水卷》编纂工作领导小组及成员单位，以及对本书殷切关怀、指导和帮助的各界人士深表谢意。由于编者水平有限，文中难免会有疏漏和错误之处，敬请包涵、指正！

《中国茶全书·贵州六盘水卷》编委会